U0189644

魅力翻糖

TAKE 2
ANIMATION
IN SUGAR

[阿根廷] 卡洛斯·利斯凯奇 著
[阿根廷] 艾里奥·利斯凯奇 绘图·摄影
裴迎辉 傅娜 译

中国轻工业出版社

序　　言

《魅力翻糖》一书即将与读者见面了，这是我国焙烤食品行业的一件幸事。本书将对焙烤食品行业发展起到积极推动作用。

《魅力翻糖》原著作者为阿根廷的卡洛斯（Carlos Lischetti），他是国际公认的最杰出最具有影响力的糖塑专家，其作品表情逼真，造型生动，以独具特色的动漫风格著称于世。卡洛斯先后从师于布宜诺斯艾利斯、巴黎和伦敦的知名蛋糕设计师和甜品师，并在学习与工作中不断摸索创新，形成了其独具特色的设计理念和装饰技巧。卡洛斯特别钟爱糖艺塑形，并通过这一媒介表达自己的情感，释放自己的艺术灵感与创意。

卡洛斯创作的这本书汇集了16款令人耳目一新、具有独特动漫风格的创意作品，不仅包括了蛋糕配方、塑形方法、上色和设计技巧，还包括了许多卡洛斯的独家创意心得，是专业设计师和初学者的必备教程。卡洛斯凭借他丰富的教学经验，配合简明扼要的说明和清晰的步骤图，带你轻松完成每一个作品。

近二十年来，我国焙烤食品行业取得了突飞猛进的发展，尤其是面包和西式糕点（包括糖艺和蛋糕装饰）的制作水平有了质的飞跃。近几年，中国焙烤食品糖制品工业协会组队参加面包、糖艺和蛋糕装饰等项目的国际重大比赛，取得了令人瞩目的出色成绩，真正做到了冲出亚洲、走向世界。焙烤食品行业的快速发展和产品制作技能不断提高是我国焙烤人几十年不断学习、锐意进取、刻苦努力的结果，同时行业企业几十年来持续“走出去，请进来”，学习国外先进制作技术和现代管理经验也起到了重要作用。

欧洲的糖艺和蛋糕装饰水平世界名列前茅，一直是中国焙烤食品糖制品行业的学习榜样。卡洛斯的《魅力翻糖》一书在中国的出版发行无疑会在中国焙烤西点行业掀起新一轮学习和创新的浪潮。

“他山之石，可以攻玉。”只有不断学习交流，才能厚积薄发。中国焙烤食品糖制品工业协会将继续加强与先进国家相关行业协会和企业的交流与合作，并将继续选择一些优秀的专业书引进中国，呈现给行业同行。同时还要继续组织行业企业“走出去”，加强与国外先进企业的交流合作；把国际行业知名大师“请进来”，近距离地深入交流学习。与先进国家相比，我国焙烤食品行业的发展水平还有差距，国民对小康社会美好生活的需求不断增长，这就要求我国焙烤食品行业发展水平进一步，让我们“不忘初心，牢记使命”，为我国焙烤食品行业高质量发展的目标早日实现做出更大的贡献。

中国焙烤食品糖制品工业协会执行理事长

2020年4月26日

前 言

在完成第一部作品《动漫糖艺》之后，我仍然对不同庆典场景中的人偶造型和蛋糕装饰设计充满了想法。我希望将这些新的想法、更为成熟的塑形技巧以及深受学生和粉丝喜爱的独特的人物造型汇集在一起，为大家奉献上我的第二部作品——《魅力翻糖》。

作为一名导师，我一直在不断探索如何通过简单、循序渐进的方式来帮助学员轻松地创作出一个完整的糖艺作品。只要掌握了这些简单的创作方法，无论学生的个人基础如何，都可以帮助他们创作出理想的作品，并赋予学员们创作的信心。我一再努力探索最基础与简便的创作方式，希望人们能够以此为起点创作出属于他们自己的作品，更重要的是，激发他们的想象力。

我的兄弟艾里奥在我的创作过程起到了举足轻重的作用。他将最初的设计理念绘制成一个草图，再由我将这个平面设计变成三维立体的糖艺作品，并赋予人物生命力。本书中的每一个作品都是我们共同创作的成果，这其中还包括了艾里奥所拍摄的精美图片作品。

在你浏览这本书的时候，你会发现众多适用于不同庆典场合的各种风格的艺术作品，这其中涵盖了部分被我的粉丝们所熟悉的作品，也包括其他一些前所未见的崭新设计。专业的糖艺师会从本书中找到蛋糕创作的灵感，新手们也能找到尝试独立创作书中作品所需的知识与技巧。你还可以从本书中获得运用流动糖霜来装饰饼干的基本技法，这些精美的作品不仅适合于当作礼物、派对伴手礼，同时也是广受欢迎的休闲食品。我的目标是通过本书接触到更为广泛的读者，这其中包括家庭烘焙爱好者、资深蛋糕师和刚接触蛋糕装饰的新手们，为他们提供必要的工具，帮助他们摆脱装饰过程中的困扰。希望通过我的努力使人们更加熟悉这种能充分表达自己创造力的艺术形式——没有什么比得知我能够启发并带领大家探索糖艺世界更富有满足感的事情了。

我非常骄傲地向各位奉上我的第二部书，并衷心希望它能够在烘焙和装饰的艺术道路上为你带来鼓舞与启迪。

Carlos

艾里奥在阿根廷的罗萨里奥长大，他自幼被艺术吸引并在高中毕业后决定从事传统的动画行业。艾里奥有幸在享有盛誉的温哥华电影学校进修一年，随后受邀到世界各地的工作室从事动画电影的创作，其中包括梦工厂和迪士尼。

多年以来，艾里奥将自己的动画设计与他的孪生兄弟卡洛斯的糖艺塑形相结合，共同创作了多个独具特色的艺术作品。合作之初，艾里奥在纸张上勾画出人物形象的草图，卡洛斯则将艾里奥勾画的平面动漫形象演变成三维立体的糖塑艺术作品。艾里奥再通过自己的相机将卡洛斯的糖塑作品记录下来，与世界各地的糖艺爱好者交流学习。这样的亲密合作也促使卡洛斯的糖塑事业达到巅峰。2012年艾里奥和卡洛斯凭借他们在各自领域的出众天赋碰撞出了他们的第一本著作：动漫糖艺（B. Dutton出版社出版）。该书取得的巨大成功使他们在国际糖艺界声名鹊起，也促使他们再次联手创作出更多的糖艺人物并汇集成了本部作品。

艾里奥和卡洛斯的共同愿景是拉近艺术与人们的距离。他们风趣、简洁且具有启发性的创作方法深深地吸引着全球数以万计的粉丝。

目　录

必备可食用材料及工器具

工器具

下列清单中的工器具是制作中大部分作品都要用到的基本必备工器具，因此建议你按照清单配置齐全。此外我们会在每个蛋糕作品的独立章节中罗列出可能涉及的其他特殊用具及可食用原材料，请在制作蛋糕之前先确认已经做好充分的准备。

蛋糕抹平器（1）
无色透明酒精，如琴酒或伏特加（2）
牙签（3）
细棉布玉米淀粉包（4）
小滚轮切刀（5）
尖头塑形工具（6）
可食用复配着色剂（Squires Kitchen品牌）(7)
花艺铁丝（8）
细糖粉（用于防粘）
厨房用纸
防滑垫（9）
不粘擀板（10）
无毒胶棒
用于绘画、上色及涂抹胶水的笔刷套装（Squires Kitchen品牌）（11）
直板及曲柄的抹刀
平刃小刀（12）
塑料蛋糕支撑杆
铁丝钳（13）
聚苯乙烯泡沫底座（在作品晾干过程中起到支撑作用）
圆形切模套装（14）
尺子
锯齿切割刀
Squires Kitchen品牌的黑色/棕色专业食用色素笔
切割工具（15）
大号和小号不粘擀棒（16）
大、中、小号球形塑形工具（17）
小号裱花袋（18）（见第8页）
小剪刀（19）
新牙刷（20）（用于做出喷溅的上色效果，见第54页）
植物白油或起酥油（21）
竹签（22）

如何制作玉米淀粉散粉包

在擀制高强度塑形膏、糖花膏或塑形糖膏时，使用散粉包可以使玉米淀粉在工作台面上撒得更为均匀；同时便于在手上涂抹玉米淀粉，使双手在塑形时保持干燥。然而，在擀制用于包裹蛋糕体的杏仁膏及糖膏时，需要用细糖粉替代玉米淀粉（见第34页）。

可食用原材料

1汤勺玉米淀粉

工器具

一块平纹细纱棉布
橡皮筋

1. 将一块平纹细纱棉布剪成两个正方形，并将它们重叠在一起，然后在中间放入一汤勺玉米淀粉。
2. 将棉布的四角并拢，并用橡皮筋捆好。

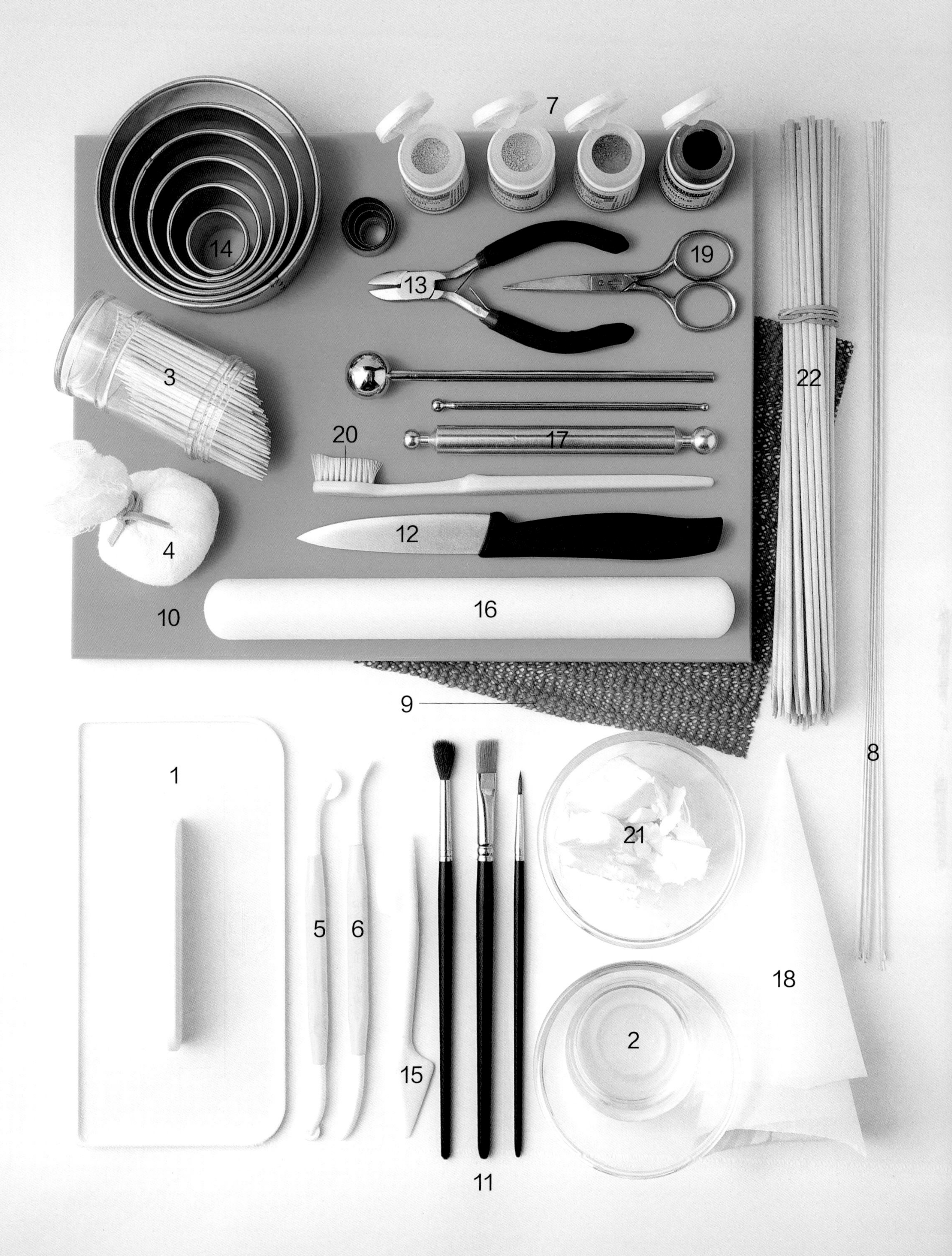
7
14
19
13
3
22
20
17
12
4
10
16
9
1
8
21
5
6
18
2
15
11

如何制作纸质裱花袋

在仅需使用少量皇家糖霜的时候，纸质裱花袋非常实用。我们可以很方便地将少量的糖霜裱入人偶或动物的眼窝，可以将干燥的部件黏合起来，也可以用来裱饰包括头发在内的各种细节。

可食用原材料

皇家糖霜（见第29页）

工器具

烘焙油纸

剪刀

裱花嘴（可选用）

1. 将一张等腰直角三角形烘焙油纸对折，并在长边的中心点做出一个标记。

2. 将纸张的一侧向内卷成一个圆锥形，并确保圆锥的顶端在长边的中心点上。

3. 用手固定住已卷好的一侧，然后将另一侧回卷过来形成一个完整的圆锥形状。

4. 用手固定住圆锥形的末端，确保接缝处在圆锥体的背面。

5. 将圆锥形的末端向下折叠两次以固定袋子的形状。如需使用裱花嘴，则将圆锥体的顶端剪掉一小部分，然后将裱花嘴装入袋中，并将糖霜灌至半满。待装入糖霜后，将糖霜挤至裱花袋的前部，然后再次将裱花袋的末端向下折叠，将它固定好后待用。

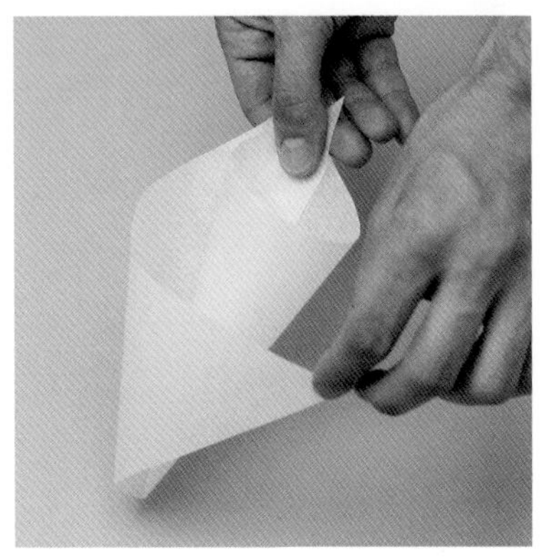

配　　方

黄油海绵蛋糕

本人有许多钟爱的黄油海绵蛋糕配方，你既可以使用我在此推荐的配方，也可以使用你所喜爱的配方。下面这一款经典维多利亚海绵蛋糕的配方我最常用，它质地绵密、外层结实，非常适合作为包裹杏仁膏或糖膏的蛋糕底坯（见第34页）。你也可以在这款基础香草味蛋糕配方中添加其他调味品，将它变换为巧克力、柠檬、香橙或核桃口味的蛋糕（详见后页有关调味的相关内容）。

配料

300克经室温软化的黄油

2茶勺天然香草精

300克细糖粉或细砂糖（我个人更倾向于使用细糖粉，因为烘烤出的蛋糕质地更细腻）

300克鸡蛋（相当于4个中等大小的散养鸡蛋）

300克经过筛的自发面粉或300克白面／中筋面粉加两个水平茶勺的泡打粉

工器具

3个直径20厘米的圆形浅烤盘或圆环

烘焙用纸

立式厨师机配桨式搅拌头

橡胶刮刀

筛子

金属冷却网架

食品级保鲜膜

1. 在模具的四周及底部涂抹少许油脂并附上烘焙用纸。将烤箱预热至170～180℃/烤炉4档。

2. 在厨师机配置的搅拌碗中放入黄油、香草精和细糖粉，使用桨形搅拌头把它们搅拌至轻盈蓬松。用橡胶刮刀刮净搅拌碗以确保没有成块的黄油粘在底部。

3. 将鸡蛋一个个分批加到黄油和糖的混合物中并搅拌均匀（不用担心混合物一开始会凝结在一起，因为在通常情况下，黄油的乳化程度将会受到鸡蛋中水分的影响）。

4. 将过筛后的面粉分两次倒入搅拌碗中，并低速搅拌。

5. 用橡胶刮刀刮净拌碗的四周和碗底，确保所有的原料完全混合均匀，没有面粉的痕迹。

6. 将蛋糕面糊分别倒入3个烤盘并将表面抹平。将烤盘放入烤箱中层烤制大约20分钟，当蛋糕表面呈浅棕色时即可；或者用金属签插入到蛋糕内进行测试，如果签子拔出的时候温热且洁净说明蛋糕已经烘烤成熟。你还可以用手指轻按蛋糕的中

心，如果蛋糕回弹，则表示已经烤好；如果感觉松软晃动，则需加烤几分钟至完全烤熟。

7. 待蛋糕烤好后，将它们取出并倒扣在金属冷却网架上冷却。

8. 蛋糕冷却后，用食品保鲜膜将蛋糕包裹好以防止水分流失。

当使用不同尺寸的烤盘烤制黄油海绵蛋糕时，可以参考下方表格中所示的用量。

烤盘尺寸（圆形或方形）	三层蛋糕所需用量	基本配方的用量比
3×10厘米	400克	1/3
3×15厘米	800克	2/3
3×20.5厘米	1.2千克	1
3×23厘米	1.6千克	1 1/3

大师建议

鸡蛋应处于室温状态。

黄油需要在室温内软化但并非处于融化状态。如果你住在一个天气炎热的地方，要在使用前将黄油从冰箱中取出。

为了使味道更加浓郁，建议在打发黄油时加入香草精或柠檬皮屑。

调味

巧克力：用50克优质巧克力粉替代70克面粉。

柠檬或香橙：在搅拌黄油和糖的同时加入一个柠檬或一个香橙的皮屑。

核桃：在面糊中加入120克切碎的核桃仁并搅拌均匀。

大师建议

与用一个蛋糕模相比，我更倾向于将蛋糕糊分入两到三个模具中进行烤制，这样烤出的蛋糕更加平整，质地也更为松软。如果在蛋糕模中盛入过量的面糊，烤出的蛋糕表面会过于紧实。因此我建议将蛋糕分为多层烤制，直至达到适宜的高度。

蛋糕糊用量表

下表中标注了本书作品所需的海绵蛋糕配方用量，建议将其分为三份进行烤制。蛋糕糊的用量取决于每层蛋糕所需的高度，切记不要在蛋糕模中装入过量的面糊，以免蛋糕过于紧实并出现夹生的现象。

作品	蛋糕形状/大小	蛋糕糊用量	与基本配方的用量比
牧羊犬蒙迪	2×15厘米圆形	600克	1/2
好胃口	3×15厘米圆形	800克	2/3
飞天小猪	15厘米×8厘米半球形	松软的海绵蛋糕薄片，见第38页	
厨房女王	3×16.5厘米方形	800克	2/3
太阳系超级英雄	18厘米×10厘米半球形	见第38页以及下方注释	
超级巨星	5×15厘米圆形	1.2千克	1
执子之手	3×20.5厘米圆形	1.2千克	1
温柔的巨人	5×15厘米圆形	1.2千克	1
亡灵之夜	3×15厘米方形	800克	2/3
茶道	3×23厘米圆形	1.6千克	1 1/3
魔术师	3×12.5厘米圆形	400克	1/3
圣诞老人的小帮手	2×15厘米方形	600克	1/2

注：对于太阳系超级英雄这个作品，我建议先按照第38页所示，先将松软的海绵蛋糕薄片填入直径为18厘米的半球形模具，然后再将黄油海绵蛋糕分层叠放在一起。这样做会给予人偶足够的支撑。

松软的海绵蛋糕

当我需要使用海绵蛋糕薄片来填充模具和组合蛋糕时（见第37页），通常会用到下面的配方。我一般会建议分批次调制少量的蛋糕糊。我使用常规尺寸的立式电动厨师机，每一个批次最多使用8个鸡蛋（即双份的配方），这样可以保证烤制的海绵蛋糕质地轻盈蓬松。

配料

4个大号鸡蛋，蛋黄与蛋白分开

120克细砂糖

120克白面/中筋面粉，过筛

1茶勺香草精

工器具

40厘米×30厘米烤盘，铺垫烘焙用纸

打蛋器

刮刀

筛子

抹刀

调味

巧克力海绵蛋糕：用30克巧克力粉替代30克面粉，过筛后混合均匀。操作方法与香草海绵蛋糕相同。

烤制海绵蛋糕薄片

当使用40厘米×30厘米的烤盘烤制松软的海绵蛋糕薄片时，蛋糕的高度将取决于倒入的面糊的总量。你可以通过更改配方中鸡蛋的数量来控制蛋糕的厚度：使用的鸡蛋越多，蛋糕越厚。

鸡蛋（大号）	细砂糖	面粉	烤制时间
3	90克	90克	6分钟
4	120克	120克	6~8分钟
5	150克	150克	10~12分钟
6	180克	180克	12~15分钟

注意：大号散养鸡蛋的平均重量约为60克。

烤制海绵蛋糕层

将海绵蛋糕糊平均倒入两个圆形蛋糕模具后进行烤制可以达到更为平整、质地更松软的效果。根据蛋糕需要的高度来决定需要烘烤的蛋糕的层数。

下表标示不同尺寸的蛋糕模具所需要的蛋糕糊的量。

配方中的鸡蛋数量（大号）	蛋糕模具
3	2×10厘米
4	2×15厘米
5	2×18厘米
6	2×20.5厘米
7	2×23厘米

1. 将烤箱预热至220℃/烤炉7档。

2. 将厨师机设为中速至高速，将蛋黄与60克的细砂糖和香草精搅拌至质地浓稠、颜色变浅的状态，然后将它放置在一旁。

3. 另取一个搅拌碗，将厨师机设为中速至高速，将蛋白打发至轻盈蓬松。倒入剩余的细砂糖后再次用中速打发至软尖峰状态。

4. 将一半的软尖峰状态蛋白霜拌入蛋黄糊。混合均匀后，加入剩余的蛋白霜。

5. 分2～3次加入过筛的面粉，并用刮刀搅拌均匀。

6. 用抹刀将蛋糕糊均匀平整地填入烤盘。

7. 烤制6～8分钟直到蛋糕表面呈浅棕色、轻触后回弹。从烤箱中取出蛋糕，并在金属网冷却架上晾凉。用食品保鲜膜包裹住蛋糕以防止水分流失。

8. 将蛋糕冷藏或冷冻待用。

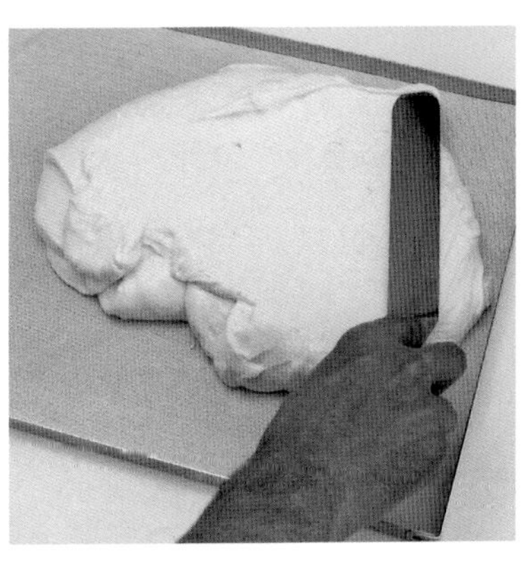

巧克力海绵蛋糕

根据你需要创作的蛋糕的形状，可以用圆形蛋糕模具或长方形烤盘来制作这款美味的巧克力海绵蛋糕。如果你需要裁出不同形状的蛋糕切片，如太阳系超级英雄的半球形蛋糕（见第125页），则最好使用烤盘进行烤制。

配料

210克含少量盐分的黄油

150克黑砂糖

90克Squires Kitchen品牌的比利时黑巧克力币（可可含量70%）

150毫升全脂牛奶

120克蛋黄

1 1/2茶勺香草精

30克细砂糖

270克高筋面粉

15克泡打粉

30克黑巧克力可可粉

210克蛋白

工器具

40厘米×30厘米烤盘，铺垫烘焙用纸（或见下方表格）

厚平底锅

刮刀

数字温度计

打蛋器

筛子

抹刀

大碗

立式厨师机配打蛋头

配方的变化

用天然酸奶替换一半的牛奶可以使蛋糕更为润泽。

1. 将烤箱预热至180℃/烤炉4档。

2. 将黄油、黑砂糖、黑巧克力和牛奶倒入厚平底锅低温加热。用刮刀进行搅拌直至所有配料溶解并达到浓稠的状态。注意避免让混合物达到沸点。

3. 关火后将巧克力混合物倒入大碗晾至50～60℃。

4. 在巧克力混合物中加入蛋黄和香草精，并搅拌均匀。

5. 另取一个碗，将面粉、可可粉和泡打粉过筛2～3次，然后将它们加到巧克力混合物中，并搅拌均匀。

6. 将电动立式厨师机设置为中速，然后将蛋白打发至轻盈蓬松。打发过程中加入细砂糖直至形成软尖峰状态。

7. 先将一半的软尖峰蛋白霜拌入巧克力混合物中使其变得松软，然后加入剩余的蛋白霜。

8. 用抹刀将蛋糕糊均匀平整地填入烤盘。

9. 烤制15～20分钟直到蛋糕轻触后回弹，或者用金属签插入到蛋糕内进行测试，如果签子拔出的时候温热且洁净说明蛋糕已经烘烤成熟。从烤箱中取出烤盘后将其放置一旁晾凉。

10. 用食品保鲜膜包裹住蛋糕以防止水分流失。

圆形或方形巧克力蛋糕

将蛋糕糊倒入2个或3个，而非1个模具中进行烤制（见第10页），并确保不会将蛋糕糊填充得过满。根据蛋糕需要的高度来决定需要烘烤的蛋糕的层数。

下表标示不同尺寸的蛋糕模具所需要的蛋糕糊的量。

蛋糕模具（圆形或方形）	蛋糕糊量	配方比例
3×10厘米	400克	1/3
3×15厘米	800克	2/3
3×20.5厘米	1.2千克	1
3×23厘米	1.6千克	1 1/3

注意：烤制的时间需根据蛋糕糊量进行调整。

巧克力布朗尼

配料

170克Squires Kitchen品牌的比利时黑巧克力币

80克无盐黄油

2个鸡蛋

150克细砂糖

75克中筋面粉

1茶勺泡打粉

一小撮盐

100克核桃，切碎

工器具

几个大碗

平底锅

立式厨师机配打蛋头

刮刀

筛子

25厘米正方形烤盘，铺垫烘焙用纸

抹刀

大师建议

注意烤制时间不宜过久，否则巧克力布朗尼蛋糕会因为水分流失而不易成型。

建议将巧克力布朗尼蛋糕层放入冰箱冷藏，这样会使表面更坚实，在组装蛋糕时不易掉屑。

1. 将烤箱预热至180℃/烤炉4档。

2. 将黑巧克力和无盐黄油放入大碗中。将碗放在微开的平底锅上隔水加热，确保在加热过程中碗不与水面接触。用刮刀搅拌直至黑巧克力和无盐黄油完全溶解。将碗从平底锅上取下后放置在一旁。

3. 另取一个碗，将厨师机设置为中速到高速，然后将鸡蛋和细砂糖打发至质地浓稠、颜色变浅。用刮刀将它加到巧克力混合物中并搅拌均匀。

4. 筛入面粉、泡打粉和盐，并用刮刀混合均匀。最后在面糊中加入切碎的核桃。

5. 将巧克力布朗尼面糊倒入烤盘，用抹刀将表面抹平。

6. 烤制15～18分钟直到表面形成一层壳并在轻触后回弹。从烤箱中取出烤盘后将其放置一旁晾凉。

7. 冷却后切成适宜的尺寸。用食品保鲜膜将巧克力布朗尼包裹住以防止水分流失。

巧克力布朗尼在分层海绵蛋糕中的应用

为了使口感更为美味，我推荐在海绵蛋糕的底部加入一层巧克力布朗尼蛋糕。然而，由于布朗尼蛋糕质地较为厚重，只需要在蛋糕底部加入一层就足够了。

为了达到最佳的烤制效果，可以按照上面的配方制作一整份的巧克力布朗尼蛋糕糊，然后在选择好的蛋糕模具中倒入足够的蛋糕糊，这样你就可以控制布朗尼蛋糕的尺寸和厚度了。剩余的蛋糕糊可以用来制作备用蛋糕层（见下方），或在烤盘中单独烤制后作为派对上的配套小甜点。

作为一个粗略的估算，你可以用配方中的巧克力布朗尼蛋糕糊烤制出如下尺寸的蛋糕底层（圆形或方形均可）：

4×10厘米的蛋糕层

2×15厘米和1×10厘米的蛋糕层

1×25.5厘米的蛋糕层

或者在烤盘烤制的巧克力布朗尼冷却后，你也可以依照模板的尺寸切出适宜的圆形或方形蛋糕层。

曲奇饼干

手边有一个可靠的传统饼干配方是很有必要的。这款曲奇饼干不仅非常美味，质地还非常适合用来制作皇家糖霜饼干。

配料

200克黄油

100克糖粉

1茶勺香草精（或一根香草荚所含的香草籽）

一小撮盐

2个蛋黄

250克白面/中筋面粉

工器具

立式厨师机配桨式搅拌头

塑料刮板或刮刀

食品保鲜膜

擀面杖

5毫米厚度标示尺（选用）

饼干切模

烤盘

烘焙用纸

1. 在配有桨式搅拌头的立式厨师机中，以中速将黄油、糖粉、香草精（或香草籽）和一小撮盐进行搅拌。加入蛋黄后继续搅拌至所有配料混合均匀。

大师建议

如果使用香草籽的话，用小刀沿着香草荚的长边裁开，然后用刀尖刮出香草籽。

2. 将面粉加入饼干糊并低速搅拌直至混合均匀。注意不要过度搅拌。

3. 用塑料刮板或刮刀将饼干面团从碗中刮出并包在食品保鲜膜中，将面团塑成一个平整的正方形，然后将它放入冰箱冷却1小时，或一整夜。

4. 在切饼干前，先用手掌将面团揉软，在工作台面上轻撒一层面粉，然后将面团擀至5毫米的厚度。为使饼干厚度均匀，擀制时可以在面团两侧垫上厚度标示尺。

5. 用饼干切模切出饼干，然后将它们移至铺好烘焙用纸的烤盘上。在烤制前先要将烤盘放入冰箱冷藏。

6. 将饼干放在170℃/烤炉3档的烤箱内进行烘烤，直至边缘处呈浅棕色。烤制时间取决于饼干的大小。作为参考，直径6厘米的圆形饼干需要烤制15~20分钟。

调味

巧克力曲奇：用50克无糖可可粉代替50克面粉。

脆谷物混合物

脆谷物混合物适用于制作大而轻的造型。好胃口这一作品（见第67页）中主厨圆滚滚的身体就是用脆谷物混合物制作的。采用这种方法可以避免出现因人物造型过重而陷入蛋糕的现象。

配料

50克无盐黄油

200克棉花糖

180克脆谷物

1. 将黄油放入平底锅中微火融化。

2. 保持低温，将棉花糖加入平底锅中，持续搅拌直到棉花糖完全融化并与黄油混合均匀。将平底锅从火上移开。

3. 加入脆谷物并用刮刀进行搅拌，直到彻底裹上棉花糖和黄油的混合物。

4. 把脆谷物混合物倒在涂有少许黄油的工作台面上。用黄油润滑手掌，取适量混合物，在仍然温热的时候将其塑造成需要的形状。或者也可以在适用的模具中涂抹少许黄油，然后将脆谷物混合物压入模具内塑形，取出后将它放置一旁定形。

5. 待脆谷物混合物冷却后再包裹糖膏。

夹　　馅

瑞士蛋白黄油霜

瑞士蛋白黄油霜口感顺滑轻盈，我常用它填充蛋糕夹层并用于海绵蛋糕的封坯。这款配方制作方法简单，还可以轻松调出你喜欢的口味。

配料

100克蛋白（约等于3个中等大小鸡蛋的蛋白）
150克细砂糖
300克无盐黄油，室温软化
几滴香草精（或其他口味）

工器具

大碗
平底锅
温度计
立式厨师机配打蛋头
刮刀

1. 将蛋白和细砂糖倒入大碗，把碗放在微开的烧水锅上隔水加热。

2. 搅拌至糖溶解并达到60～65℃。将平底锅从炉子上取下，将混合物倒入厨师机的搅拌盆。

3. 高速将蛋白霜打发至温热且成硬尖峰状态。

4. 分批加入软化的黄油。中速到高速打发，直到黄油与蛋白霜混合均匀。

5. 加入你所选的调味品后，即可用于填充蛋糕夹层以及用于海绵蛋糕的封坯。

储存

将瑞士蛋白黄油霜放入密闭容器后，可以在冰箱中冷藏一周。在使用前几小时将黄油霜取出并再次搅拌至黏稠的状态。

调味

香草口味：取两根香草荚，用小刀沿着长边裁开，用刀尖刮出香草籽。将香草籽混入500克的黄油霜。可以另外加入10毫升的天然香草精使味道更加浓郁。

咖啡口味：在15毫升的热开水中稀释60克速溶咖啡颗粒，然后将它倒入500克黄油霜中。或者用60毫升特浓咖啡代替速溶咖啡颗粒。也可以加入少许白兰地来搭配咖啡的味道。

柠檬口味：将150克柠檬凝乳（见第25页）与500克黄油霜混合均匀。也可以添加糖渍柠檬皮使味道更加浓郁。

草莓口味（或其他自制果酱）：将100～150克优质草莓酱（自制更佳）与500克黄油霜混合均匀。

白兰地口味：将50毫升白兰地加到500克黄油霜中进行调味。

焦糖口味：将100克焦糖太妃与500克黄油霜混合均匀。可以用少许白兰地搭配焦糖的味道。

黑巧克力口味：将达到27℃的150克融化的黑巧克力（可可含量至少为50%），加到500克黄油霜中，并混合均匀。

糖　　浆

用面点刷将糖浆刷在烤好的海绵蛋糕上，可以使其保持湿润，并且可以给蛋糕增添风味。由于每个海绵蛋糕的质地不尽相同，很难确切地说明到底需要使用多少糖浆，因此在刷糖浆时应考虑蛋糕的厚度和湿润度。

配料

250克细砂糖

250毫升水

25毫升柠檬汁（选用）

工器具

平底锅

打蛋器

玻璃罐或耐热密闭容器

大师建议

建议在蛋糕上均匀涂刷足够的糖浆，以保证蛋糕整体水分的均衡。但同时要注意不要过量添加糖浆，以免蛋糕过甜过软难以保持形状。例外需要注意冷藏在冰箱中的海绵蛋糕也会从夹馅中吸收一部分的水分。

1. 将所有配料倒入平底锅，中火加热。偶尔搅拌一下确保细砂糖完全溶解。

2. 开锅1分钟后关火。

3. 倒入一个干净的玻璃罐或耐热密闭容器，在糖浆仍处于高温状态时就需要盖好盖子以防水分蒸发。使用前先在室温下冷却。

4. 保存在玻璃罐或耐热密闭容器中的糖浆可在冰箱中冷藏一个月。

调味

白兰地口味：关火后加入100毫升白兰地。

橙子口味：用新鲜的橙子皮和配料同煮（注意不要加入橙皮中的白色碎屑以免糖浆变苦）。关火后加入50毫升橙子利口酒，经筛子过滤后灌入玻璃罐。

柠檬口味：关火后加入柠檬屑（避免加入柠檬皮中的白色碎屑）和少许柠檬利口酒，经筛子过滤后灌入玻璃罐。

香草口味：将糖浆与两根去籽的香草荚同煮。煮沸后加入几滴马达加斯加香草精，在使用前取出香草荚。

巧克力口味：在配料中加入一水平汤勺可可粉和50毫升白兰地并煮沸。此款巧克力糖浆仅适用于巧克力海绵蛋糕。

黑巧克力酱（甘纳许）

黑巧克力酱（甘纳许）质地顺滑，是我最喜爱的馅料之一。此款配方既可用于填充蛋糕夹层，又可用于封蛋糕坯。

配料

500毫升高脂鲜奶油

50毫升蜂蜜

500克Squires Kitchen品牌的比利时黑巧克力币

工器具

平底锅

大碗

手持非电动打蛋器

刮刀

1. 将高脂鲜奶油和蜂蜜倒入平底锅，中火加热至沸腾。

2. 将黑巧克力倒入大碗。从火上取下平底锅并将奶油和蜂蜜的混合物浇到黑巧克力上。用打蛋器以由中间至边缘打圈的方式进行搅拌，直至碗里的黑巧克力酱变得顺滑有光泽。

3. 将黑巧克力酱放置在冰箱中冷却，不时用刮刀搅拌一下直到质地呈顺滑的奶油状。

4. 将黑巧克力酱装入密闭容器后再放入冰箱冷藏，以防受到冰箱中其他气味的影响。

调味

白兰地口味：在做好的黑巧克力酱中加入100毫升白兰地或其他口味的高度酒（利口酒）。

大师建议

如果要黑巧克力酱在抹面时更加硬挺，可以将配方调整为750~850克黑巧克力搭配500克鲜奶油。

根据个人喜好，可以用葡萄糖浆代替蜂蜜，两者做出的黑巧克力酱质地同样顺滑。

在较为炎热的天气条件下（高于25℃），建议将黑巧克力酱放入冰箱中冷却，并不时用刮刀搅拌。

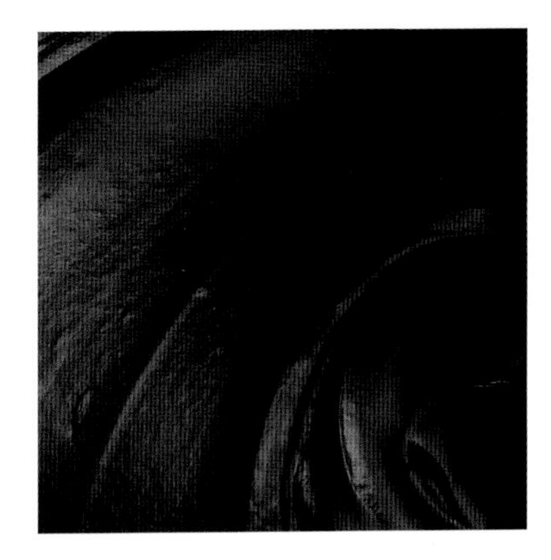

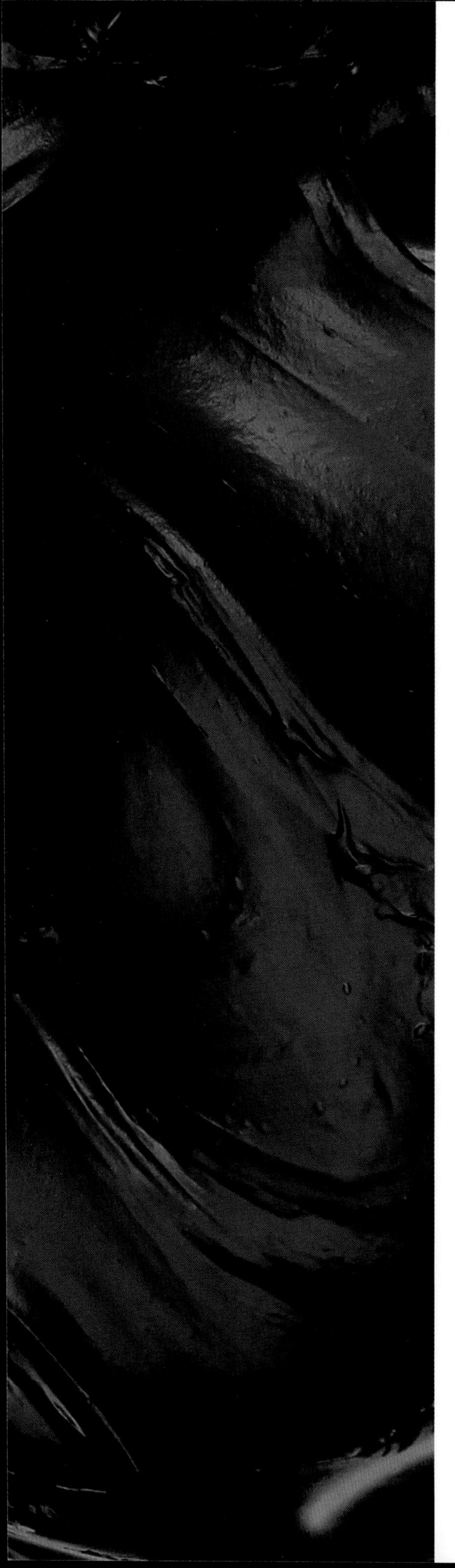

树莓风味巧克力酱

这是我钟爱的一款夹馅，因为树莓果蓉赋予了巧克力酱浓郁的风味和更加顺滑的质感。为实现更为美味的口感，我建议在巧克力海绵蛋糕夹层中薄薄地填充一层树莓风味巧克力酱和自制的树莓果酱。如果要使蛋糕更加润泽，味道更加浓郁，还可以在海绵蛋糕上涂刷添加了树莓利口酒的糖浆。

配料

300克树莓果蓉

200毫升高脂鲜奶油

50毫升蜂蜜

50毫升树莓利口酒

500克Squires Kitchen品牌的比利时黑巧克力（可可含量不低于50%）

工器具

平底锅

大碗

手持非电动打蛋器

刮刀

1. 将高脂鲜奶油、蜂蜜、树莓利口酒、树莓果蓉倒入平底锅并煮沸。

2. 将巧克力倒入大碗。从火上取下平底锅并将混合物浇到巧克力上。用打蛋器以由中间至边缘打圈的方式进行搅拌，直至碗里的巧克力酱变得顺滑有光泽。

3. 将树莓风味巧克力酱放置在冰箱中冷却，不时用刮刀搅拌一下直到质地呈顺滑的奶油状。

百香果风味巧克力酱

这款馅料最适合填充在涂有桃子风味糖浆的柠檬或扁桃仁海绵蛋糕夹层中。

配料

300克百香果果蓉

100毫升高脂鲜奶油

30毫升蜂蜜

650克Squires Kitchen品牌的比利时牛奶巧克力

100克黄油

工器具

平底锅

手持非电动打蛋器

大碗

食品保鲜膜

1. 将百香果果蓉、蜂蜜和奶油倒入平底锅并煮沸。

2. 将巧克力倒入大碗。从火上取下平底锅并将百香果混合物浇到巧克力上。用打蛋器搅拌，最后加入黄油。用食品保鲜膜覆盖好巧克力酱然后冷藏过夜。

大师建议

建议先用食品保鲜膜覆盖好巧克力酱后再将它放置在冰箱中冷藏。这样可以避免受到冰箱中其他气味的影响。

柠檬凝乳

这款柠檬凝乳既可以作为夹馅单独使用，又可以与果酱搭配使用。你还可以将它与黄油霜混合制作成柠檬味的夹馅（见第20页）。

配料

5个中号鸡蛋的蛋黄

120克细砂糖

1个中等大小柠檬的皮屑

80毫升鲜柠檬汁

150克无盐黄油，切块

工器具

大碗

平底锅

刮刀

手持非电动打蛋器

电子温度计

1. 在大碗中将蛋黄、细砂糖、柠檬皮屑和鲜柠檬汁混合在一起，然后将大碗放在盛有开水的平底锅上微火隔水加热。用刮刀搅拌直到混合物变得浓稠顺滑，且温度达到80~85℃。

2. 将大碗从平底锅上移开，等待温度降至60℃。

3. 分批添加小块黄油并用打蛋器搅拌至完全融合。

4. 用食品保鲜膜覆盖好柠檬凝乳后将它放置冷却。用勺子将柠檬凝乳盛入经消毒的玻璃瓶，然后放在冰箱中冷藏，保质期约为2周。

大师建议

柠檬膏在室温下可以保持稳定的状态，因此适合作为展示蛋糕的夹馅。然而，如果环境温度高于27℃，则建议食用前先将蛋糕放入冰箱冷藏。在这种情况下应避免用糖膏包裹蛋糕，因为从冰箱取出后，糖膏表面会出现水分凝结的现象。如果使用柠檬凝乳作为夹馅，最好用意式蛋白霜、黄油霜或巧克力酱为蛋糕抹面。

如果在较为炎热的气候条件下制作这款柠檬凝乳，你可能需要在配方中额外添加2克吉利丁以帮助定形。将吉利丁在冷水中浸泡5分钟，挤干多余水分并在撤火后加到柠檬凝乳中即可。

糖霜及糖膏

糖膏

我一般使用现成的糖膏，因为它不仅节省制作时间，品质也非常稳定。不过，当你想亲手制作糖膏的时候，有一个好的糖膏配方总是没错的。请注意糖膏的软硬度会根据气候条件的不同而有所变化，因此你可能需要对该配方进行微调。

配料

120毫升纯净水

20克原味吉利丁粉

40克植物白油

200克葡萄糖浆

30克Squires Kitchen品牌食用甘油*

10毫升无色透明香草精

2千克超细糖粉

5毫升Squires Kitchen品牌CMC粉

工器具

耐热碗

橡胶刮刀

手持非电动打蛋器

隔水加热锅

微波炉

筛子

可封口食品保鲜袋

1. 在耐热碗中倒入水，将吉利丁粉撒入水中并浸泡约5分钟。将耐热碗放在盛有开水的平底锅上微火隔水加热，确保耐热碗不与水面直接接触。搅拌至吉利丁粉完全溶解且呈透明状态。

2. 用隔水加热锅或微波炉将白色固体植物起酥油加热至完全融化。当盛有吉利丁粉的耐热碗仍在隔水加热时，加入融化的起酥油、葡萄糖浆、甘油（如需使用）和香草精。用手持非电动打蛋器搅拌至混合均匀。将耐热碗从炉子上取下。

3. 将500克的超细糖粉和CMC粉混合，过筛后倒入吉利丁混合物，并搅拌均匀。继续加入过筛后的糖粉，直至形成膏状。

4. 在台面上撒少许糖粉。将碗中的糖膏刮到台面上，一边揉一边筛入剩下的糖粉，直至糖膏呈现较好的延展性且不会粘在台面上。

5. 将糖膏放入可封口食品保鲜袋中密封保存，以防糖膏因风干而在表面形成一层硬壳（见下方关于储存的注释）。

染色及储存

自制或市购的糖膏和塑形糖膏的染色方法是一样的。具体方法可以参见第28页。

* 在极端潮湿的气候条件下应避免使用食用甘油。

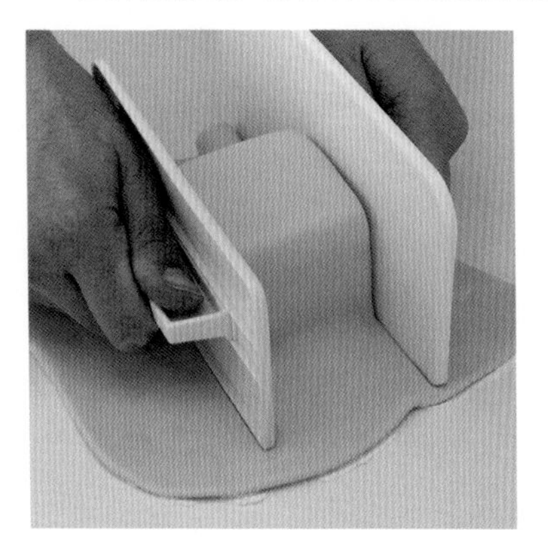

塑形糖膏

在制作人偶的时候选用高品质的塑形糖膏是至关重要的。我倾向于使用含有CMC（羧甲基纤维素钠）的糖膏：CMC不仅能赋予糖膏良好的质感和柔韧性，还有助于定形。市面上有许多不同品牌的塑形糖膏，我推荐使用你所熟悉并信任的产品。

在制作本书中的人偶时，我使用了Squires Kitchen品牌的糖花膏（SFP），它延展性好、干燥后质地坚硬、表面光滑。如果你需要使用较为柔软的糖膏，可以将糖花膏和任何其他的塑形糖膏按照一比一的比例混合。如果你无法购买到糖花膏，或者希望自制，可以使用下方的配方。

配料

50毫升纯净水

7克原味吉利丁粉

30克植物白油

120克葡萄糖浆

5毫升Squires Kitchen品牌食用甘油*

10毫升无色透明香草精

50克蛋白，室温（我使用Squires Kitchen品牌强化蛋白粉及纯净水代替新鲜蛋白）**

1～1.25千克超细糖粉（你也许需要额外准备少量的糖粉，见42页的相关内容）

15毫升Squires Kitchen品牌CMC粉

50克玉米淀粉

工器具

耐热碗

隔水加热锅

手持非电动打蛋器

筛子

可封口食品保鲜袋

1. 在耐热碗中倒入水。将吉利丁粉撒入水中并浸泡约5分钟。将耐热碗放在盛有开水的平底锅上微火隔水加热，确保耐热碗不与水面直接接触。搅拌至吉利丁粉完全溶解且呈透明状态。

2. 用隔水加热锅或微波炉将植物白油加热至完全融化。当盛有吉利丁粉的耐热碗仍在隔水加热时，加入融化的起酥油、葡萄糖浆、甘油（如需使用）和香草精。用手持非电动打蛋器搅拌至混合均匀。注意不要过热过度：吉利丁粉不能煮沸。

3. 将耐热碗从火上移开，搅入新鲜蛋白或用蛋白粉复原的蛋白。注意加入蛋白时混合物要处于温热的状态；如果吉利丁混合物温度过高，蛋白会凝结。

4. 将500克超细砂糖、CMC粉及玉米淀粉混合，过筛后倒入吉利丁粉混合物。继续加入过筛后的糖粉，直至形成膏状。

5. 在台面上撒少许糖粉。将碗中的塑形糖膏刮到台面上，一边揉一边筛入剩下的糖粉，直至糖膏呈现较好的延展性且不会粘在台面上。

6. 将糖膏放入可封口食品保鲜袋中密封保存，以防糖膏因风干而在表面形成一层硬壳（见下页关于储存的注释）。

基础的塑形糖膏使用方法和技巧请见第45～55页。

* 在极端潮湿的气候条件下应避免使用食用甘油。

** 在未经烹调（或经过轻微烹调）的食物中推荐使用经过巴氏消毒的鸡蛋。对蛋糕师而言，使用优质的鸡蛋进行烘焙、制作糖霜、杏仁膏和馅料尤为重要。

糖膏和塑形糖膏的染色方法

糖艺供应商处有各种膏状、液体及粉状食用色素可供选择，使你在塑造人偶时充分发挥创造力。Squires Kitchen所生产的各类型食用色素均不含食用甘油，因此不会对干燥后的糖膏的质地和硬度产生影响（见第52页）。

我建议使用食用色膏调制各种深浅色调；液体色素只适用于少量添加以调制浅色系。添加大量的液体色素会使糖膏变得过软过黏，因此不适合调制深色。

食用色膏经高度浓缩，因此每次只需用牙签头少量蘸取直到调出理想的颜色。染色时要对糖膏进行充分的揉捏，这样可以使颜色融和得更为均匀。使用前要将调色后的糖膏放入密封的食品级保鲜袋中静置几小时，让色素充分发挥作用。

如何为大量糖膏染色（如为包裹蛋糕的糖膏染色）

首先取一小块糖膏，用牙签尖部蘸取色素直到达到比所需要的颜色更深的颜色，如深红色。

将深色糖膏分为几个小块，分批加到一定数量的糖膏中并揉和均匀，直到调出想要的颜色，例如：将深红色加到白色糖膏中，将它调染成浅粉色（玫瑰色）。

采用这个方法不仅易于将颜色混合均匀，而且调色过程循序渐进，相比于直接将大量色膏加入白色糖膏，失败率低。

如何储存糖膏、塑形糖膏及高强度塑形膏

在糖膏染色完毕备用时，在表面抹上一层植物白油以防止糖膏形成硬壳，将糖膏放在密封的食品保鲜袋中保存。也可以将密封的食品保鲜袋放入塑料容器里保存，使其长时间保持柔软。

密封后，自制糖膏、塑形糖膏及高强度塑形膏可以：

- 在室温下储存1个月
- 在冰箱中冷藏2个月
- 在冰柜中冷冻6个月

使用前，将糖膏从冰箱或冰柜中取出，待其升至室温。使用前充分揉捏使其恢复延展性。

如果使用市售糖膏，请按照包装上的说明储存。

大师建议

注意不要将糖膏包裹在食品保鲜膜内保存，因为保鲜膜上有微小的孔洞，不能防止糖膏因风干而在表面形成硬壳。

皇家糖霜

皇家糖霜作为蛋糕装饰中最基础的配方，可以在装饰蛋糕和饼干时创造出无限可能。我在本书中全部使用Squires Kitchen品牌即皇家糖霜来进行相关的装饰。如果你希望自制糖霜，可以使用下面的配方。注意在制作过程中要保证碗和刮刀绝对干净无油，否则糖霜将无法达到理想的状态。当我制作皇家糖霜时，通常先调制成硬尖峰状态，然后再用冷却后的开水进行稀释。

配料

40克蛋白，室温（我使用Squires Kitchen品牌强化蛋白粉及纯净水制作40克蛋白替代新鲜蛋白，制作方法参考强化蛋白粉包装上的使用说明）*

250克超细糖粉

5毫升过滤后的鲜柠檬汁

工器具

立式厨师机及桨形搅拌头

刮刀

密封塑料容器

食品保鲜膜

厨房用纸

* 关于鸡蛋在未经加热食品中的使用说明请见第27页。

1. 将蛋白倒入配有桨式搅拌头的立式厨师机中，先用中速将其打散。如果你使用蛋白粉复原蛋白，请按照包装上的使用说明进行操作并按上述方法打发。

2. 先将厨师机调为低速，一边搅拌一边将过筛后的糖粉加到蛋白（或复原蛋白）中。继续低速到中速进行搅拌直至浓稠，加入柠檬汁。加入更多的糖粉直至达到硬尖峰状态（使用刮刀取少许糖霜，如果糖霜质感坚挺，顶端不会弯曲变形，即为硬尖峰状态）。

3. 将皇家糖霜盛入密封塑料容器中，在密封前先用食品保鲜膜盖住表面以防止水分流失。另外可以在保鲜膜上加盖一张浸湿的厨房用纸以保持湿润。

糖霜的黏稠度

需要根据不同的用途来调整皇家糖霜的状态：

高硬度糖霜（硬尖峰状态）：用于将人物造型黏合到蛋糕上；装裱发丝、饰边和竹篮纹路效果；以及与镂空模具配合使用在蛋糕上印制图案。

大师建议

可以在浓稠度适中（软尖峰状态）的糖霜中加入少量过筛后的糖粉，然后搅打直至硬尖峰状态。

硬度适中的糖霜（软尖峰状态）：用于填充眼窝；拉线、裱饰圆珠/圆点以及为蛋糕装饰围边等。按照配方制作高硬度糖霜，然后加入足够的冷却后的开水进行稀释。使用刮刀取少许糖霜，翻转过来进行观察，如果霜体质感坚挺，顶端弯曲形成弧度即可判断皇家糖霜达到合适的浓稠度。

流动/填充糖霜：用于填充糖霜线之间的空间或作为蛋糕和杯子蛋糕上的糖衣。取硬尖峰状态下的糖霜，每次加入一茶勺的冷却后的开水将其稀释。用刮刀在表面轻划一下，糖霜应在10～15秒后恢复平整的状态。

高硬度糖霜（硬尖峰状态）　硬度适中的糖霜（软尖峰状态）　流动/填充糖霜

大师建议

新鲜蛋白可在玻璃罐中冷藏15天。冷藏期间蛋白中的部分水分会蒸发掉，从而使蛋白更加强韧，更适合制作皇家糖霜。

皇家糖霜的染色方法

皇家糖霜可用色膏或液体色素进行调色。如果使用色膏，要用牙签尖部蘸取少许颜色，将它加到盛有糖霜的碗中再用抹刀进行混合。注意每次加入少量色素直到调出理想的颜色。如果使用液体色素，可以用刀尖或滴管在糖霜中滴入小滴的色素并混合均匀。

调色后，用食品保鲜膜盖住糖霜碗，并在上面加盖一个潮湿的厨房用毛巾以防糖霜表面因风干而结出一层硬壳。

皇家糖霜的储存方法

使用新鲜蛋白制作的皇家糖霜可在冰箱中冷藏一周之久。冷藏几天后，糖霜有可能出现糖和水分分离的现象，上层浓稠下层较稀。要将糖霜恢复为正常的使用状态，先要将糖霜从冰箱中取出，室温下回温。然后将糖霜从容器中取出，注意不要带出已经干结的糖粒。最后用厨师机重新搅拌至原始的状态。

大师建议

当需要将糖霜染成较深的颜色时，建议提前染色使糖霜充分显色。

流动糖霜的运用

将1号裱花嘴装入纸质裱花袋，在袋中填充调好色的浓稠度适中的皇家糖霜。首先裱好饼干的外轮廓线。把糖霜稀释至流动状态（见第29页），然后将糖霜灌入到装有2号裱花嘴的裱花袋中，并用它来填充轮廓线内的空间。

如果你希望使用不止一种颜色的流动糖霜进行装饰，可以在第一种颜色的糖霜仍然潮湿时，将第二种颜色的糖霜直接挤在上面。在工作台面上轻磕已经填充好流动糖霜的作品以保证各种颜色完美融合在一起。

在温暖干燥的环境下将糖霜晾干。确保使用的食用色素中不含甘油，否则糖霜将无法完全干透。

你可以运用流动糖霜装饰饼干，也可以将它裱在一张食品级透明玻璃纸上做成独立的装饰件。用胶带将透明玻璃纸贴在工作台面上，然后在下面插入一张图案模板。在透明玻璃纸上抹一层植物白油，然后用流动糖霜在上面裱出装饰图案，并放在台灯下烤干。待糖霜干燥后，用少许皇家糖霜将装饰片黏合在蛋糕或饼干上。

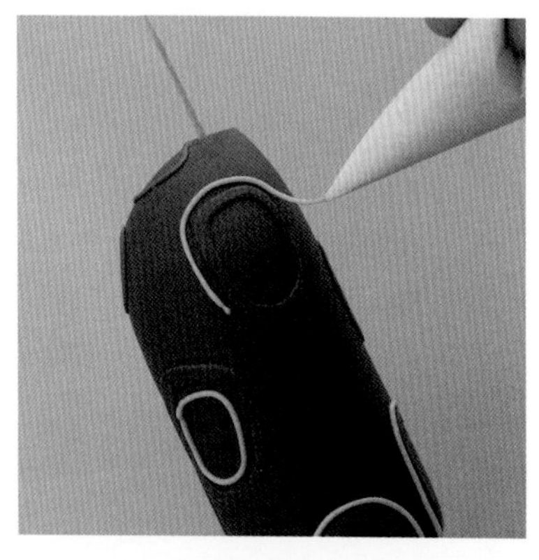

高强度塑形膏

制作高强度塑形膏简单快捷的方法是使用Squires Kitchen品牌的即用高强度塑形糖粉。这一高强度塑形糖粉不仅使用方法简单，品质还特别稳定。然而，当需要自制高强度塑形膏时，我会使用如下配方。

配料

80克蛋白，室温（我使用Squires Kitchen品牌强化蛋白粉及纯净水制作40克蛋白替代新鲜蛋白，制作方法参考强化蛋白粉包装上的使用说明）

1千克超细糖粉，可按需加量（见下方大师建议）

50克玉米淀粉

5毫升Squires Kitchen品牌CMC粉

无色透明香草精

融化的植物白油

工器具

2个大号搅拌碗

木质勺子

可密封食品级塑料袋

1. 将蛋白倒入大号搅拌碗。
2. 将一半的糖粉、CMC粉以及玉米淀粉筛入另一个碗中，然后将它们倒入盛有蛋白的碗中。用木质勺子进行搅拌直到得到一个柔软、有弹性的面团。
3. 将面团从碗中取出后放在干净的台面上，加入更多的糖粉，揉和，直到面团具有延展性且不会粘在台面上。
4. 在高强度塑形膏表面涂抹少许融化的植物白油以防止其表面因风干而形成一层硬壳。将高强度塑形膏放在密封的食品级塑料袋中保存。高强度塑形膏非常容易变干，因此不要将其暴露在空气中。

高强度塑形膏的使用方法

1. 在撒有玉米淀粉的工作台面上擀制高强度塑形膏。可以使用厚度标示尺／环以确保擀出的厚度均匀一致（见图A）。
2. 将高强度塑形膏移至撒有玉米淀粉的切割板上，先按需要在上面印出纹理，然后根据模板切割出形状。注意使用锋利的平刃刀切出整齐、笔直的线条（见图B）。切割圆形时要使用沾有淀粉的圆形切模。

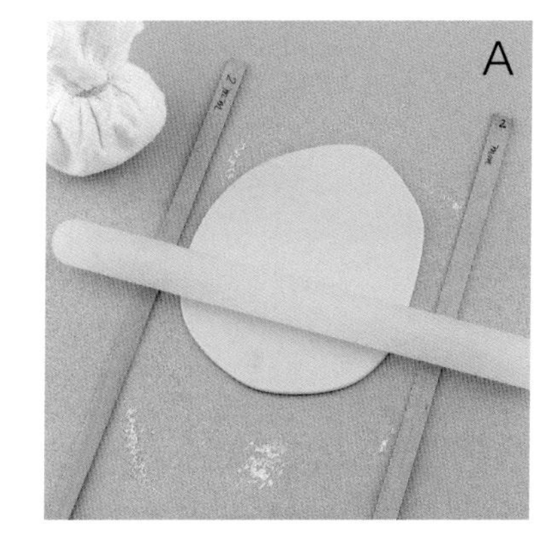

A

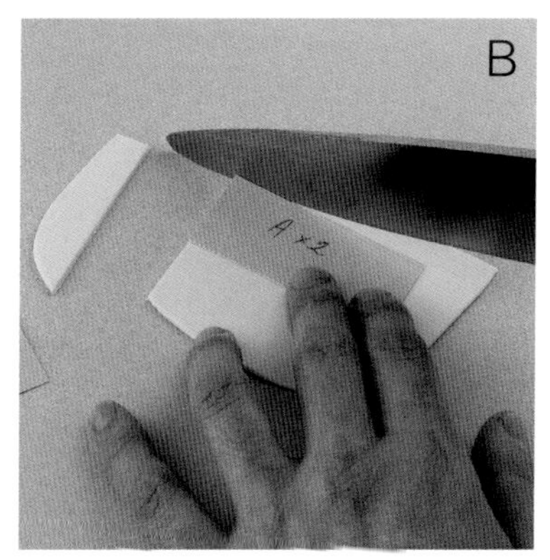

B

大师建议

需要记住配方中糖粉的用量只是一个参考。你也许需要根据所处的气候条件以及所使用的糖粉类型适当增加用量（如在潮湿的环境下需添加更多的糖粉）。

因其干燥速度很快，所以每次不要擀制很多的高强度塑形膏；尽量只擀制恰好和模板一样多的用量。

对于类似圆柱体的有弧度的形状，最好使用添加了CMC粉或纤维素的高强度塑形膏。纤维素会让膏体更强韧，使其围在定形模具上时不会变形。

擀制出厚度均匀的糖膏的最好方法是使用厚度标志尺／环。我认为如下厚度的标志尺／环最实用:2毫米、3毫米、4毫米、5毫米、1厘米和1.5厘米。如需达到更高的厚度，如3厘米，可以将标志尺／环叠放在一起。厚度标志尺／环在糖艺及巧克力供应商处均有出售。

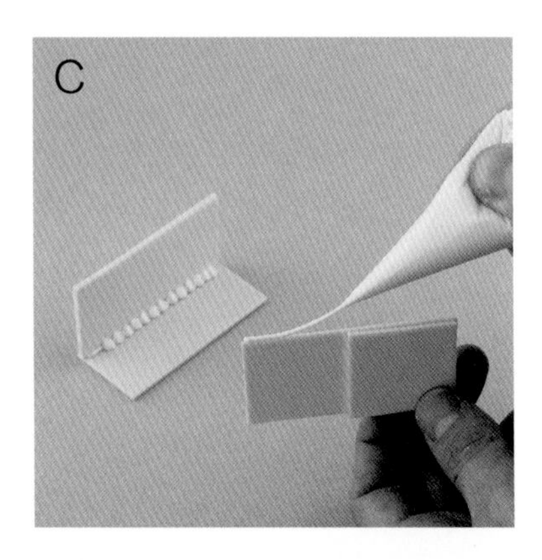

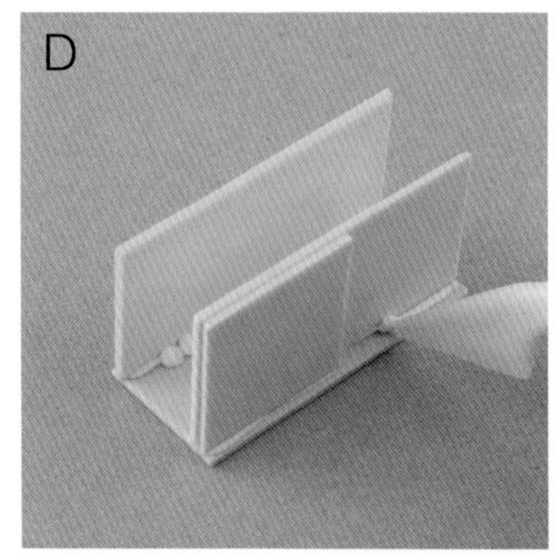

3. 去除多余的糖膏，然后将高强度塑形膏放在切割板上晾干。待一面干透后将其翻转，使两面彻底干燥。糖膏的干燥时间取决于其厚度、大小以及当时的气候条件（在潮湿的环境下干燥时间相应变长）。

高强度塑形膏的黏合方法

1. 将浓稠度适中的皇家糖霜填充进纸质裱花袋，然后在裱花袋的顶端剪一个小口，在需要被黏合的高强度塑形膏的侧边上裱一道糖霜线（见图C）。

2. 将高强度塑形膏黏合在指定位置上，然后用塑形工具的尖端或干净的笔刷抹掉多余的糖霜（见图D）。

3. 在所有零件组装好后，放置一旁晾干。

高强度塑形膏的染色方法

高强度塑形膏的染色方法和其他糖膏一致（见第28页），但是需要注意将其调染为比理想颜色略深的颜色，因为高强度塑形膏在干燥过程中颜色会变浅。待高强度塑形膏完全干透后，可以用食用液体色素、食用金属珠光液体色素，或食用金属珠光色粉与无色透明酒精的混合色液为其上色。

使用高强度塑形膏制作岩石的方法

采用将高强度塑形膏放在微波炉中加热的方法可以轻易地制作出逼真的岩石的效果。当你想做出岩石、石块或珊瑚的效果时，这个方法非常实用（见第180页亡灵之夜）。

1. 将大约20克高强度塑形膏揉成一个圆球形，然后将它放入一个小号微波炉碗中。用高火在微波炉中加热1分钟。这块高强度塑形膏的体积会在受热后膨胀至3倍大小。

2. 从微波炉中取出小碗并将高强度塑形膏放置几分钟。用小刀或小刮刀刮一下碗的四周，将高强度塑形膏从碗中取出后放置一旁晾凉。

3. 冷却后，将高强度塑形膏随意地掰成几块，形成逼真的石头的形状。将石头摆放在蛋糕上进行装饰，如果有必要也可以将它们摞在一起并用糖霜加以固定。

可食用（糖）胶水

可食用胶水可从糖艺供应商处购得。如果你想自制食用胶水时，可以将一水平茶勺的CMC粉、150毫升的冷却后的开水和几滴白醋混合。将混合物静置1小时待其变成胶状。如需调整胶水的浓度，可以加入额外的水进行稀释，或加入额外的CMC粉将它调得更为黏稠。

可以将可食用胶水装入带盖的玻璃罐中冷藏一个月。

可食用胶水的使用方法

可食用胶水主要用于将新鲜柔软的糖膏配件黏合在一起，因此在糖膏干燥前就要将它们组装黏合起来。

使用软笔刷蘸取少许可食用胶水后将它涂抹在需要黏合的部件的表面，用手指将多余的胶水去除，使表面充满黏性。注意控制胶水的用量，添加过多的胶水会使需要黏合的部件难以固定，易于滑落。

将经软化的糖膏作为黏合剂的方法

软化后的糖膏可以作为强效的食用胶水来黏合各种干燥的糖膏部件。这个方法适用于高强度塑形膏、糖花膏和塑形糖膏。我在黏合固定多层蛋糕时也会使用到软化的糖膏。只有在非常潮湿的气候条件下，我才推荐使用软化的高强度塑形膏作为黏合剂，因为它比其他含有甘油（干燥速度缓慢）的糖膏干燥得更快。

1. 取一小块糖膏，从小碗中蘸取冷却后的开水，然后用刮刀在台面上将它抹开，直到质地黏稠顺滑。确保该糖膏和需要黏合的部件同色。

2. 在需要黏合的地方涂抹少许软化糖膏，然后将部件黏合固定在一起。你可能需要用手将部件扶住以待其干燥固定。最后用潮湿的笔刷去除多余的软化糖膏，从而使完成的作品看上去更为整洁。

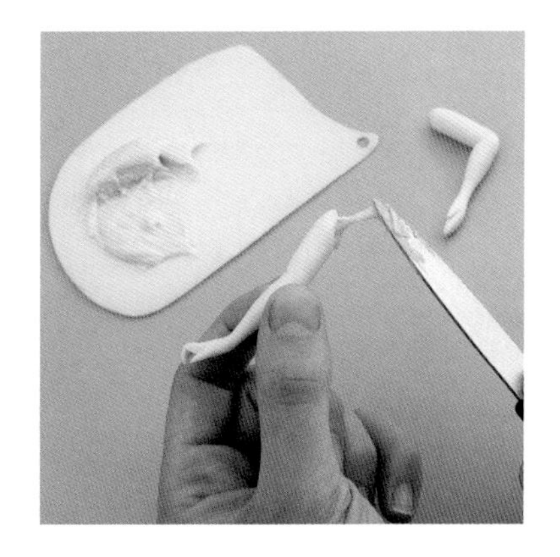

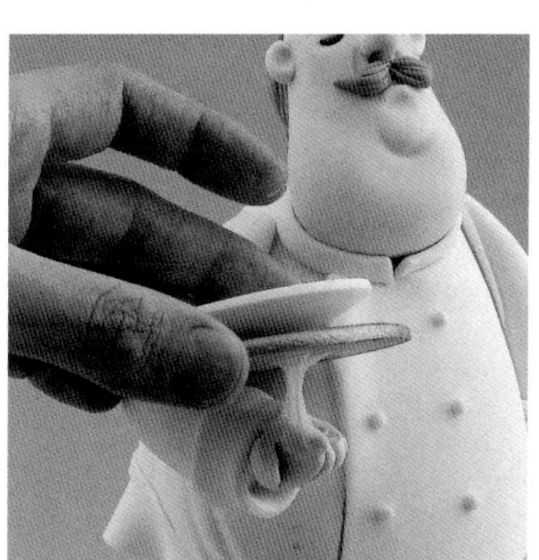

装饰蛋糕前的准备工作

分层、填充馅料和包裹蛋糕坯的方法

按照下列方法，你可以将不同的海绵蛋糕坯和馅料组装成圆形、方形和其他形状的蛋糕。

配料

3x15厘米圆形或方形海绵蛋糕层（见第9~10页）

1x15厘米圆形或方形巧克力布朗尼蛋糕层（可选，见第16页）

150毫升糖浆（见第22页）

250克黄油霜（见第20页）

150克黑巧克力酱（见第23页）（选用）

白兰地或其他利口酒（选用）

600克杏仁膏（选用）

600克糖膏

工器具

基础工具（见第6~7页）

面点刷

15厘米圆形或方形蛋糕卡纸托

23厘米圆形或方形蛋糕底托/板

食品保鲜膜

蛋糕抹平器

蛋糕转台（可选）

大师建议

我在此处所使用的方法需要你在填充好蛋糕层、封住蛋糕坯后将其翻转过来；较为平整的底层将成为顶层，这样可以使蛋糕的表面更加平整。

1. 将一层海绵蛋糕放置在蛋糕卡纸托上，先在蛋糕表面刷一层糖浆，再在上面抹一层黄油霜，然后将另一个蛋糕层覆盖在上面。采用同样的方法将其他的蛋糕层叠摞在一起。使用少许夹馅将15厘米的圆形或方形蛋糕卡纸托黏合在蛋糕顶层上，并轻轻压实。用食品保鲜膜将蛋糕坯包裹起来，然后将它放置在冰箱中过夜冷却。

大师建议

如果你想使用巧克力布朗尼蛋糕作为最底层，则在第三层海绵蛋糕上涂抹黑巧克力酱，然后将巧克力布朗尼蛋糕层覆盖在上面。

2. 如果有必要，可以用锯齿刃削掉蛋糕四周参差不齐的部分，让蛋糕侧边保持平直。用抹刀在蛋糕上涂抹一层薄的黄油霜，然后将它放入冰箱冷藏，待黄油霜定形后再加抹一层使表面更为光滑整齐。

3. 按住蛋糕卡纸托将蛋糕翻转过来，原本较为平整的底层现在变成了顶层。在蛋糕顶层涂抹一层黄油霜封住蛋糕体，再次将它冷藏，然后加抹第二层黄油霜。把蛋糕放置在冰箱中冷藏备用。

4. 如果你选择使用杏仁膏为蛋糕包面，先在台面上轻撒少许细糖粉，然后将600克杏仁膏擀至3毫米的厚度。将杏仁膏掀起来搭在擀面杖上，用擀面杖将杏仁膏提起来，找齐蛋糕的中心位置后轻轻地将它翻开后平铺在蛋糕上。把边角处的杏仁膏调整整齐，然后用手掌轻轻抚平蛋糕顶部和侧面，并排出可能产生的气泡。

5. 用一对蛋糕抹平器轻轻抚平蛋糕的表面，确保顶部和侧面平整光洁。用平刃的小刀去除底部多余的杏仁膏。

6. 在包裹糖皮前，先要将杏仁膏在室温下放置几小时或过夜使表面变得略硬。在杏仁膏的表面刷少许白兰地或冷却后的开水使表面变黏，然后将它放置一旁待用。

7. 取600克糖膏，轻揉至平滑柔韧，然后采用与杏仁膏相同的方法为蛋糕包面。

大师建议

我建议在为蛋糕包裹糖皮的前几天就完成分层和填充馅料的工作，这样蛋糕的味道会更醇厚、口感更为润泽。

用海绵蛋糕薄片组合蛋糕的方法

当使用较为软滑的馅料来填充大号的圆形或方形蛋糕时，我通常会使用海绵蛋糕薄片来将蛋糕组合在一起。采用这一技法不仅可以使包裹好糖皮的蛋糕看上去更为干净整洁，还可以省略用杏仁膏包面的步骤，因为并非所有人都喜欢杏仁膏的味道。

如果你喜欢用传统的方法将蛋糕组合在一起则不需要烤制海绵蛋糕薄片。同样，如果你只是制作一个小号的蛋糕也不需要先用海绵蛋糕薄片围边以帮助蛋糕定形。你只需要根据第9个步骤在蛋糕的顶层和四周抹上薄薄的一层黄油霜即可。

请注意下面的配方用量适用于一个20厘米的圆形或方形蛋糕。

配料

40厘米×30厘米香草海绵蛋糕薄片（3个鸡蛋的配方）（见第12~13页）*

3×20.5厘米的圆形或方形的蛋糕层（见第9~10页）

300毫升糖浆（见第22页）

300克夹馅，如巧克力酱（见第23~25页）

150克巧克力酱或黄油霜用于封坯

工器具

烘焙用透明玻璃纸

20.5厘米圆形或方形蛋糕模／圈

面点刷

20.5厘米蛋糕卡纸托

28厘米圆形蛋糕底板或不锈钢托盘用作封蛋糕坯时的底托

食品保鲜膜

抹刀

塑料刮板

蛋糕转台

1. 将烘焙用透明玻璃纸裁剪为与用于烤制蛋糕的蛋糕模相同的高度，然后将它围在蛋糕圈的内侧。对于正方形的蛋糕，可以将透明玻璃纸裁成四段，蘸取少许馅料后将它们分别贴在蛋糕模的四壁上。

2. 将一条香草海绵蛋糕薄片围在蛋糕圈内侧，有棕色硬皮的一面朝内。对于正方形的蛋糕，可以将蛋糕切成四片，然后使用少许馅料将它们分别黏合固定在烘焙用透明玻璃纸上。

3. 将一个香草海绵蛋糕层切割为合适的尺寸，然后将它铺在蛋糕圈的底部，并在上面刷一层糖浆。

4. 在蛋糕底层和蛋糕壁内侧涂抹馅料，然后将第二个蛋糕层覆盖在上面。

5. 重复上述步骤，直到达到满意的高度。

6. 在蛋糕顶层刷上一层糖浆。

7. 使用少许夹馅将一个蛋糕卡纸托黏合在蛋糕顶层。在蛋糕上包裹保鲜膜，然后放入冰箱冷藏待用。

8. 按住顶部的蛋糕卡纸托将蛋糕翻转到28厘米的蛋糕底托或不锈钢托盘上，将蛋糕脱模，然后小心地揭下透明玻璃纸。

9. 用抹刀在蛋糕顶层和四周抹一层黄油霜以封住蛋糕的碎屑。封好后的蛋糕不仅表面平整，而且便于将糖膏黏合在蛋糕上面。

10. 用塑料刮板去除蛋糕上多余的黄油霜：最简单的做法是将蛋糕放在转台上，将塑料刮板紧贴蛋糕的一侧，用一只手拉动塑料刮板，用另一只手旋转蛋糕转台，这样就可以在去除多余黄油霜的同时将蛋糕侧面一次性抹平。

11. 将蛋糕放入冰箱冷藏几小时使黄油霜冷却定形。如果将蛋糕冷藏过夜，确保用食品保鲜膜包好以隔离冰箱内的气味。在包面前，需在蛋糕表面加抹薄薄一层黄油霜以使糖皮更容易地黏合在蛋糕上面。

* 将一个海绵蛋糕薄片沿长边切成三条，每条约10厘米高，可以为2个20厘米的圆形或方形蛋糕模／圈围边。

大师建议

在装饰蛋糕的3天前就完成分层和填充馅料的工作，这样蛋糕的味道会更醇厚、口感更为润泽。

半球形蛋糕的制作方法

使用如下配料可以制作出1个直径为15厘米或18厘米，高约8厘米的半球形蛋糕。这个半球形蛋糕用于制作第79页的飞天小猪作品。

配料

40厘米x30厘米松软海绵蛋糕薄片（使用3个鸡蛋的配方，见第12～13页）

40厘米x30厘米松软海绵蛋糕层（使用5个鸡蛋的配方，见第12页）

100克柠檬凝乳或250克草莓酱

100毫升糖浆

250克黄油霜

500克杏仁膏（选用）

25毫升白兰地

500克糖膏

工器具

直径15厘米半球形蛋糕模具

直径10厘米圆形切模，或相似大小的圆形塑料容器

食品保鲜膜

直径15厘米圆形蛋糕卡纸托

平刃刀

抹刀

面点刷

大师建议

因为这个蛋糕含有多个蛋糕层，我喜欢混用不同的馅料，如隔层使用草莓酱和柠檬凝乳（见第25页）可以给海绵蛋糕添加清新的果味，当然你也可以选用其他的馅料。此外，你还可以通过使用不同类型的黄油霜（见第20页）给蛋糕增添更多风味。

大师建议

如果想让蛋糕更厚重坚实，可以用黄油海绵蛋糕层（见第9～10页的配方）代替松软海绵蛋糕薄片。

1. 将半球形蛋糕模具摆放在圆形切模或是塑料容器上以保证组装蛋糕时的稳定性。在模具里铺一层食品保鲜膜，尺寸要大于模具。

2. 在海绵蛋糕薄片上切出一个直径为25.5厘米的圆形切片，切去一角使蛋糕切片贴合模具圆弧形的内壁。将有棕色硬皮的一面朝内，并切掉蛋糕切片彼此重叠的部分，使它更为平整。

3. 在厚的海绵蛋糕层上分别切出直径为6厘米、8厘米、10厘米、12厘米和15厘米的蛋糕片。

4. 用抹刀在贴附于模具内壁的海绵蛋糕薄片上抹一层黄油霜，在最小的圆形切片上涂抹薄薄一层果酱，然后将它翻扣在蛋糕模具的底部。轻轻按压后用面点刷在表面刷一层糖浆。在第一片蛋糕层上涂抹少许黄油霜，然后将涂有果酱的直径8厘米的圆形蛋糕切片翻扣在第一个蛋糕层上。按照从小到大的顺序，采用相同的方法将剩余的海绵蛋糕切片组合叠放在一起。当最后一个蛋糕层添加好之后，将食品保鲜膜向内翻折并覆盖住蛋糕体，然后将蛋糕放入冰箱冷藏过夜。

5. 从冰箱中取出蛋糕，使用少许黄油霜将一个直径为15厘米的蛋糕卡纸托黏合在蛋糕顶层上。小心地将蛋糕翻转过来，去除半圆形模具和食品保鲜膜，然后用黄油霜封好蛋糕坯。将蛋糕放入冰箱冷藏备用。

6. 按照个人喜好可以先用500克杏仁膏包面，再用500克糖膏为蛋糕包面（见第34页）。

大师建议

我推荐先用一层薄的杏仁膏包裹蛋糕，这样可以使蛋糕的结构更为稳固，特别是使用松软的海绵蛋糕作为底坯的时候，这个环节就变得尤为重要。如果使用黄油海绵蛋糕层作为蛋糕体，因其相对坚实稳定，可以忽略用杏仁膏包面的步骤。

如果使用的是直径18厘米的半球形蛋糕模具，你需要使用直径为28厘米的海绵蛋糕片铺底，再将直径分别为8厘米、10厘米、12厘米、15厘米和18厘米的圆形蛋糕切片叠加组合成蛋糕坯。

用杏仁膏在蛋糕上包出直角效果的方法

如果你要求蛋糕的上沿呈现出锋利的直角，使用杏仁膏打底可以帮助你做出直角边。

可食用材料

已经填充好馅料并封好坯的蛋糕（见第34页）

杏仁膏

细糖霜

Squires Kitchen品牌糖膏

无色透明高度酒精，如琴酒或伏特加

工器具

大号擀面杖

大号蛋糕底托/板（大于蛋糕的尺寸）

平刃刀

防油纸

蛋糕抹平器

与蛋糕同样尺寸的卡纸托

面点刷

1. 从冰箱中取出已经封好坯的蛋糕。

2. 在撒有少许糖粉的台面上将杏仁膏擀至3毫米厚度。将擀好的杏仁皮移至撒有糖粉的大号蛋糕底托上（大于蛋糕尺寸）。把蛋糕倒扣在杏仁皮上，然后用平刃刀沿底边裁去多余的杏仁膏。

3. 包裹蛋糕的侧面时，先将防油纸裁成与蛋糕等高等周长的长条形。将杏仁膏擀薄后按照防油纸的尺寸裁出形状。将杏仁膏卷成一卷，将一端贴附在蛋糕的侧面，然后围绕蛋糕一圈将打开的杏仁膏黏合在蛋糕上，最后裁掉接缝处多余的糖膏。

4. 使用一对蛋糕抹平器轻轻按压蛋糕侧面使其表面均匀平整，底边呈直角。

5. 使用少许黄油霜将一个与蛋糕大小尺寸相同的卡纸托黏合在蛋糕顶部。将蛋糕翻转过来。在包裹糖皮前，先要将杏仁膏放置几小时或过夜使表面变得略硬。

6. 用面点刷在杏仁膏的表面刷少许无色透明酒精，然后按照第34页所述的方法包裹糖皮。

大师建议

如果你不喜欢杏仁膏的味道，可以忽略这一步骤或用糖膏代替杏仁膏。不过，我倾向于使用杏仁膏为蛋糕打底，因为它有助于蛋糕的定形并能保持润泽的口感。

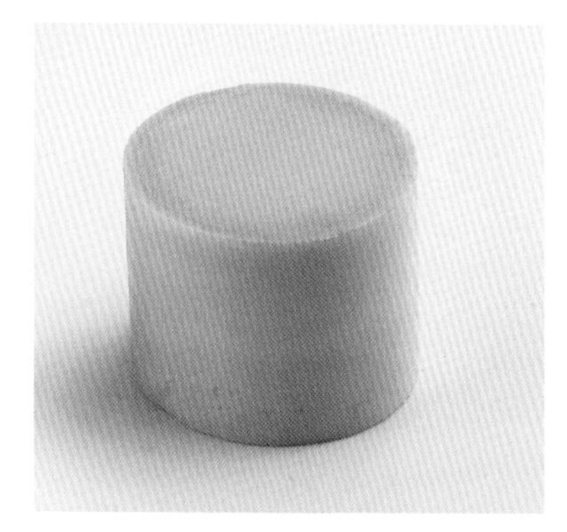

用糖膏覆盖蛋糕托板的方法

为增加作品的专业性，可以将蛋糕摆放在覆盖有糖膏的托板上，并用丝带围边作为装饰。

可食用材料

可食用胶水

糖膏

细糖霜

工器具

大号笔刷（糖艺专用）

擀面杖

蛋糕托板

比萨饼滚轮切刀

丝带

无毒胶棒

1. 先在蛋糕托板的表面刷少许可食用胶水。

2. 将适量的糖膏轻揉至平滑柔韧。在撒有少许糖粉的工作台面上将糖膏擀成4毫米厚度，尺寸略大于蛋糕托板。用擀面杖将糖皮提起并轻轻地覆盖在蛋糕托板上。

3. 用蛋糕抹平器抹平糖皮，使其黏合在蛋糕托板上并去除上面可能产生的瑕疵。

4. 将蛋糕托板翻转过去，糖皮朝下，用锋利的小刀或比萨饼滚轮切刀沿着托板的边缘线切除多余的糖皮。再次将蛋糕托板翻转过来，正面朝上。

5. 用无毒胶棒将丝带黏合在托板的侧边上，注意不要让胶水接触到糖皮。让丝带在相交处稍有重叠，摆放蛋糕的时候要将丝带接缝处调整到背面。

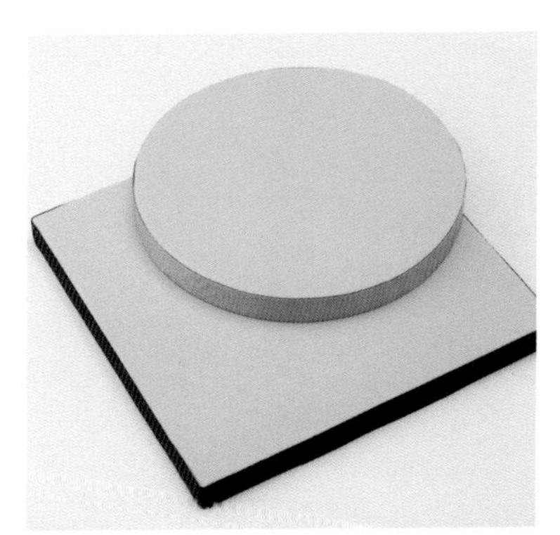

多层蛋糕的内部支撑技法

如果制作多层蛋糕，需要在下面的几层蛋糕中添加支撑杆以防蛋糕出现倾斜下陷的现象。在蛋糕上摆放形体较大较重的人偶造型时，也需要在蛋糕中添加支撑杆，以防止人偶造型陷入蛋糕中。

可食用材料

包好糖皮的蛋糕，并放置在相同尺寸的蛋糕卡纸托上

无色透明高度酒精（如杜松子酒或伏特加）或开水

Squires Kitchen品牌食用色素笔（任意颜色）

皇家糖霜或经软化的糖膏（用作蛋糕黏合剂）

工器具

蛋糕支撑杆的定位模板

蛋糕支撑杆

工具刀

1. 将每一层蛋糕分别摆放在薄薄的蛋糕卡纸托上，卡纸托的大小通常和蛋糕的尺寸一致，按照常规方法为蛋糕包裹糖皮（见第34页）。

2. 使用蛋糕支撑杆的定位模板，或是用防油纸自制的模板，在蛋糕表面标记出插入蛋糕支撑杆的位置。较小的蛋糕需要使用三根蛋糕支撑杆，较大的蛋糕通常需要使用四根蛋糕支撑杆以保证足够的支撑力。注意插入蛋糕支撑杆的位置应均匀分布在蛋糕中心点的周围，并处于比上面一层蛋糕的尺寸略小的范围之内。

3. 用无色透明高度酒精擦拭或用开水浸泡蛋糕支撑杆为其消毒。干燥后备用。

4. 将一根蛋糕支撑杆插入蛋糕直到接触到底部的蛋糕卡纸托。用食用色素笔在支撑杆与蛋糕表层的糖皮等高的位置上做出标记。采用同样的方法在剩余的几根支撑杆上也做出标记。将支撑杆从蛋糕中取出，然后用工具刀将它们截成合适的长度。

5. 把截好高度的支撑杆分别插入蛋糕中。当所有的蛋糕（除顶层之外）都插好支撑杆后，用皇家糖霜或经软化的糖膏将蛋糕层小心地黏合固定在一起。

大师建议

如果同一层蛋糕支撑杆的高度标记有所不同，要按照最高的标记截取长度以保证叠摞好的蛋糕保持水平。

包裹蛋糕假体的方法

泡沫蛋糕假体在造型中非常实用：我通常使用它们来支撑要摆放在蛋糕顶层的装饰造型，因为泡沫蛋糕假体比真蛋糕更加结实，也便于在中间插入竹签。泡沫蛋糕假体在各大糖艺供应商处均有出售。

泡沫蛋糕假体在塑形中还有许多其他的用途：它们可以用于支撑人偶；可以代替真蛋糕以减轻人偶特定部位的重量（如第44页中玩具士兵的头部）；可以在运输过程中作为支撑人偶的底托；也可以当作高硬度塑形膏配件的定形底座。

可食用材料

糖膏

可食用胶水

工器具

圆形或方形泡沫蛋糕假体

笔刷：10号

蛋糕抹平器

比萨饼滚轮切刀

1. 在泡沫蛋糕假体的表面刷上薄薄一层可食用胶水。

2. 将适量的糖膏轻揉至平滑柔韧。在撒有糖粉的台面上将其擀成4毫米厚度，大小足够覆盖蛋糕假体的顶部和侧面。

3. 小心地将蛋糕侧面的皱褶打开并用手掌将蛋糕假体侧面的糖皮抚平。

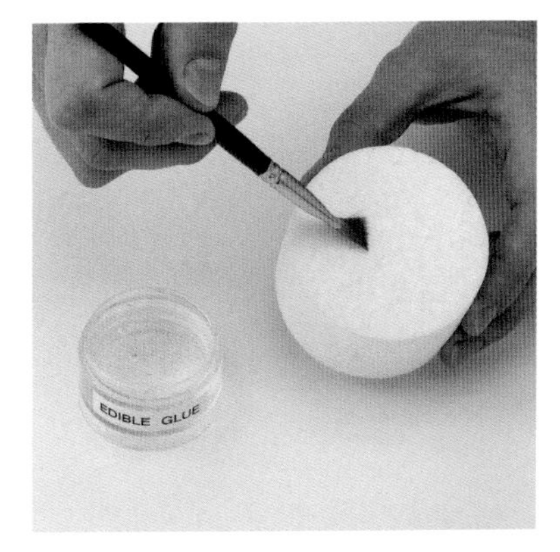

大师建议

如果糖膏过软，可加入一小撮CMC粉，尤其是在包裹正方形的蛋糕假体时，它锋利的上沿很容易将糖皮划破。

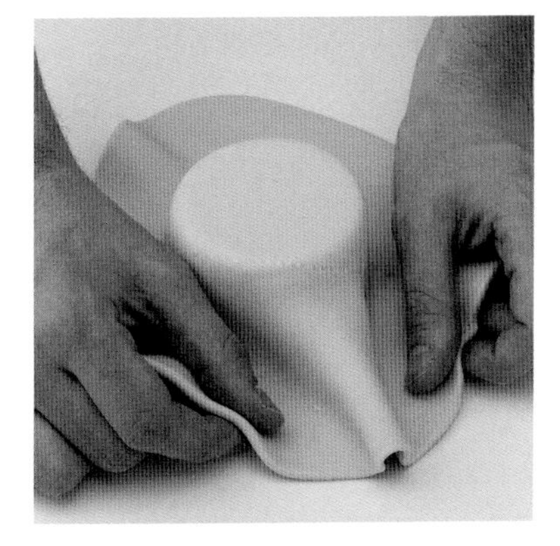

4. 用锋利的小刀或比萨饼滚轮切刀沿底边切除多余的糖膏。如果你包裹的是一个小号的圆形假体，则用直径稍大于假体的圆形切模切掉底部多余的糖膏以达到平整的效果。

5. 双手各持一只蛋糕抹平器，轻轻地抹平表层的糖膏，并去除可能产生的瑕疵。将蛋糕假体晾置几天，待糖膏干燥后再插入人偶，以确保人偶不会陷入糖膏。

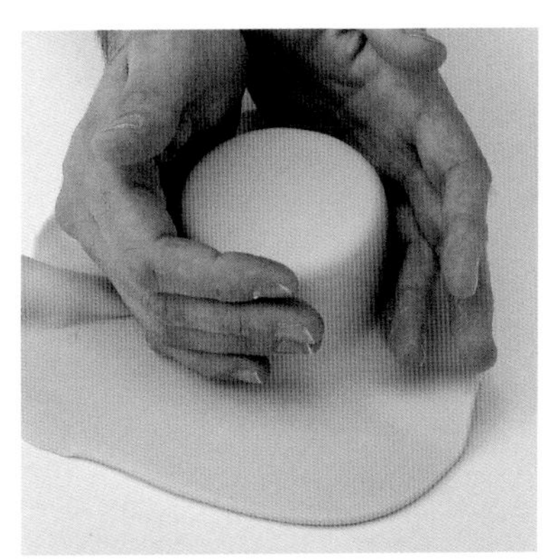

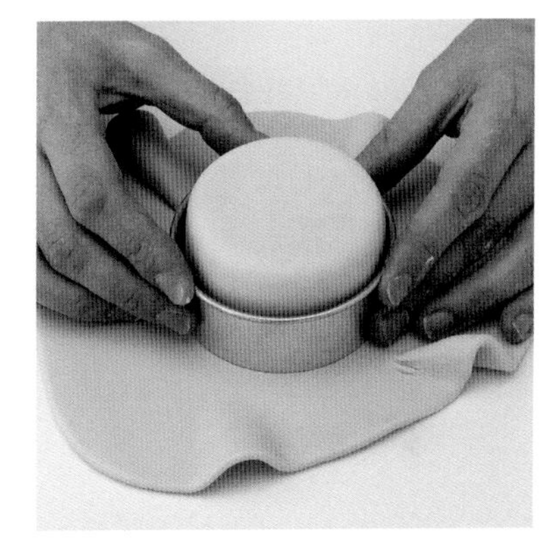

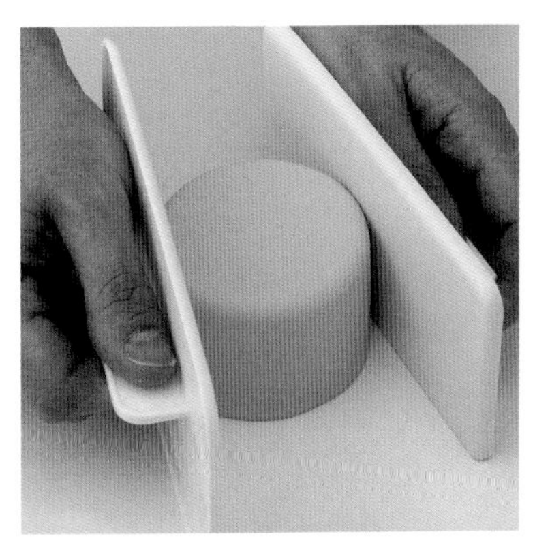

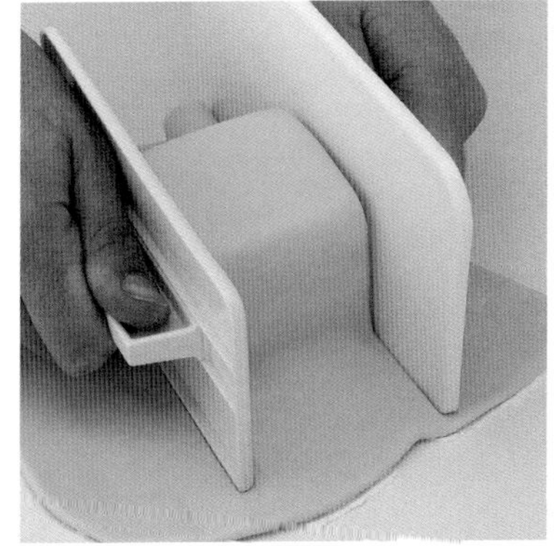

用糖膏包裹球形泡沫假体的方法

当你想要制作一个圆润的、大而轻巧的头部的形状时，特别是一个头部比例大于身体比例的卡通人物时，球形泡沫假体是非常理想的替代品。在制作大型展示作品时，球形泡沫假体也非常实用。

你需要：

大小合适的泡沫球形假体

和泡沫球同样大小的塑形糖膏

1. 将球形塑形糖膏放在一只手中，用另一只手的手掌将它按平。

2. 用手指尖在按平的塑形糖膏上涂抹少许可食用胶水，用手指在上面反复摩擦直到表面充满黏性。

3. 将泡沫圆球按在黏腻的糖膏表面，在手掌间以画圈的方式滚动泡沫球，用塑形糖膏包裹泡沫圆球的下半部，注意保持均匀的厚度。

4. 用一只手的手掌和大拇指握住泡沫球，用另一只手的手掌将塑形糖膏上推并向泡沫球暴露在外的一端聚拢。

5. 一边揉一边用手掌的侧面按压塑形糖膏，直到将泡沫圆球完全包裹住。

6. 最后，再次以画圈的方式在手掌间滚动揉搓泡沫圆球使其表面光滑没有裂痕。

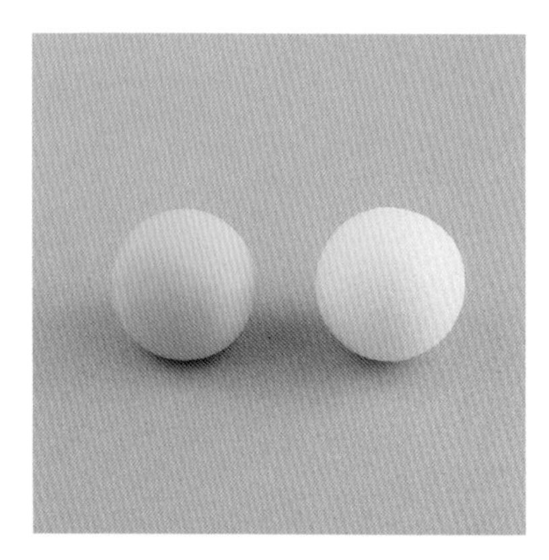

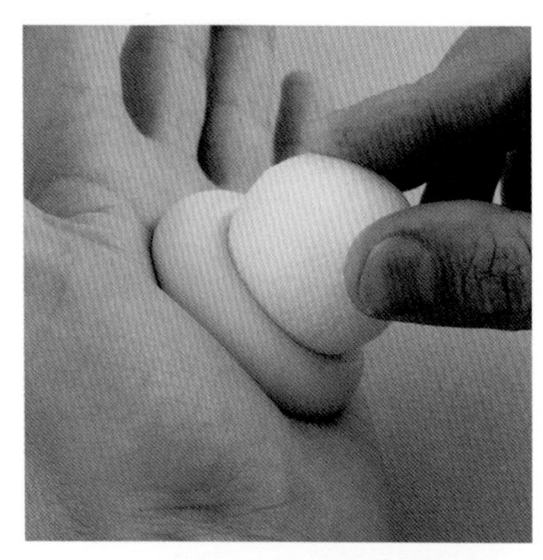

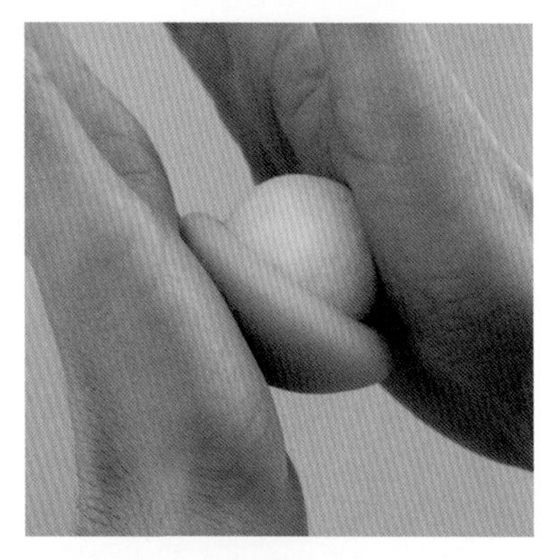

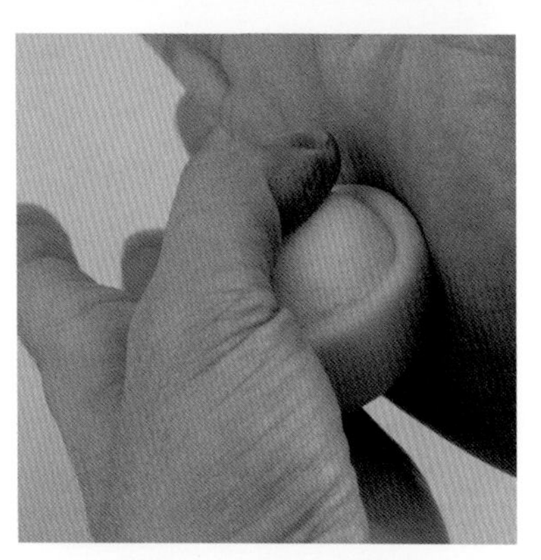

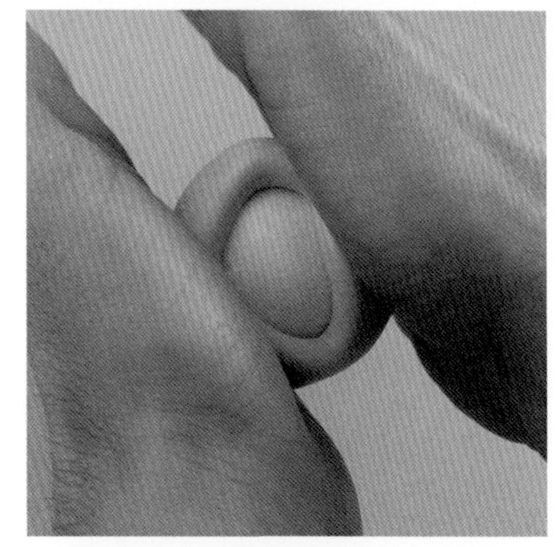

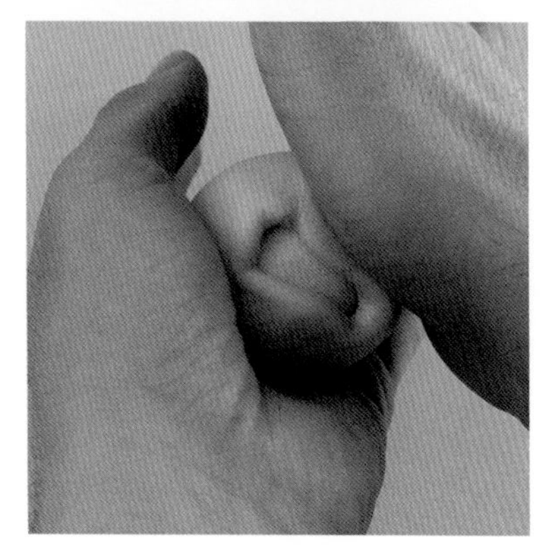

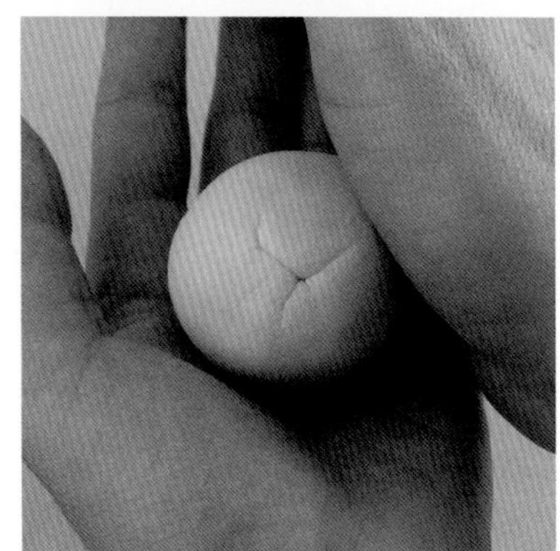

塑形的方法和技巧

基础形状的塑造方法

在你还没有完全掌握塑形方法的时候，想让人物造型达到表面光洁没有裂痕的效果是非常困难的。我建议你一定要使用适合的塑形糖膏（见第27页），另外遵循下面的步骤将有助你达到更为完美和专业的装饰效果。

球形

取一小块塑形糖膏并用拇指和其他的几根手指不停地拉伸折叠，使其变得柔软有韧性（图A）。

用两个手掌夹住塑形糖膏并向下施力。在挤压的同时以画圈的方式滚动塑形糖膏，以去除表面的裂痕（图B）。减小压力并持续用手滚动塑形糖膏直到得到一个光滑的球体（图C）。

球形是需要掌握的最重要的基础形状，因为当你开始制作造型时，所有其他的形状都是从球形变化延伸出来的。

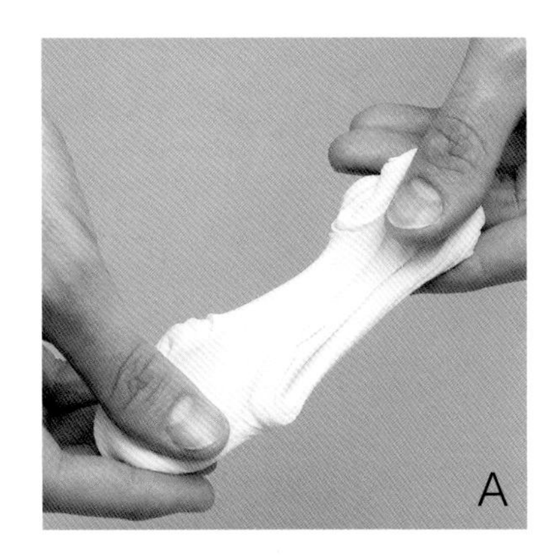

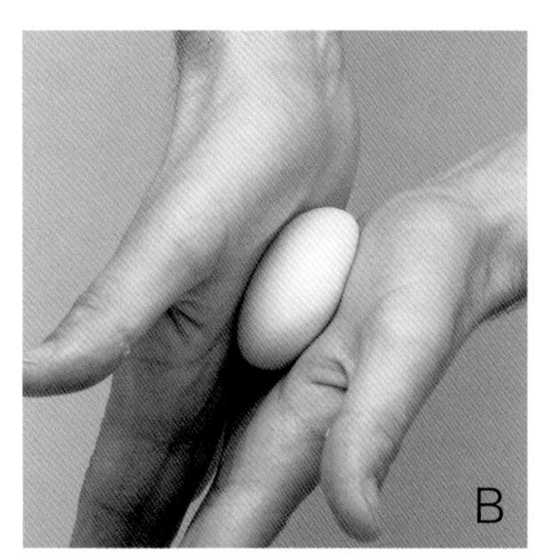

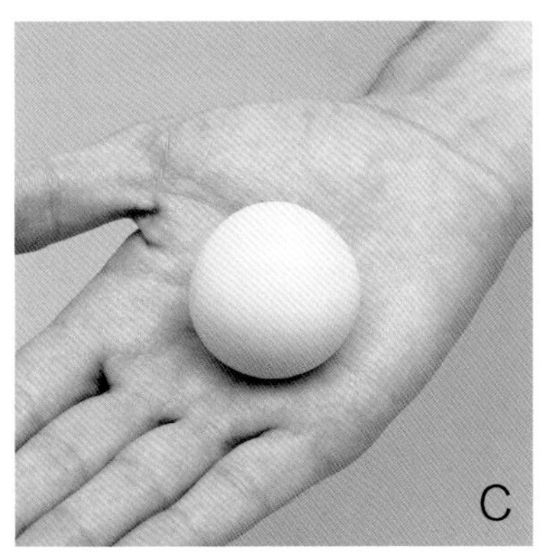

泪滴形

先揉出一个光滑的球形，再如图展开双手，上下揉动，在球形上揉出一个尖角（图D）。

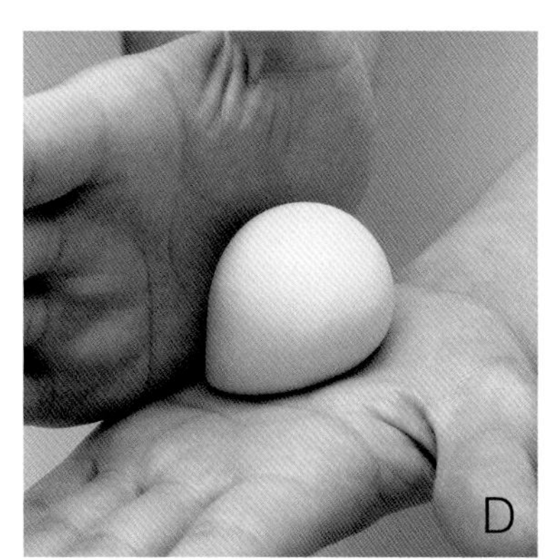

梨形

先揉出一个光滑的球形，将球形放到一只手掌的掌心上，用另一只手的侧面一边施力挤压一边在球形的下半部上下揉动，揉出一个脖颈的形状（图E和F）。

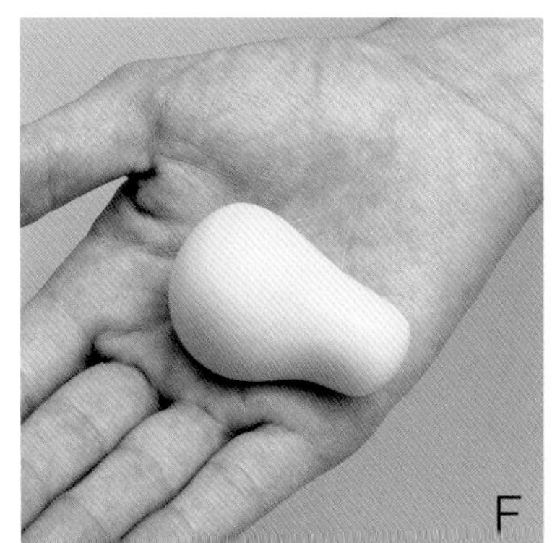

塑形糖膏的使用技巧

- 在手掌上涂抹少许植物白油可以防止糖膏粘在手上。
- 如果糖膏很黏，可以通过添加少许糖粉或一小撮CMC粉来调整它的使用状态，特别是在制作对硬度要求较高的作品时。
- 如果塑形糖膏手感过硬，可以添加少量植物白油以增加其柔韧性。也可以在糖膏中加入几滴冷却后的开水以补充失去的水分。
- 如果糖膏表面结出了一层硬壳，可以用小刀将硬皮削掉，保留中间柔软的部分。出现这种情况通常是因为没有将塑形糖膏妥善地保存在密封的食品保鲜袋中。
- 一定要注意将剩余的塑形糖膏保存在密封的食品保鲜袋内，并放置在冰箱内冷藏储存。这一点对于生活在炎热潮湿气候条件中的人尤为重要。
- 在塑形过程中，如果糖膏干燥速度过快，可以添加少量含有甘油成分的糖膏，翻糖中的甘油有助保湿。
- 如果因为糖膏过于软不易定形，可以加入一小撮CMC粉以增加硬度，加速定形。
- 在极端潮湿的气候条件下，应避免使用任何含有甘油的糖膏或食用色素。甘油会吸收空气中的水分，从而影响塑形糖膏的干燥定形。
- 如果在塑形过程中糖膏的干燥速度过快，可以在塑形膏中添加少量含有甘油成分的糖膏，如用于包面的糖膏。糖膏中的甘油成分可以帮助糖膏在较长的时间内保存水分。
- 掌握在特定气候条件下最适合自己的使用手法的秘诀就是反复动手实践。不断地尝试和失败可以帮助你在使用糖膏时做出最好的判断，因此要留出足够的时间来动手实践。

可爱的卡通造型的身体比例

在制作人物造型的时候，不同身体比例的变化会使人物看起来更加可爱（头部占较大比例）或者更加逼真（头部占比较小）。

当头部（A）和躯干部（B）比例相仿时，你就会制作出一个非常可爱的类似于卡通的人物形象：这个原则适用于本书的大部分人偶。你也可以通过改变头部与身体的比例来创作某一个特定的造型。但当你要创作可爱的人物或动物形象时，头部和身体的体积大小应该基本一样。

从参考图中可以看出，我将男性形象的头部和身体比例做得一样大。在制作女性形象时，只要简单地将人物的腰部制作得更为纤细，并加入了胸部就可以了。

当创作一个更为逼真写实的人物形象时，应该将人物的头部或身躯作为一个基本计算单位来帮助你决定四肢的长度以及整体造型的高度。一个合理的写实人物造型通常是五或六个头部的高度。腿部则是两个半头部的长度。最后还要注意固定在身体上的胳膊的长度应该位于膝盖上方的位置。

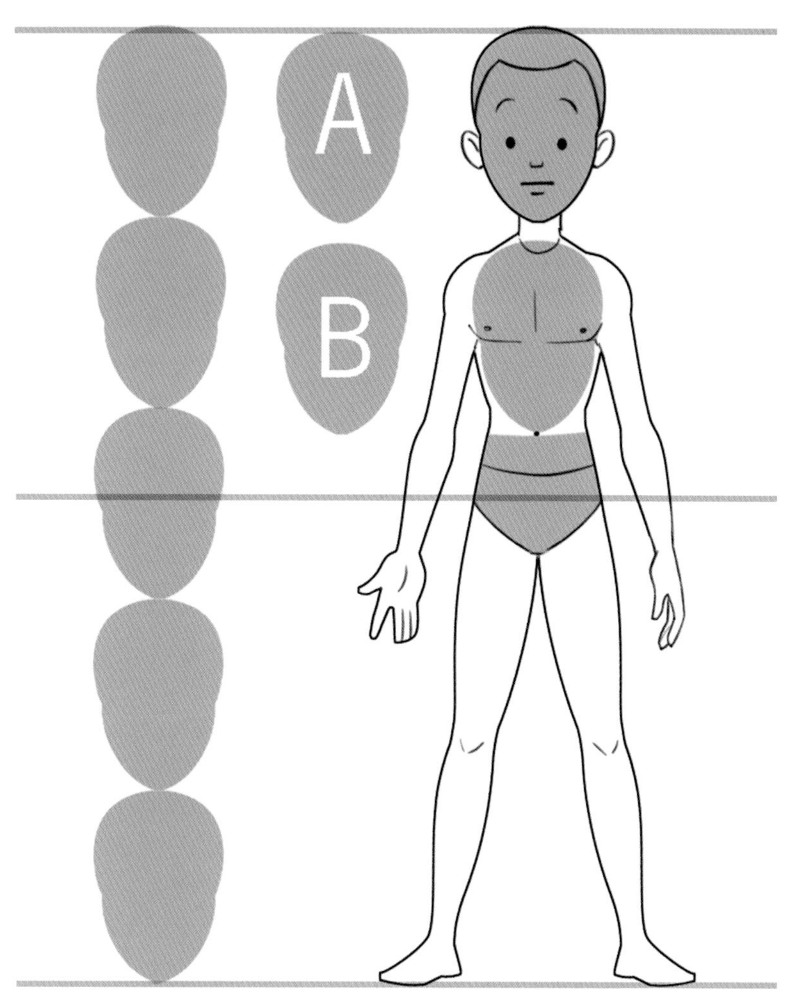

在尝试不同的头部与身体比例的同时，你也可以通过调整双腿、双臂以及颈部的长度使造型更有个性特点。请注意我所建议的比例仅作为参考，在创作过程中不要被它所局限。我鼓励你以我的建议为出发点，在实践的过程中发现更适合于自己的个性化的身体比例。

另外，你可以通过移动眼睛位置的方法来塑造不同年龄的人物形象。在制作好头部之后，想象在脸的正中间画有一条横线。当制作年轻的人物的时候，要将眼睛放在这条假想线下方的位置。当制作年长的人物的时候，将眼睛放在假想线或以上的位置。通常情况下，眼睛的位置越低年龄越小，眼睛的位置越高人物的年龄越大。

眉毛同样是位于眼周的虚拟的圆圈中的一个重要的组成部分：这个圆圈可以被拉高或者压扁以呈现下图所示的不同表情。

最后，耳朵的高度应处于眼睛和鼻翼中间的位置。

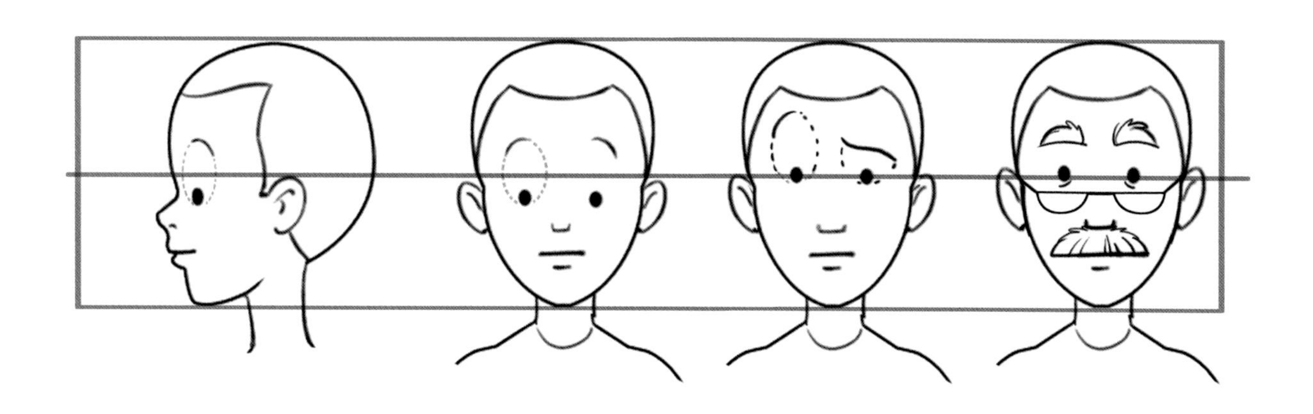

制作不同面部表情的方法

我们可以通过简单地调整嘴巴、眼睛和眉毛的形状和位置来塑造不同的面部表情，下文我将用魔术师和兔子作为示例加以说明。

愤怒

要呈现愤怒的面部表情，我们可以将魔术师的嘴巴向一边倾斜，然后将另一侧的嘴角略微张开。用尖头塑形工具的侧边向下压出下嘴唇的形状。将眉毛添加在稍高于眼睛的位置，并呈拱起、弯折的形状。当然，在眼睛的下面添加眼袋并在额头添加皱纹也会使人物呈现出愤怒的表情。

迷惑

要呈现迷惑的面部表情，将嘴做成嘴角向下弯曲的月牙形。用尖头塑形工具将嘴巴略微打开，并用工具的侧边向下压出下嘴唇的形状。将眉毛固定在额头较高的位置，并将它们分别向下倾斜。

震惊/惊讶

要呈现出震惊或惊讶的表情，用细的画笔杆或者竹签把嘴戳开，形成一个拉长的O字形状。将眉毛固定在额头的顶端，并将眼睛做得略大一些。

快乐

为了让人物造型看起来快乐，可以用小的圆形切模的圆弧边压出微笑的嘴形。开嘴的时候，用尖头塑形工具圆润的一端向下按压糖膏。用小号球形塑形工具按出酒窝，并按需求添加牙齿。眼睛的形状是睁开或闭上均可。眉毛应该是弯曲的形状，位于额头较高的位置。

胳膊和手部的制作方法

可食用材料

塑形糖膏（具体用量请见相关作品的章节）

工器具

工具刀

Squires Kitchen品牌切割工具（选用）

胳膊

1. 将少许肤色的塑形糖膏揉成香肠的形状。继续滚动将香肠形糖膏的一端揉得略细，用手的侧面擀压出手腕。在胳膊末端留出一段塑形糖膏用于制作手部。

2. 用食指把胳膊末端的塑形糖膏按成扁平的桨状。用工具刀在手掌一侧切出一个V字形作为拇指。

3. 用食指在香肠形糖膏的中部轻轻地揉动以区分出大臂和小臂。如果你需要让手臂弯曲，可以用塑料切割工具在手肘的内侧和手腕处各压出一个折痕：这将帮助胳膊弯折到适合的角度。将手臂弯折定形，然后用食指将手肘处捏尖。

手

1. 在制作要连接到袖子上的手的形状时，先将肤色的塑形糖膏揉成保龄球瓶的形状。用食指将较粗的一端按成扁平的桨状，参照步骤图切出大拇指的形状。

2. 为了刻画出其他手指的形状，用切割工具在手的末端压出痕迹：先在中间按压出一道压痕，再分别在两侧各增加一道压痕。

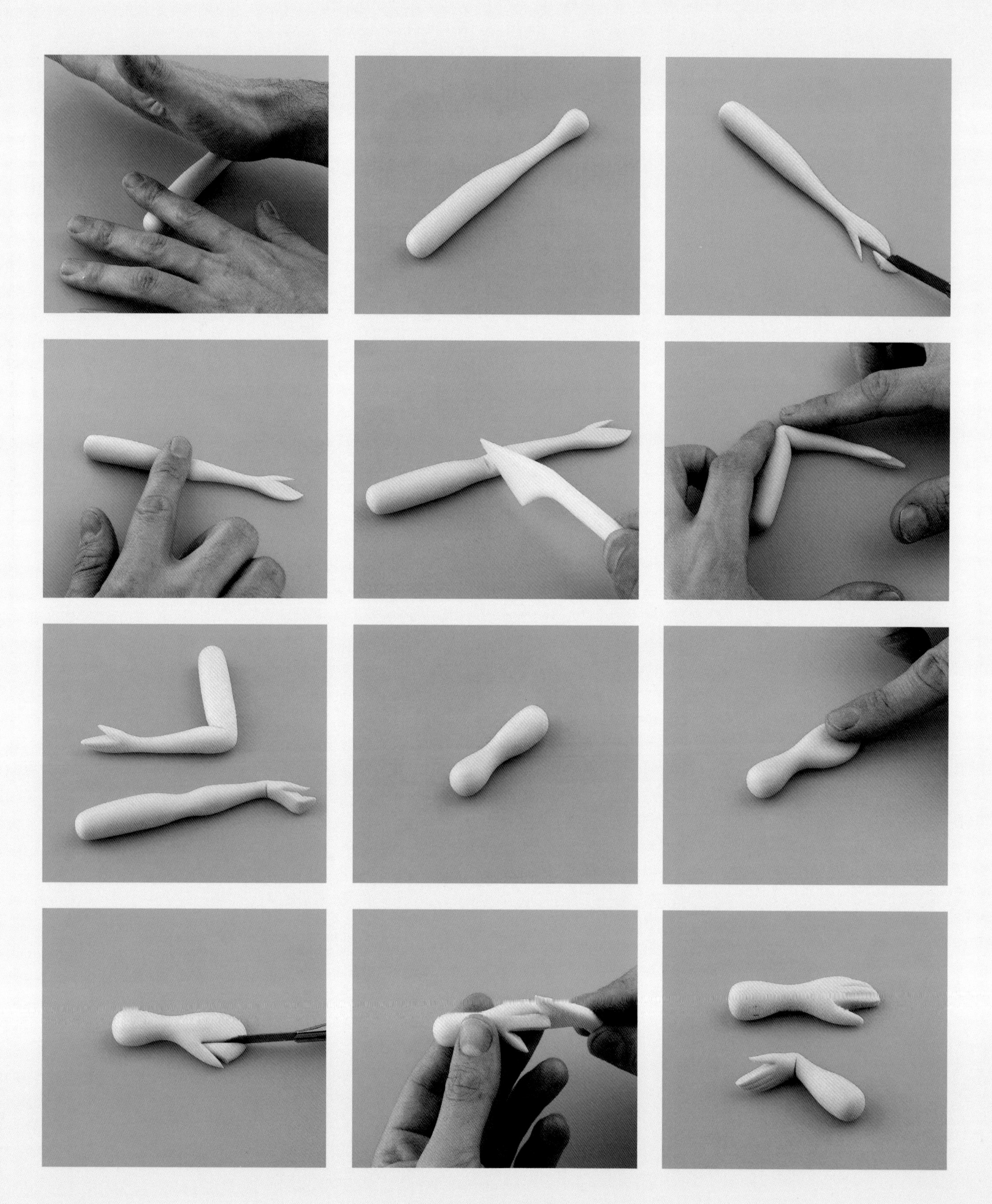

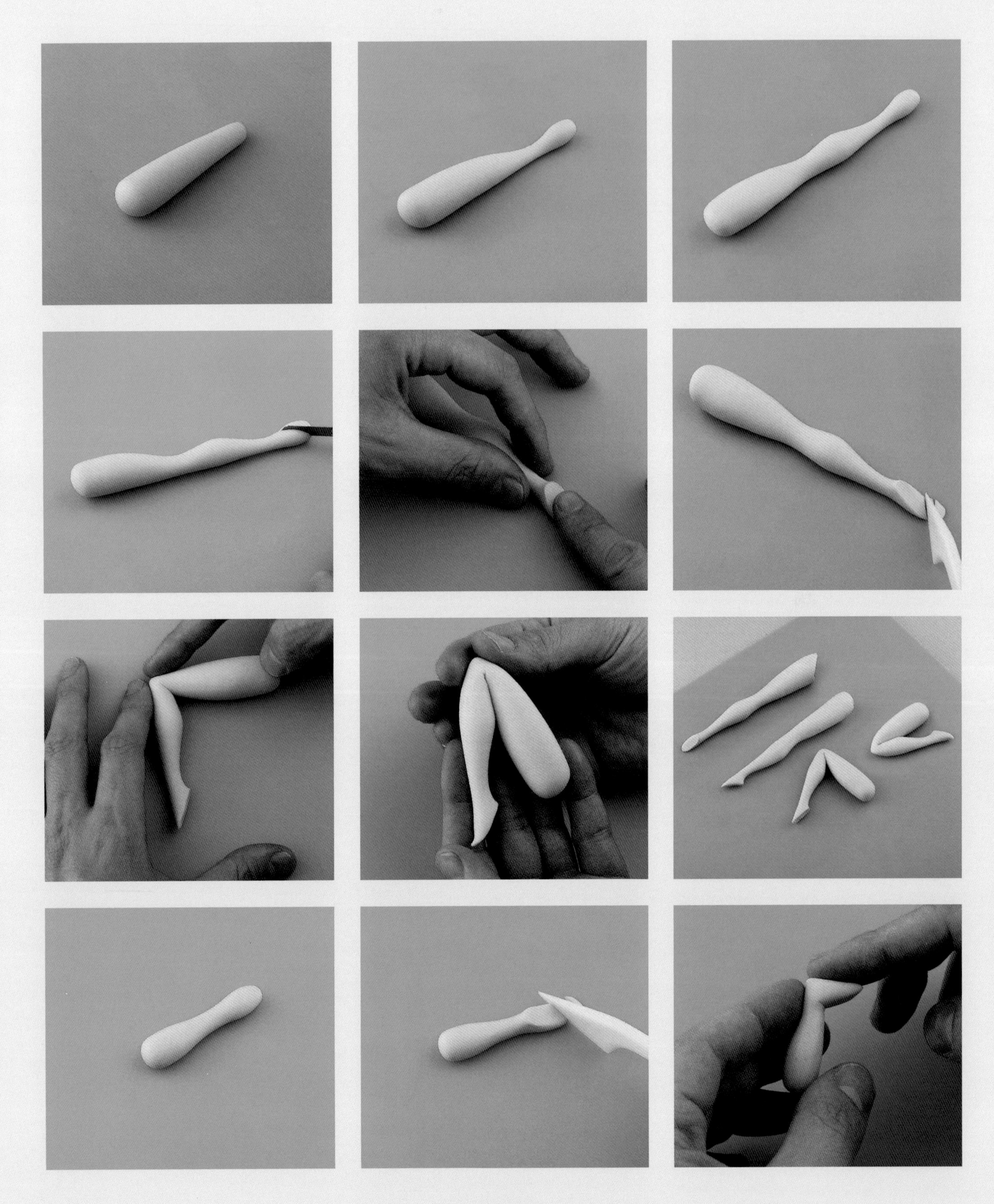

腿和脚部的制作方法

可食用材料

塑形糖膏（具体用量请见相关作品的章节）

工器具

工具刀

Squires Kitchen品牌切割工具（选用）

腿部

1. 将少量肤色的塑形糖膏揉成香肠形状，继续滚动将香肠形糖膏的一端揉得略细。

2. 用手掌的侧面在细端稍高的位置擀压出脚踝的形状，并在末端留出一段塑形糖膏用于制作足部。

3. 用手掌的侧面在腿部中间的位置上轻轻地揉动，以区分出大腿和小腿的部分。

4. 将腿侧放，用工具刀倾斜地切出脚的形状。

5. 用手指轻轻地捏住脚踝，用另一只手的食指将糖膏朝向小腿的方向推压做出脚后跟的形状。如果脚形开始变宽，则轻轻挤压脚的两侧使其变窄。用切割工具在脚的顶端切出一条斜线作为脚趾的标记线。

6. 如果需要让腿部弯曲，先用切割工具在膝盖的背面压出一道痕迹：这将帮助你把腿移到适合的角度。把腿部弯曲到位，然后用食指将塑形膏朝膝盖的方向推，使膝盖处变尖。

脚部

1. 在制作要连接到裤子上的脚的形状时，先将肤色的塑形糖膏揉成保龄球瓶的形状，然后按照腿部的第五个步骤进行制作。

2. 如果需要让脚部弯曲，则用塑料切割工具在脚踝出压出一道痕迹，将脚面向前弯曲，然后用食指挤压塑形糖膏做出脚后跟的形状。

耳朵的制作方法

与简单地将耳朵粘贴在头部相比，我更喜欢采用将耳朵插入头部的制作方法，因为这样耳朵会更加稳固不易脱落。

可食用材料

少量塑形糖膏

工器具

笔刷/竹签

球形塑形工具

1. 以眼睛的延长线的位置为参考，用笔杆或者竹签在头的两侧各戳出一个孔洞，然后在孔洞内涂抹少许可食用胶水。

2. 将两小块肤色塑形糖膏搓成泪滴形，将尖的一头插入小洞。

3. 用拇指和食指把耳朵稍稍压扁，并用球形塑形工具在每个耳朵中间压出耳洞。

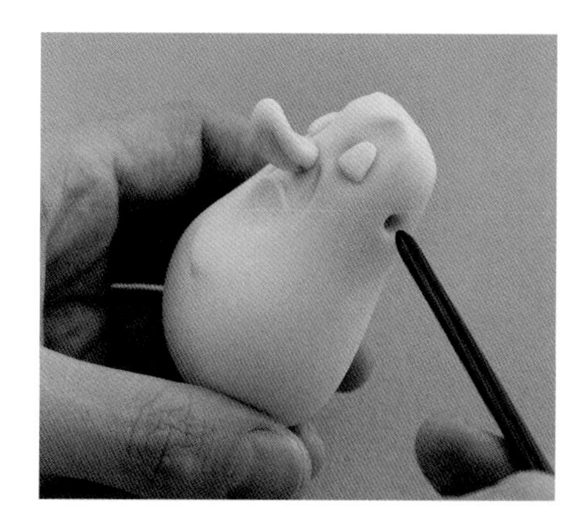

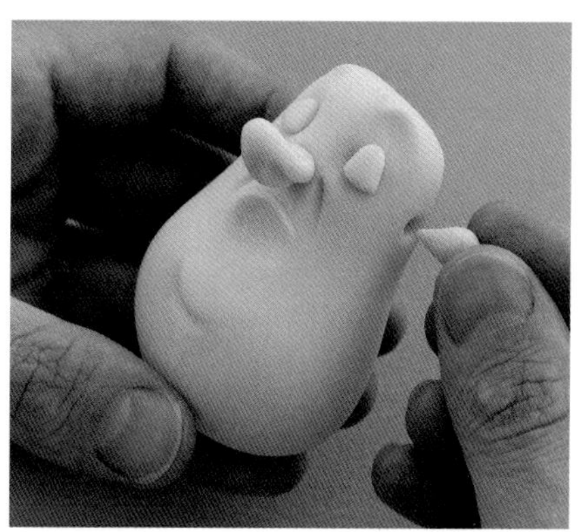

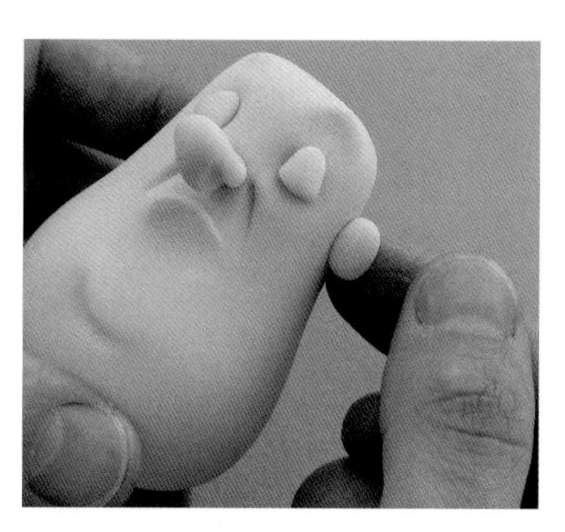

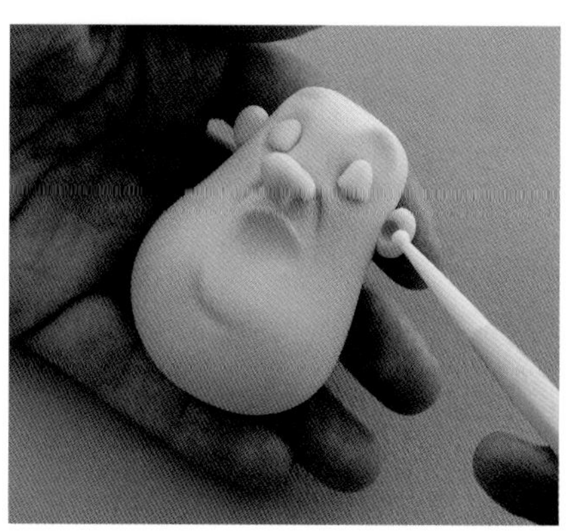

颜色的运用

我在创作本书中的所有作品时均使用了Squires Kitchen品牌的可食用专业色膏，因其颜色涵盖了整个色谱，能提供丰富的选择。如果你不熟悉Squires Kitchen品牌的产品或正在使用其他品牌，你也可以根据下方的列表，用通用色调制出理想的色彩。

Squires Kitchen品牌色素	通用色	Squires Kitchen品牌色素	通用色
深森林	绿色+少许红色或橙色+少许蓝色或黑色	圣诞红	红色+少许蓝色或紫罗兰色
叶绿	黄色+少许绿色+少许橙色	灯笼海棠	粉色+少许紫罗兰色
冬青/常春藤	绿色+少许红色或橙色	玫瑰	粉色
葡萄藤	绿色+少许黄色	仙客来（红宝石色）	红色+少许紫丁香色或紫罗兰色
阳光青柠	黄色+少许绿色	李子、海石竹、紫罗兰	紫罗兰色
仙人掌	绿色+少许蓝色	紫丁香	紫丁香色
羊齿蕨	绿色+黄色	波尔多	酒红色
丝兰花	深绿色	龙胆（冰蓝色）	蓝色
薄荷	绿色	风信子	深蓝
橄榄	绿色+少许橙色	绣球花、蓝草	蓝色+少许绿色
黄水仙	黄色	蓝铃、紫藤	蓝色+少许紫色
向日葵	黄色+少许橙色	泰迪棕	棕色+少许黄色
万寿菊	黄色+少许红色	板栗棕	棕色
小檗梗	橙色	宽叶香蒲（深棕色）	深棕色
金莲花	橙色+少许红色	乌黑	黑色
赤陶	红色+少许绿色或棕色	奶油色	白色+少许黄色+少许棕色
罂粟花	红色+少许黄色或橙色	雪绒花	白色

调制不同肤色的方法

我通常会在白色糖花膏中添加少许的泰迪棕色色膏来调制较浅的肤色。根据人物的特点，也会加入少许的橙色/金莲花色、粉色/灯笼海棠色或罂粟花色食用色膏，使用这些暖色调的颜色有助于调制出理想的肤色。另外我会注意选用能与肤色达到平衡的其他一系列颜色，从而使作品的整体装饰效果更为协调。

为了调出中等深度的肤色，我会在白色糖花膏中加入少许的罂粟花色和向日葵色。

为了调出较深的肤色，我倾向于在白色糖花膏中加入暖棕色色膏或者再加入少许的罂粟花色使颜色更加浓艳。根据你想要创作的人物形象的特点，你也可使用深棕色食用色素和少许绿色调出不同的深肤色。

为塑形糖膏、高强度塑形膏和皇家糖霜调色的方法请见第26~32页。

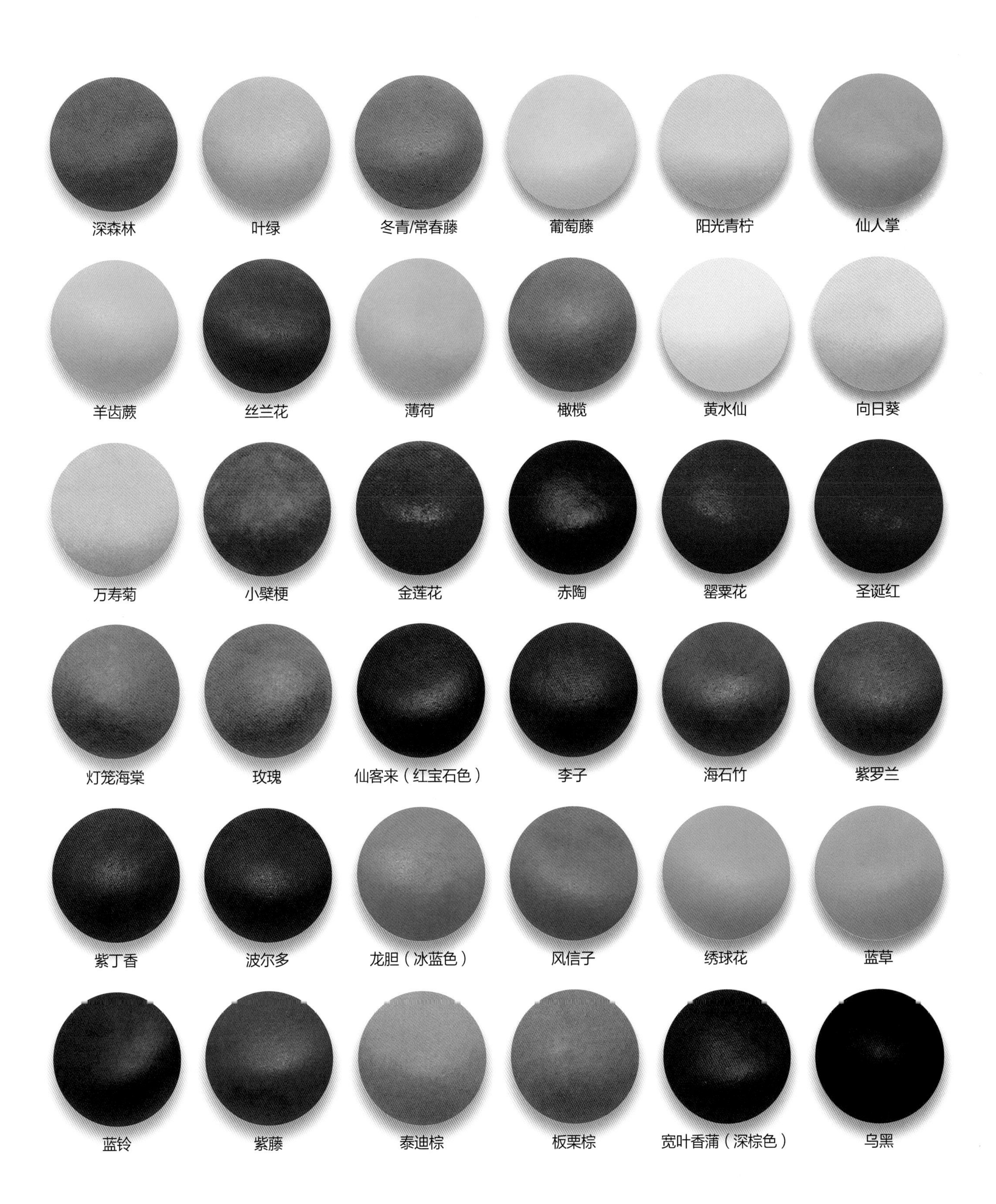
深森林
叶绿
冬青/常春藤
葡萄藤
阳光青柠
仙人掌
羊齿蕨
丝兰花
薄荷
橄榄
黄水仙
向日葵
万寿菊
小檗梗
金莲花
赤陶
罂粟花
圣诞红
灯笼海棠
玫瑰
仙客来（红宝石色）
李子
海石竹
紫罗兰
紫丁香
波尔多
龙胆（冰蓝色）
风信子
绣球花
蓝草
蓝铃
紫藤
泰迪棕
板栗棕
宽叶香蒲（深棕色）
乌黑

刷色和上色技巧

使用食用色素可以创造出各种各样复杂多变的颜色效果。我在下面描述了本书中所用到的一些技巧：这些技巧适用于任何糖艺配件，可以将它们做得栩栩如生。

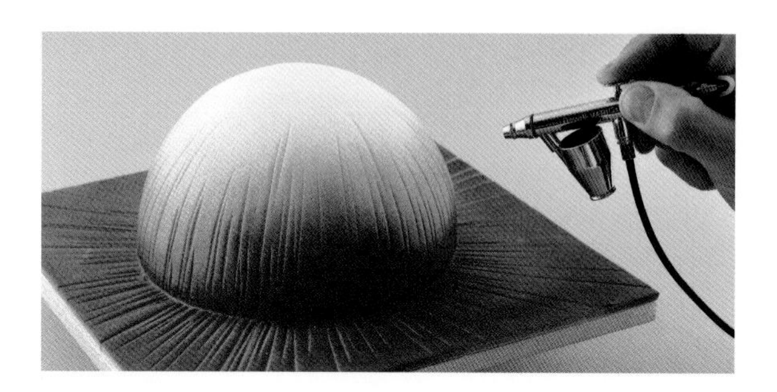

喷枪上色

喷枪需要与液体食用色素搭配使用。如果颜色过于鲜艳，可以加入几滴冷开水进行稀释。在待喷色的作品下面垫一张纸，注意喷枪和作品之间要保持一定距离以防上色不均匀。每次只需喷上薄薄一层颜色，然后重复喷色的步骤直到达到理想的颜色。上色时要先从柔和的颜色开始，然后采用逐层叠加的方式达到深色的效果。如果没有喷枪设备，你也可以通过在作品表面刷色粉的方式实现类似的装饰效果（见下方）。

喷溅颜色

即使没有喷枪也可以使用这个技巧达到与喷枪上色类似的效果。在碟子中将液体色素或色膏用几滴冷开水进行稀释。为了制造“喷溅”的效果，用未使用过的新牙刷蘸取稀释后的颜色，然后用拇指拨动刷头将颜色溅在作品上。注意不要一次性蘸取过多的颜色，否则会使颜色分布不均。上色时，牙刷应距离作品几厘米远，然后用拇指向后拨动刷毛。使用这个技巧可以使作品看上去更有质感。你还可以通过调节颜色的浓稠度来达到不同的装饰效果，较稀的颜色会产生大而厚重的喷溅水点，较为浓稠的颜色则会产生更细小的色点。

刷金属色

将可食用金属珠光色粉倒入碟中，加入几滴无色透明酒精后将它调制成可以用画笔进行刷色的浓度。为了达到均匀的效果，你通常需要刷一层以上的金属色，待上一层干透后才能刷下一层。由于酒精蒸发速度很快，操作过程中可以根据需要持续添加酒精。

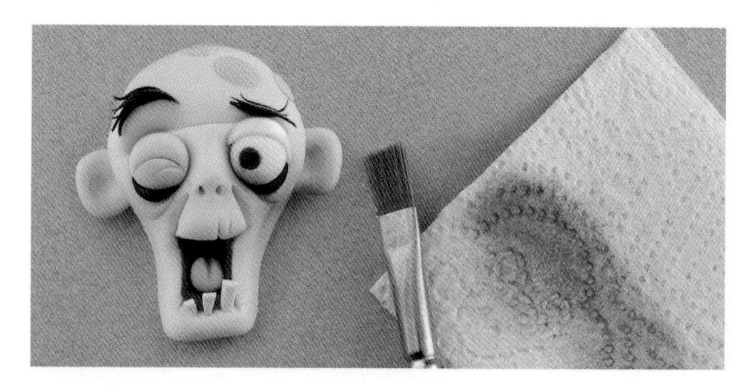

色粉上色

用干燥、柔软的圆头笔刷蘸取少许食用色粉，然后在厨房用纸上轻蘸几次将多余的颜色去掉，这样便于对上色进行掌控。另外建议将色粉与少许玉米淀粉混合在一起使用，我在为人物的脸颊刷上绯红色时会用到这个技巧，将浅粉色色粉与玉米淀粉混合使用可以使颜色涂抹得更加均匀、更为生动自然。

人偶造型的运输方法

在作品完成之后，你需要确保将它安全地运送到指定地点。下面这些小提示可以帮助你避免在运输途中（特别是在长距离运输的过程中）损坏作品。

- 将完全干透的人偶造型放在底部垫有聚苯乙烯泡沫或海绵的蛋糕盒中。你可以将几根牙签贴着人偶插入到底部的泡沫中加以固定，以防人偶在运输过程中前后滚动。

- 根据人偶造型的类型，你也可以在人偶与聚苯乙烯泡沫底座之间的空隙处填入柔软的材料，如聚苯乙烯泡沫垫或海绵垫，从而对人偶进行进一步的保护。这样做可以有效地减轻人偶断裂的危险，特别是在脖子和胳膊这一类易碎的部位。在填充保护材料之前，先要仔细地观察人偶的整体形状和尺寸维度，再来决定如何更好地支撑整体结构。

- 在到达目的地后，用事先准备好的高硬度皇家糖霜或是经软化的糖膏将人偶造型固定在蛋糕、高强度塑形膏底托或蛋糕假体上。如果人偶造型又高又瘦，则不要取出那根支撑整个造型的竹签。注意要确保消费者了解蛋糕中包含的竹签或是其他任何用于支撑的不可食用的材料的位置，并在食用蛋糕之前将它们移除。

- 在支撑细高的造型时，最好能将竹签插入蛋糕假体而非真蛋糕，这样做有利于人偶造型在宴会全程保持稳定。在食用蛋糕之前，要将蛋糕假体和造型一同取下。

- 对于容易破损的零部件，如小花或者其他小型易碎的部分，建议多制作几个备用品并随身携带。另外我通常会携带一些备用糖膏以方便在目的地修补作品。

- 这些小窍门适用于易碎且在运输途中容易折断的糖艺造型。如果你不需要将蛋糕运至他处，或者所创作的造型非常稳固，则不需要采取额外的加固措施，在作品完成后直接摆放在蛋糕上作为装饰即可。

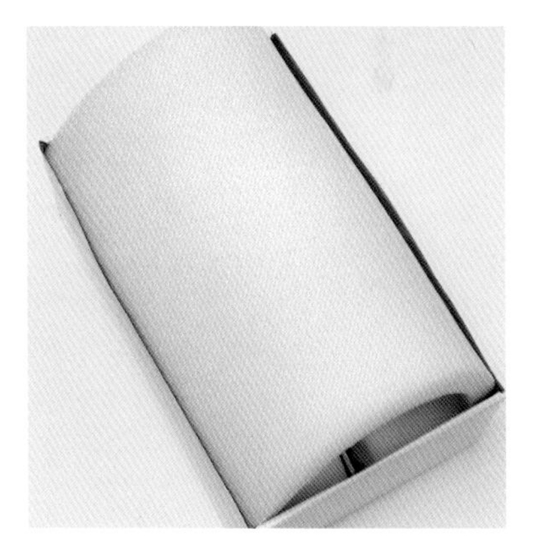

Photograph: Toby Long

牧羊犬蒙迪

这个可爱的英国古典牧羊犬蛋糕适合于任何热爱或是拥有宠物狗的人。制作者可以通过更改牧羊犬名牌上的字母和皮毛的颜色进行个性化定制。

可食用材料

15厘米圆形海绵蛋糕，已经分好层并填充好馅料

200克海绵蛋糕面糊，放入垫有烘焙用纸的炼乳罐中烤制

Squires Kitchen糖膏：

- 400克婴儿蓝色（或者在雪白色的糖膏中添加少许风信子色膏进行调色）
- 500克雪白色
- 20克蓝绿色（或者在雪白色的糖膏中添加少许蓝草色膏进行调色）
- 100克灰色（或者在雪白色的糖膏中添加少许乌黑色膏进行调色）
- 20克浅蓝色（或者在雪白色的糖膏中添加少许绣球花色膏进行调色）
- 350克浅绿松石色（或者在雪白色的糖膏中添加少许龙胆－冰蓝色膏进行调色）
- 10克红宝石色（或者在雪白色的糖膏中添加少许仙客来色膏进行调色）
- 30克黑色

Squires Kitchen可食用专业复配着色膏：蓝草，仙客来（红宝石色），龙胆（冰蓝色）,风信子，绣球花

Squires Kitchen可食用专业复配着色色粉：雪绒花（白色）和浅粉色

Squires Kitchen设计师系列可食用金属珠光色粉：银色

Squires Kitchen专业复配着色液体色素：风信子

Squires Kitchen即用皇家糖霜粉：

- 50克白色
- 100克浅绿松石色（在白色的皇家糖霜中添加少许龙胆－冰蓝色液体色素进行调色）

Squires Kitchen品牌CMC粉

工器具

基础工具（见第6～7页）

方形蛋糕托板：边长23厘米

塑料一次性裱花袋

裱花嘴：5号和7号

蛋糕卡纸托：边长20厘米，上面撒有细糖粉

比萨饼滚轮切刀

圆形切模：直径2厘米和3厘米

方形切模：边长1.5厘米和2厘米

崭新的硬毛刷

丝带：浅蓝色，长95厘米，宽1厘米

模板（见第246页）

M

蛋糕托板的装饰方法

1.将300克的婴儿蓝色糖膏擀薄后覆盖在正方形蛋糕托板上（见第41页）。用一把干净的尺子在糖皮上分别压出两道平行的横纹和两道竖纹，从而将托板划分成9个7.5厘米正方形瓷砖的形状。在风信子液体色素中滴入几滴冷开水进行稀释，用牙刷蘸取少许色液，用拇指拨动刷头在蛋糕托板上随机地弹上颜色（见第54页）。用冷开水稀释雪绒花色色粉，重复上述步骤在蛋糕托板上喷上颜色。将一条浅蓝色的丝带固定在托板的侧边，然后将它放置在一旁晾干。

大师建议

与色膏相比，我更喜欢使用经冷开水稀释过的色粉上色，因为后者干燥的速度更快。我同时建议在运用这一上色技巧时佩戴橡胶手套，以免染花双手。

篮子的制作方法

2.将篮子底部的模板放在一个直径15厘米圆形蛋糕上，用锯齿刀切出轮廓。将蛋糕翻转过来，将篮子顶部的模板放在蛋糕表面，然后用锯齿刀按一个倾斜的角度将蛋糕切成一个倒置的篮子的形状。用黄油霜封住蛋糕坯并放置在冰箱中冷却几小时。

大师建议

如果不使用蛋糕坯，也可以将脆谷物混合物塑造成篮子的形状（见第19页）。

3.将婴儿蓝色糖膏擀至2毫米的厚度，将它搭在擀面杖上，然后覆盖在撒有少许细糖粉的直径20厘米的蛋糕卡纸托上。将篮子蛋糕顶部朝下扣在糖膏上，然后用比萨滚轮切刀沿着蛋糕边缘切掉多余的糖皮。

4.用2毫米厚的浅绿松石色糖膏将蛋糕包裹起来，然后用比萨滚轮切刀沿着底部边缘切掉多余的糖皮。将蛋糕放置一旁晾干。

5.用胶带将一张烘焙用透明玻璃纸固定在一个大的蛋糕卡纸托上，然后将包好糖皮的蛋糕倒扣着移到上面。将皇家糖霜调制为高硬度的使用状态，其中的一半保持白色，在另一半糖霜中加入少许龙胆（冰蓝色）食用色素将它调成浅绿松石色。在配有5号裱花嘴的裱花袋中灌入白色糖霜，然后将浅绿松石色糖霜装入到配有7号裱花嘴的裱花袋中。

大师建议

食品级透明玻璃纸可以防止糖霜粘在蛋糕托板上，在糖霜干透后，还可以让你很轻松地将其从蛋糕上揭下而不会破坏糖霜拉线。

6.在篮子蛋糕的侧边，按照从顶部到底部的顺序裱出垂直的白色糖霜线条。再用浅绿松石色糖霜在白色线条的上面水平裱出一条短线，在短线的下方留出与这条水平线粗细相同的距离，然后继续裱出后续的横线，每一条稍长丁前　条，直到裱到蛋糕底部的位置。

7.在第一条白色皇家糖霜线条的旁边裱出另一条垂直的白线，采用与步骤6相同的方法插空裱出浅绿松石色的水平短线，从而形成编织的效果。依照此方法环绕篮子蛋糕一周裱出装饰线条。

8.将少量的浅绿松石色的糖膏擀开，参照篮子蛋糕底部的模板切割出一个椭圆形的糖皮，并将它放置到蛋糕的顶部。当蛋糕被翻转过来时，这层糖皮将起到垫子的作用，以防糖霜线条接触到工作台面。待糖霜干透后，揭下粘贴透明玻璃纸的胶带，在蛋糕顶上放置另一个卡纸托后将蛋糕翻转过来，然后小心地揭去透明玻璃纸。

9.将浅绿松石色的糖膏揉成两根与篮子上沿的周长等长的细香肠形。用尖头塑形工具的尖端在糖膏上压出纹理线，为糖膏增加一些质感。将两根糖膏缠绕在一起做成绳子的形状，然后用可食用胶水将它黏合在篮子的上沿。

10. 在制作篮子把手时，先将一小撮CMC粉加到少许浅绿松石色糖膏中并揉匀，CMC粉可以加强糖膏的韧性和定形度。将糖膏揉成两根细香肠形，采用相同的方法将糖膏缠绕在一起做成绳子的形状。将糖膏绳一分为二环绕在一个直径为3厘米的圆形切模上干燥定形。

牧羊犬的塑造方法

身体

11. 将在炼乳罐中烤制的蛋糕坯切割成大约12.5厘米高，直径6厘米的圆柱体，并将顶端修为半球形。将蛋糕切为四层后填充巧克力酱或黄油霜馅料（见第34页）。封好蛋糕坯后放在冰箱中冷藏1小时。

大师建议

也可以用脆谷物混合物代替蛋糕做出相同的形状。

12. 为蛋糕包面时，先将白色糖膏擀成薄薄的23厘米×16厘米的长方形糖皮。将蛋糕侧放到糖皮上，注意底部对齐糖皮一侧的边线。将糖皮卷起直到完全包裹住蛋糕。去除重叠接缝处多余的糖皮，然后将蛋糕立起。将糖皮在顶端聚拢并用剪刀剪掉多余的部分。用手掌将糖皮表面抹平滑后待其干燥。

13. 将大约40克的白色糖膏揉成一根香肠形，将它一分为二后分别做成扁平的水滴形状。将水滴形糖膏黏合在圆柱形蛋糕底部的两侧。调整水滴形糖膏的角度使尖端朝后倾斜，它们将成为牧羊犬后腿的填充物。

14. 将100克灰色糖膏擀至3毫米的厚度，依照模板切出灰色皮毛的形状。将糖皮围裹在牧羊犬身体的底部，两端在正面相交，并正好覆盖住后腿。如有必要可以将多余的糖皮切除。采用同样的方法将100克的白色糖膏擀薄后依照模板切出白色皮毛的形状。将白色糖皮围裹在牧羊犬身体的上半部，并与灰色糖皮相接，然后从正面将多余的糖皮切除。

前腿

15. 将少量白色糖膏揉成短粗的香肠的形状，然后将它一分为二。分别将两根香肠形糖膏的一端揉得略细，注意要在末端预留一部分粗的糖膏用来做脚掌。用尖头塑形工具在糖膏粗细相交的位置上压出一道痕迹，然后将脚掌弯折90°。用同样的方法制作出另一条前腿，然后将它们黏合到牧羊犬身体的前面。用刀刃在每只脚掌上划出两道竖线。将前腿的上端裁成V字形以便稍后黏合牧羊犬胸前的被毛。

头部

16. 制作头部时，先将100克的白色糖膏揉成球形，将球形顶端压扁后做成一个半球的形状，然后将它固定在圆柱形蛋糕顶部的正前方的位置。

17. 使用球形塑形工具按压面部做出嘴的形状，并将下唇按压成形。用直径为2厘米的圆形切模圆润的一面在嘴的上部压出微笑的表情，然后用一个小号球形塑形工具在嘴角处按压出酒窝。用手指轻轻抚平球形工具留下的痕迹，同时进一步强化脸颊的轮廓。将少许红宝石色糖膏擀薄，用小滚轮切刀切出嘴的形状，然后将它填充并黏合在口腔中。

18. 制作牧羊犬鼻子的形状时，先将少许白色糖膏揉成一个椭圆形，然后用可食用胶水将它黏合在嘴的上部。用尖头塑形工具在鼻子中间划一条竖线。将少许黑色糖膏揉成一个水滴形后粘贴在鼻子上，注意尖的一端朝下。用手指轻捏鼻头，然后用小号球形塑形工具按出鼻孔的形状。

19. 制作舌头时，先将少许白色和红宝石色的糖膏混合在一起揉成浅粉色，然后将糖膏揉成一个扁平的椭圆形。将舌头黏合在嘴的底部并在中间划出一道舌线。最后用软笔刷将浅粉色色粉涂抹在脸颊上为其上色。

20. 制作胸部时，将少量白色糖膏揉成一根两头略尖的香肠的形状，然后将一侧压平。将它黏合在头部和前腿之间以填充胸部。用尖头塑形工具为糖膏增加纹理，并抹平接缝。

21. 将灰色糖膏揉成两个长水滴形，压扁后当作耳朵贴在头部的两侧。

22. 在制作散在头顶上的毛发时，将白色糖膏揉成数个大小不同的水滴形，并用手掌将它们分别压平。用剪刀在水滴形糖膏的尖端剪出几个小口，做出小绺的散发。使用尖头塑形工具在糖膏上划出线条为其增加纹理，然后用食用胶水将它们分别黏合到头顶。

23. 制作额前的刘海时，先将白色糖膏揉成数个两头带尖的小香肠形，将它们分别黏合在头部的正前方，盖住眼睛，并悬垂在鼻子的两侧。

24. 在少量的白色糖膏中添加CMC粉后揉和均匀，将它们揉成3根长水滴的形状作为直立在头顶的毛发。将水滴形糖膏稍微按平并调整到一定的弧度，将它们侧放晾干。待干燥定形后，将它们固定在头顶，并保持直立的状态。

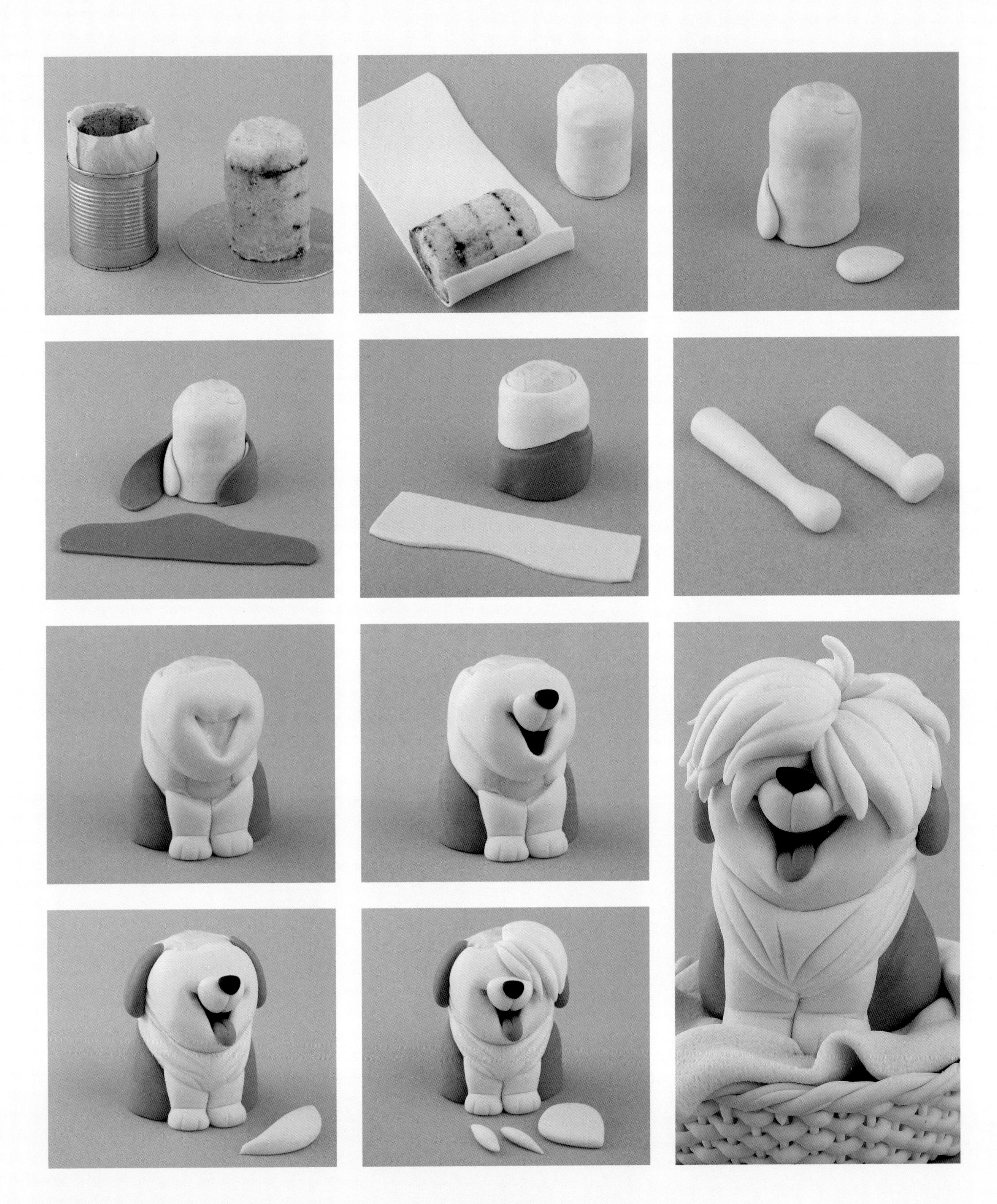

尾巴

25. 先将20克的白色糖膏揉成一个球形，再将少许灰色糖膏揉成一个稍小的球形。将两个圆球压在一起，并在手掌中将它们撮成一个球体。将糖膏球揉成一个细长的梨形，并将较粗的一端的末尾揉出尖角。用尖头塑形工具顺着尾巴的方向划出纹理线后放在一旁晾干。

名牌

26. 在少量的白色糖膏中添加CMC粉后揉和均匀，然后将它擀至2毫米的厚度。用切模切出边长为2厘米的正方形，再用边长为1.5厘米的正方形切模在中间压出一个较小的正方形。将正方形糖膏片转动45°呈菱形，用竹签或小号的尖头造型棒在顶角戳出一个小洞。将少许白色糖膏揉成一个细长条形状，然后将它穿过小洞做成圆环。

27. 在小号纸质裱花袋中填入白色糖霜，在裱花袋顶端剪出一个小口，然后在名牌上裱出选定的字母。在名牌干透后，用笔刷蘸取银色珠光色粉与无色透明酒精酒调制的混合色液为名牌上色。

圆球

28. 分别将15克的蓝绿色糖膏和15克的浅蓝色糖膏揉成球形，用尖头塑形工具在圆球的中间划出一条线条。在每个球中插入一根竹签，然后将它们插入到一块聚乙烯泡沫蛋糕假体上晾干以防止变形。

组装

29. 用皇家糖霜将篮子黏合固定在蛋糕托板上，然后用浅绿松石色糖霜将把手固定在篮子两侧。

30. 制作毛毯时，将150克的浅绿松石色糖膏擀至3毫米的厚度，然后将它切成一个长方形。用一个崭新的硬毛刷的刷头在糖膏上按压出纹理，将毛毯的边缘向下翻折形成褶边。将毛毯松松地盖在篮子上，在糖膏依旧柔软的时候将牧羊犬摆放在上面，然后用经软化的灰色糖膏将尾巴黏合到牧羊犬的身体上。

31. 用皇家糖霜将其中的一个圆球黏合固定在篮子里，另一个球固定在蛋糕托板上。将少量蓝绿色糖膏揉成细长的香肠形，然后将它黏合在牧羊犬头部和胸部的交界处。最后用皇家糖霜将名牌黏合到牧羊犬的胸前。

大师建议

如果你是为熟悉的人制作这款蛋糕，不妨把名牌上的字母换成他名字的缩写，能使其变得更加特别。

M

名牌饼干

按照第30页的步骤，用流动糖霜在烘焙用透明玻璃纸上裱出牧羊犬名字的缩写，然后将它们放置一旁晾干。

按照第18页的配方，烤制35个边长为5厘米的正方形巧克力饼干。

将1号裱花嘴装入裱花袋，并在袋中填入软硬度适中的白色皇家糖霜，然后在饼干上勾画出外轮廓线。将糖霜调制为流动状态，然后与2号裱花嘴配合使用填充饼干的表面（见第30页）。将饼干放置一旁晾干。

将1号裱花嘴与软硬度适中的糖霜配合使用，在饼干外轮廓线的内侧裱出一个正方形的轮廓。将饼干转动45°呈菱形，然后用糖霜将已经裱好的牧羊犬名字的缩写固定在饼干的正中间。

待糖霜干透后，用笔刷蘸取银色珠光色粉与无色透明酒精酒调制的混合色液为饼干上色。

好胃口

脆谷物混合物非常适合用来制作这位胖乎乎的主厨，它既可以撑起胖胖的身躯，又不会很重。你可以把食物换成当地特色菜肴使作品更加个性化；今天，这位骄傲的意大利主厨将为我们奉上美味的意大利面。

可食用材料

直径16.5厘米，高7厘米的圆形蛋糕，已经填充好馅料并封好蛋糕坯（见第34页）

Squires Kitchen糖膏：

- 1千克白色
- 200克浅绿色（或者在白色糖膏中添加少许深森林色色膏进行调色）

Squires Kitchen糖花膏（干佩斯）：

- 50克黑色
- 100克蓝黑色（在白色的糖花膏中添加少许蓝铃色和黑色色膏进行调色）
- 50克灰色（在白色的糖花膏中添加少许黑色色膏进行调色）
- 20克浅黄色（在白色的糖花膏中添加少许万寿菊色色膏进行调色）
- 30克三文鱼粉色（在白色的糖花膏中添加少许小檗梗色膏进行调色）
- 150克肤色（在白色的糖花膏中添加少许泰迪棕和粉色色膏进行调色）
- 300克白色

Squires Kitchen可食用专业复配着色膏：深森林色、蓝铃、小檗梗、黑色、万寿菊色、泰迪棕和玫瑰

Squires Kitchen高强度塑形粉：

- 150克白色（原色）
- 200克浅绿色（在白色的塑形粉中添加少许深森林色进行调色）

Squires Kitchen可食用专业复配着色粉：金莲花色（杏色）、圣诞红和浅杏色

Squires Kitchen设计师系列可食用金属珠光色粉：银色

Squires Kitchen专业复配着色液体色素：黑色

Squires Kitchen专业级食用色素笔：黑色

半份脆谷物混合物（见第19页）

Squires Kitchen品牌CMC粉

工器具

基础工具（见第6~7页）

23厘米圆形蛋糕托板

16.5厘米圆形蛋糕卡纸托

直径7厘米，高6厘米的圆柱形聚乙烯塑料泡沫蛋糕假体

圆形或是方形的聚乙烯塑料泡沫蛋糕假体

专业级半侧鸡蛋壳形巧克力模具：10厘米长（选用）

裁纸刀

圆形切模：直径为2厘米、3.5厘米、4.5厘米、5.5厘米、6.5厘米和7厘米

崭新的硬毛刷

73厘米长，1.5厘米宽的丝带：黑色

模板（见第247~248页）

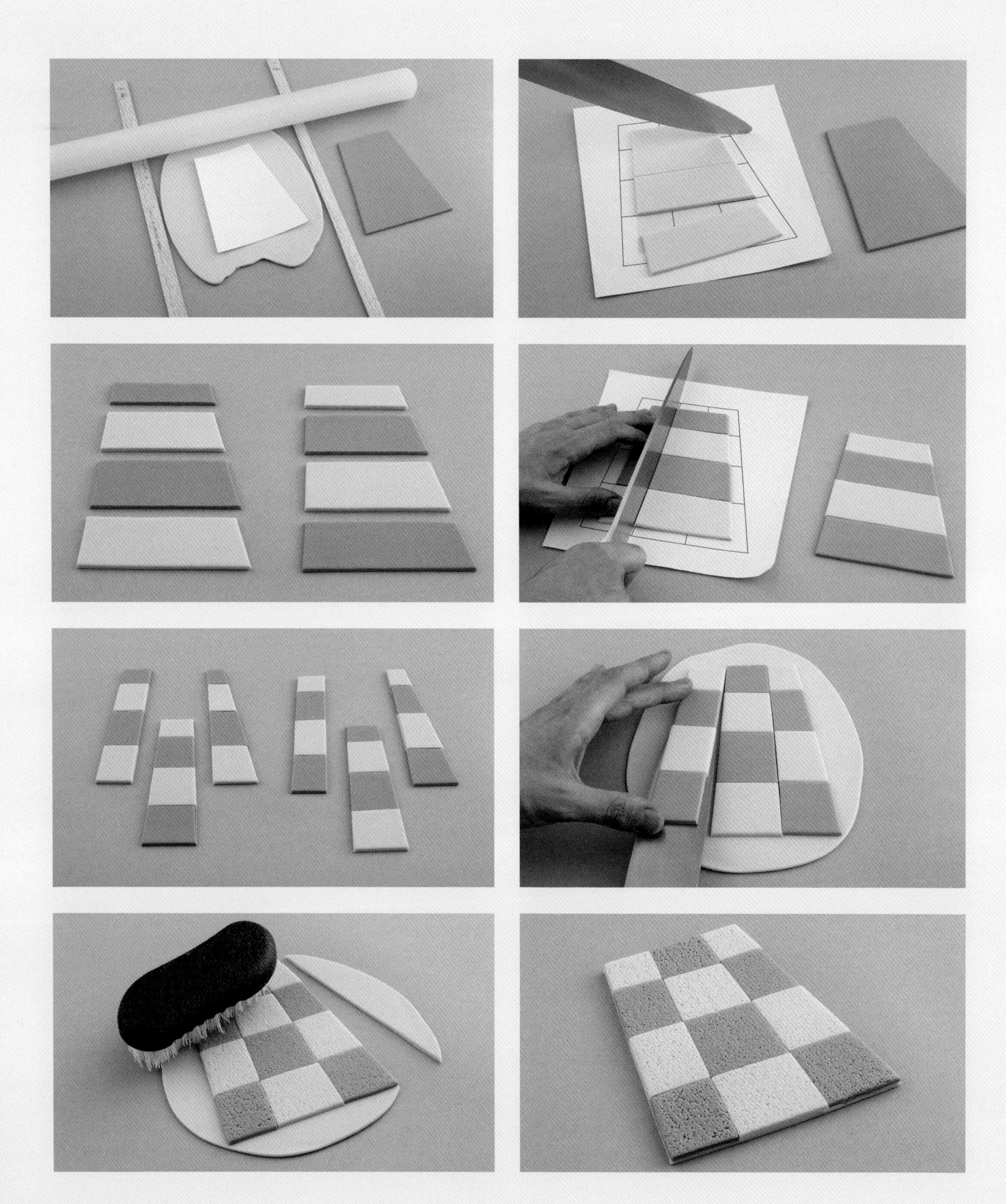

棋盘式地板的制作方法

1. 将100克调制好的白色高强度塑形膏与100克的白色糖花膏混合在一起，然后将它平分成两份。用少许深森林色色膏将两份糖花膏分别调染成深浅不同的绿色。

2. 在撒有少许玉米淀粉的台面上将两份糖膏分别擀至4毫米的厚度，然后按照模板切出轮廓。依照模板中的网格将两种颜色的糖膏分别切成横条。将两种颜色的糖膏条交替地摆放在一起，再次依照模板切出竖条。将两块地板中间的竖条互换位置。

3. 将剩余的糖膏擀成比地板略大的3毫米厚的糖片。在糖片上涂抹少许可食用胶水，然后用刮刀或者抹刀将地板移至糖片上，且保持原形状不变。按照个人喜好，可以用硬毛刷在地板上压出纹理。用一把锋利的小刀将糖片四周多余的部分裁掉，然后放置一旁将它彻底晾干。

4. 在撒有少许玉米淀粉的台面上将200克的浅绿色高强度塑形膏擀至1厘米的厚度。按照模板切出底托的形状，然后放置隔夜晾干。

大师建议

当使用这种方法制作不规则的棋盘式地板时，你可以同时做出两副。建议将第二副保留好备用。

5. 当地板和底托完全干透后，用软化的高强度塑形膏将地板黏合在底托的上面。

主厨的塑造方法

躯干

6. 按照第19页的配方，做出半份脆谷物混合物。

7. 将长度为10厘米的半鸡蛋壳形模具内侧涂上一层油脂，然后将脆谷物混合物填充进模具并高出边缘2厘米，这将成为主厨大肚子的造型。按压谷物待定形后从模具中脱出。用小刀削去肚子的底部，令其大小与模板相当。

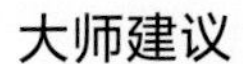

大师建议

如果你没有半侧鸡蛋壳形的模具，你也可以徒手制作躯干的部分。先将脆谷物混合物揉成一个球形，然后慢慢捏出模板中的形状。在台面上按压混合物，使其背部平整，顶部圆润平滑。

8. 在250克的白色糖膏中揉入CMC粉，然后将它擀至4毫米厚且稍大于躯干部模板的大小。在糖膏上涂抹少许可食用胶水，然后将厨师躯干的背面贴合在上面。用滚轮切刀裁去多余的糖皮。

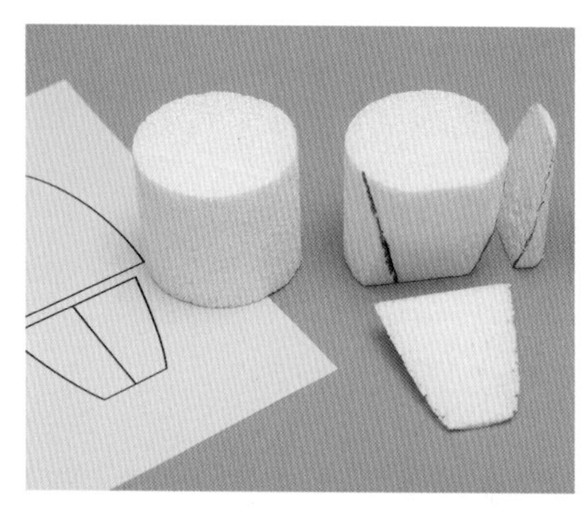

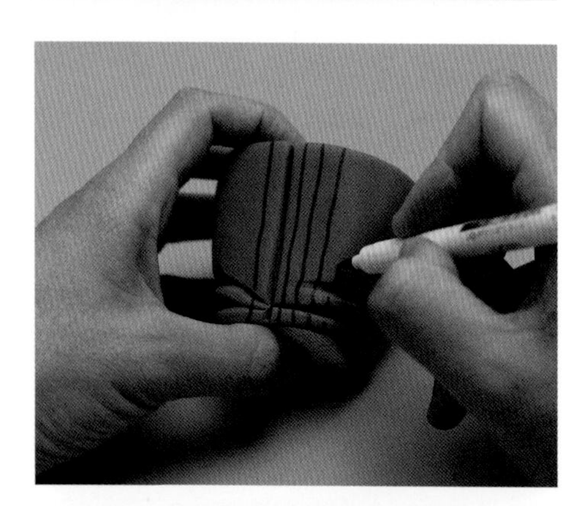

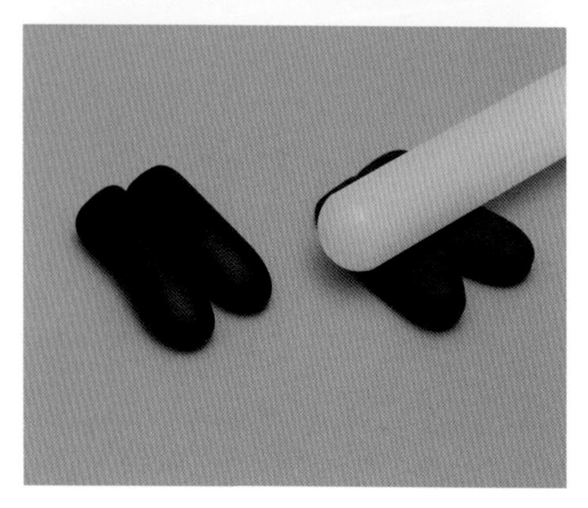

9.将剩余的糖膏擀至同样的厚度，然后将它覆盖在躯干的顶部。用手掌抚平糖膏并裁去多余的部分，然后将它放置一旁晾干。

腿部

10. 根据模板，在一个7厘米×6厘米的圆柱形聚乙烯塑料泡沫蛋糕假体上画出平行四边形。用裁纸刀按照标记将泡沫裁成腿的形状。

大师建议

模板只是一个参考，你可能需要根据躯干的实际大小来调整腿部的尺寸和形状。

11. 将蓝黑色的糖花膏擀至5毫米的厚度，依照模板将它切成长条形用于覆盖腿部。在糖花膏上涂抹少许可食用胶水后将腿部包裹住，并将接缝留在背面。用小刀将接缝处多余的糖花膏切掉。用竹签在正面和背面正中压出一道竖纹以区分双腿。用切割工具的背面在裤子底部刻画出几条褶皱，然后将它放置一旁晾干。

大师建议

如果你希望用可食用原材料塑造整个人物造型，则可以用脆谷物混合物来制作腿部。

12. 用黑色食用色素笔在裤子上面画几条垂直的线条，然后将它彻底晾干。

鞋子

13. 把少许黑色糖花膏揉成短粗的香肠的形状，然后将它切成两半，注意要确保它们的大小和腿的底部成比例。将糖膏并排放好并用食用胶水将它们黏合在一起。用一个小号擀面杖在鞋的后半部压出小的凹槽以摆放腿部。用尖头塑形工具在鞋子的底部划出鞋底的纹路线。在凹槽的上面涂抹少许可食用胶水，然后将腿部固定在鞋子的上面。将它们放置在一旁彻底晾干。

14. 将两根竹签分别从鞋底直插入腿部，并在脚下留出部分竹签。在鞋底涂抹少许经软化的高强度塑形膏，然后将竹签插入棋盘形地板，并穿过由高强度塑形膏制成的底托。

大师建议

如果地板和高强度塑形膏底托过于坚硬，竹签无法穿透，则可以用螺丝刀或剪刀的尖头在上面钻出两个小洞，然后再插入竹签。

头部

15. 按照模板的大小尺寸，将80克的肤色糖花膏揉成顶部拉长的梨形。用球形塑形工具在头的上半部按压出眼窝的形状，然后用手指尖轻柔地抚平压痕。用尖头塑形工具圆润的一端轻压眼睛上方的位置，做出眉毛的形状。

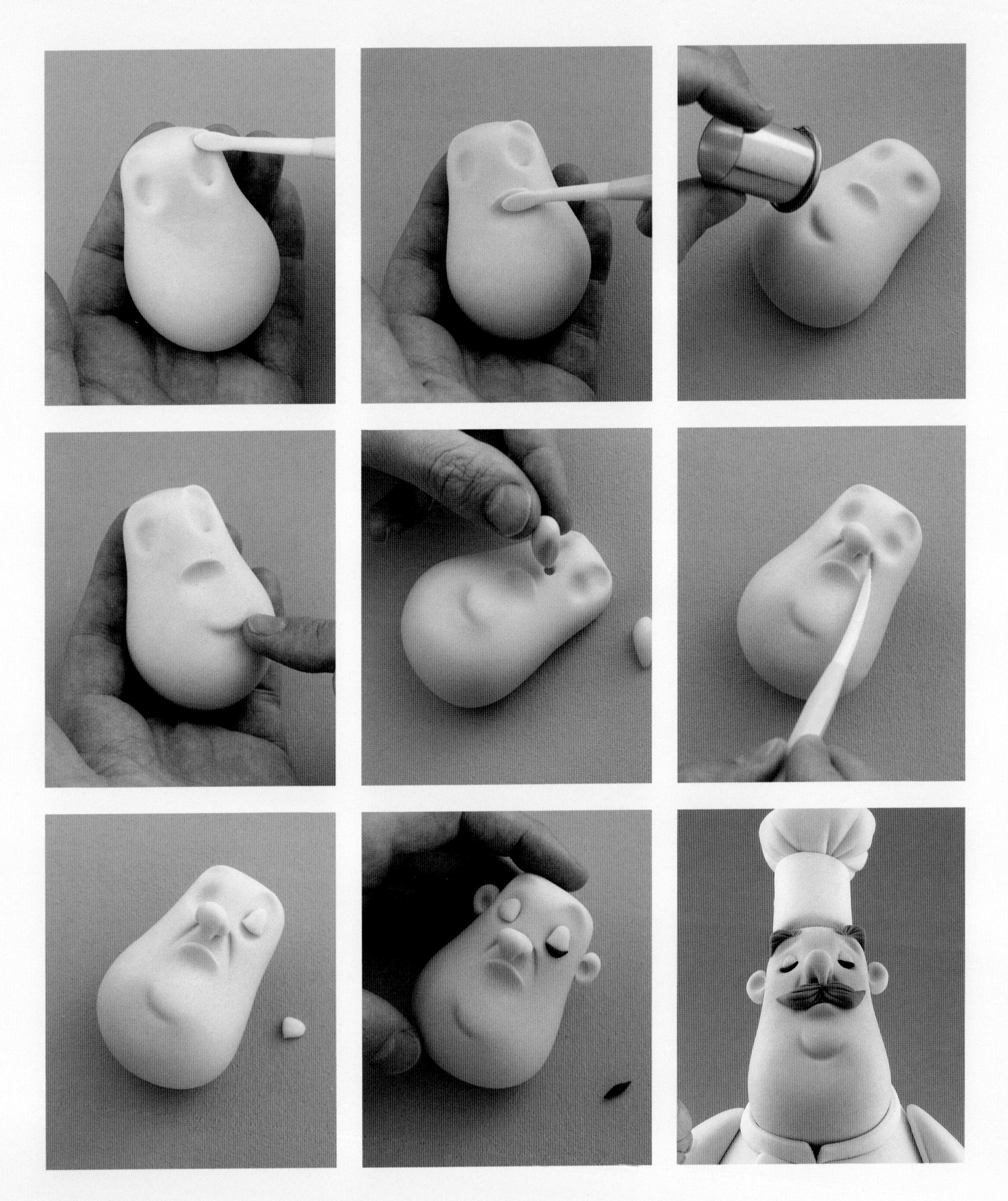

16. 用尖头塑形工具将糖膏轻轻地向上推，塑造出下嘴唇的形状。取一个直径为2厘米的圆形切模，用圆润的一侧压出下巴的形状。用手指将印记下方的糖膏轻柔地向下推，让下巴的轮廓更清晰。

17. 将少许肤色糖花膏揉成一个小水滴的形状，然后用画笔的笔杆在上面按压出两道深而长的鼻孔的形状。用竹签的尖头在眼睛下方的位置上扎出一个孔洞，将鼻子尖细的一头插入孔洞，并用可食用胶水将它固定住。用塑形工具尖的一端在鼻子两侧压出法令纹。

18. 在制作闭上的眼皮的形状时，将肤色的糖花膏揉成两个微小的椭圆形，压扁后用圆形切模将一端稍微切平，然后用可食用胶水将它们黏合在眼窝的位置。将少许黑色糖花膏揉成两个细长的大米的形状，然后将它们黏合在眼皮的下面。

19. 采用第51页的方法制作耳朵并将它们黏合在头部的两侧。注意待头部干燥定形后再进行操作，以免造成头部变形。

20. 将浅杏色色粉和少许玉米淀粉混合均匀，然后用软毛刷为双颊上色。

大师建议

按照头部的示意图为脸部的细节定位。注意所有的脸部细节都集中在脸的上半部，这样做可以突出主厨的双下巴。

厨师帽

21. 将少许白色的糖花膏揉成长约3厘米的香肠形，将两端切平形成一个圆柱体。稍微晾干。

22. 将白色糖花膏揉成一个大水滴的形状，然后用可食用胶水将它黏合固定在圆柱体的顶端。用尖头塑形工具按照从下往上的方向在水滴形糖膏上划出几条皱褶的纹路。

托盘

23. 在撒有少许玉米淀粉的台面上将少量的白色高强度塑形膏擀至3毫米的厚度，然后用直径为7厘米的圆形切模切出形状。用直径为6.5厘米的圆形切模圆润的一面在糖片上按压出一个圆环的形状，然后将它放置在一旁晾干。

24. 使用银色珠光色粉与无色透明酒精调制的混合色液为托盘上色。在混合色液中加入一滴黑色液体食用色素并混合均匀，然后为托盘上第二层颜色，使它看起来更有层次感。

盘子

25. 在撒有少许玉米淀粉的台面上将少量白色高强度塑形膏擀至2毫米的厚度。用直径为5.5厘米的圆形切模切出形状，将圆形糖片放置在直径为4.5厘米的圆形切模上，用手指在中间按出一个凹陷，然后将它放置在一旁晾干。

组装

26. 将厨师的躯干轻轻地插进到从腿部伸出的两根竹签的上面，然后用软化的高强度塑形膏固定好位置。

27. 将100克的白色糖花膏擀至3毫米的厚度，然后参照模板切出上衣的形状。在躯干部涂抹少许可食用胶水，然后用糖膏将身体裹住，衣服的接缝处位于身体正面，两端稍微重叠。

大师建议

上衣的模板仅为参考：你需要根据所制作的躯干的实际尺寸来调整上衣的大小和形状。

28. 用画笔的笔杆在腰间压出一圈浅痕，用于粘贴围裙的绑带。轻柔地调整上衣的底边使其具有一定的动感。用一个直径为3.5厘米的圆形切模在上衣顶端稍微靠前的位置切出一个圆形，然后用笔杆在两侧加上褶皱。

29. 制作扣子时，先将白色的糖花膏揉成6个小的水滴形。用竹签的尖头在上衣的前襟扎出6个小的孔洞，每列3个，共2列。用可食用胶水将扣子分别黏合固定在孔洞中。

30. 在躯干的顶部插入一根竹签，然后将厨师的头部小心地插入到竹签的上面，注意使头部略微向后倾斜，最后用可食用胶水将头部与身体固定在一起。

31. 制作衣领时，先将白色的糖花膏切成一根细长的条形，然后在两端切出斜角。将它黏合在头部下方，并将领口留在正面。

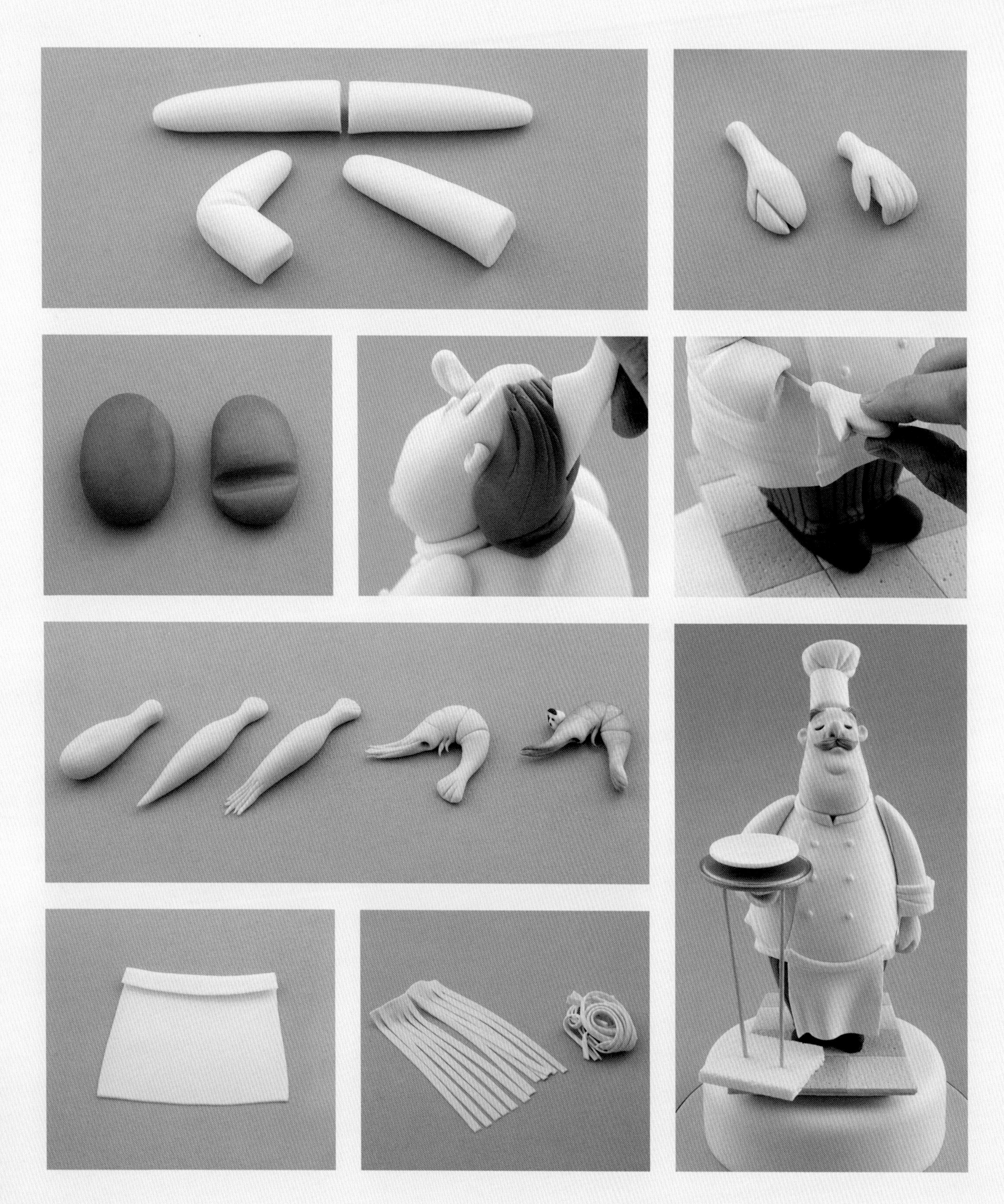

胳膊

32. 将80克的白色糖花膏揉成两头尖的短粗的香肠形，然后将它切成两半。注意胳膊的长度应和脖子到腰线的距离相仿。将左臂垂直地黏合在体侧。在右臂的中间压一道痕迹，将它弯折成90° 后用可食用胶水将它黏合在身体的另一侧。

手部

33. 按照第48页的方法用肤色糖花膏做出两只手。注意让右手的手指保持平直，左手手指略微弯曲。将双手放置一旁晾干。

34. 在手干燥定形后，用少许经软化的白色高强度塑形膏将左手固定在袖子中。在右袖中插入一根牙签，然后将右手插入到牙签的上面，并用经软化的高强度塑形膏加以固定。将白色的糖花膏擀成1.5厘米宽的长条形后一切为二，将它们分别黏合在衣袖的末端作为袖口，然后用尖头塑形工具在上面压出褶皱。

头发

35. 将少量的灰色糖花膏揉成一个椭圆形，其大小刚好能够将后脑覆盖住，厚度足以让整个头部造型变得完整而圆润。用画笔的笔杆在椭圆形糖膏的下半部压出一道水平的凹痕。根据这条痕迹将发尾向往弯曲，然后将它黏合到头部的背面。最后用切割工具在糖膏上划出垂直的发线。

虾的制作方法

36. 将三文鱼粉色的糖花膏揉成一个保龄球瓶的形状。将较粗的一头揉细当作虾头，略微按平后用尖头塑形工具在上面划出几条垂直的线条，并在虾尾处按压出较短的垂直线。在身体中间划一个圈，然后将虾的身体弯成C字形。用尖头塑形工具在身体上再划出几个圆圈。用画笔的笔杆戳开虾嘴，然后用小剪刀在嘴的下方剪出两条虾腿。

37. 用一个柔软的笔刷在虾的后背、头部和尾巴上涂抹少许金莲花（杏色）的食用色粉，然后再在表面刷上一层圣诞红色粉，这样将使虾的整体颜色看上去更为逼真。

38. 将白色的糖花膏揉成两个非常小的圆球形作为眼睛，然后将它们分别黏合在虾头的上面。将黑色的糖花膏揉成两个两头带尖的大米的形状，然后将它们分别黏合在眼球的上方。最后用黑色食用色素笔点出两个瞳孔。将虾放置一旁彻底晾干。

修饰润色

39. 将少许白色糖花膏擀薄后切成一个平行四边形当作围裙，其大小应刚好可以盖住腿的正面。将上边线向下折叠做出褶边，然后将围裙黏合在厨师服上，并让它搭在腿前。将一根用白色糖花膏制作的细长条形黏合在腰间的标记处作为围裙的绑带。

40. 在厨师的头顶插入一根牙签，将厨师帽小心地插在牙签上，然后用软化的高强度塑形膏加以固定。将少许灰色的糖花膏揉成两个小月牙形当作眉毛。再将少许灰色的糖花膏揉成两个带尖的香肠形作为八字胡，用尖头塑形工具在胡子上刻画出毛发的纹理。将眉毛黏合在头部上方，然后将八字胡黏合在上嘴唇的上方。

41. 用经软化的高强度塑形膏把盘子黏合在银色托盘上，再将托盘黏合固定到右手的位置上。用两根长竹签支撑在托盘的下方直到它彻底干燥。

42. 将少量浅黄色的糖花膏擀成薄片，用滚轮切刀沿着长边切出刘海的效果。将刘海形糖片卷成松散的球形，使它们看上去像是意大利宽面条。在盘子上涂抹少许可食用胶水，然后将意大利面摆放在上面。最后将虾放在意大利面上，将尾巴缠在意大利面里并固定好位置。

蛋糕及蛋糕托板的装饰方法

43. 用白色糖膏为蛋糕包面（见第34页）并在蛋糕中插入蛋糕支撑杆（见第42页）。

44. 在白色糖膏中添加少许深森林色色膏，将它调染为浅绿色（见第41页）。用浅绿色糖膏覆盖蛋糕托板。把蛋糕固定在托板正中间的位置，然后将黑色丝带黏合固定在托板的侧边上。

45. 把厨师造型摆放在蛋糕的中间并用经软化的高强度塑形膏加以固定。

主厨饼干

参考第18页的配方烤制30个直径为6厘米的圆形饼干。

制作软硬度适中的皇家糖霜，然后加入少许金莲花色膏将它调染为杏色。将1号裱花嘴装入裱花袋，并在袋中填入皇家糖霜，然后在饼干上勾画出外轮廓线。将糖霜调制为流动状态，然后与2号裱花嘴配合使用填充饼干的表面（见第30页）。将饼干放置一旁彻底晾干。

采用制作人偶时同样的方法，用塑形膏做出鼻子、八字胡和眉毛的形状，并用可食用胶水将它们分别黏合在饼干上。用黑色食用色素笔在鼻子的两侧各描画出一个弯曲的弧线作为眼睛，然后用金莲花色粉为双颊和鼻子上色。用几滴冷开水稀释少许金莲花液体色素，然后用细笔刷蘸取色液在下巴处画出一道弯曲的轮廓线。

飞天小猪

准备用这头飞天小猪为你的朋友和家人带去惊喜吧！这款鲜艳有趣的卡通风格蛋糕最适合孩子们的生日派对——谁不会爱上这个可爱的小猪飞行员呢？这个蛋糕还同时提醒着我们，在蛋糕装饰与糖艺技巧的领域中，你的想象力和创造力可以像天空一样广阔。

可食用材料

15厘米×8厘米的半球形蛋糕，已经填充好馅料并封好蛋糕坯（见第38页）

Squires Kitchen糖膏：

- 400克浅蓝色（在白色的糖膏中添加少许冰蓝色膏进行调色）
- 200克红色
- 400克天蓝色（在白色的糖膏中添加少许风信子色膏进行调色）

Squires Kitchen糖花膏（干佩斯）：

- 10克黑色
- 30克深蓝绿色（在白色的糖花膏中添加少许蓝草色膏进行调色）
- 30克深橘红色（在白色的糖花膏中添加少许金莲花色膏进行调色）
- 30克浅蓝绿色（在白色的糖花膏中添加少许蓝草色膏进行调色）
- 100克浅杏色（在白色的糖花膏中添加少许金莲花色膏进行调色）
- 30克淡米黄色（在白色的糖花膏中添加少许板栗棕色膏进行调色）
- 50克赤陶色（在白色的糖花膏中添加少许赤陶色色膏进行调色）
- 50克白色

Squires Kitchen高强度塑形粉：

- 100克橙色（在白色的高强度塑形膏中添加少许金莲花色膏进行调色）
- 100克浅蓝色（在白色的高强度塑形膏中添加少许冰蓝色膏进行调色）

Squires Kitchen皇家糖霜粉：100克

Squires Kitchen可食用专业复配着色膏：蓝草、板栗棕、龙胆（冰蓝色）、风信子、赤陶、圣诞红和金莲花

Squires Kitchen可食用专业复配着色色粉：灯笼海棠和浅粉色

Squires Kitchen专业级食用色素笔：黑色

Squires Kitchen品牌CMC粉

工器具

基础工具（见第6~7页）

边长25.5厘米的方形蛋糕托板

20.5厘米圆形或方形聚苯乙烯泡沫蛋糕假体

16.5厘米×4厘米×4厘米的长方形聚苯乙烯泡沫蛋糕假体

圆形切模：直径分别为1厘米、1.5厘米、4厘米和5厘米

小的塑料饮料瓶盖

裁纸刀

圆锥形塑形工具

薄卡纸，如早餐谷物包装盒

盒子或蛋糕盒

厚卡纸

无毒胶棒

蓝白相间的罗缎丝带：长1米，宽1.5厘米

模板（见第248~249页）

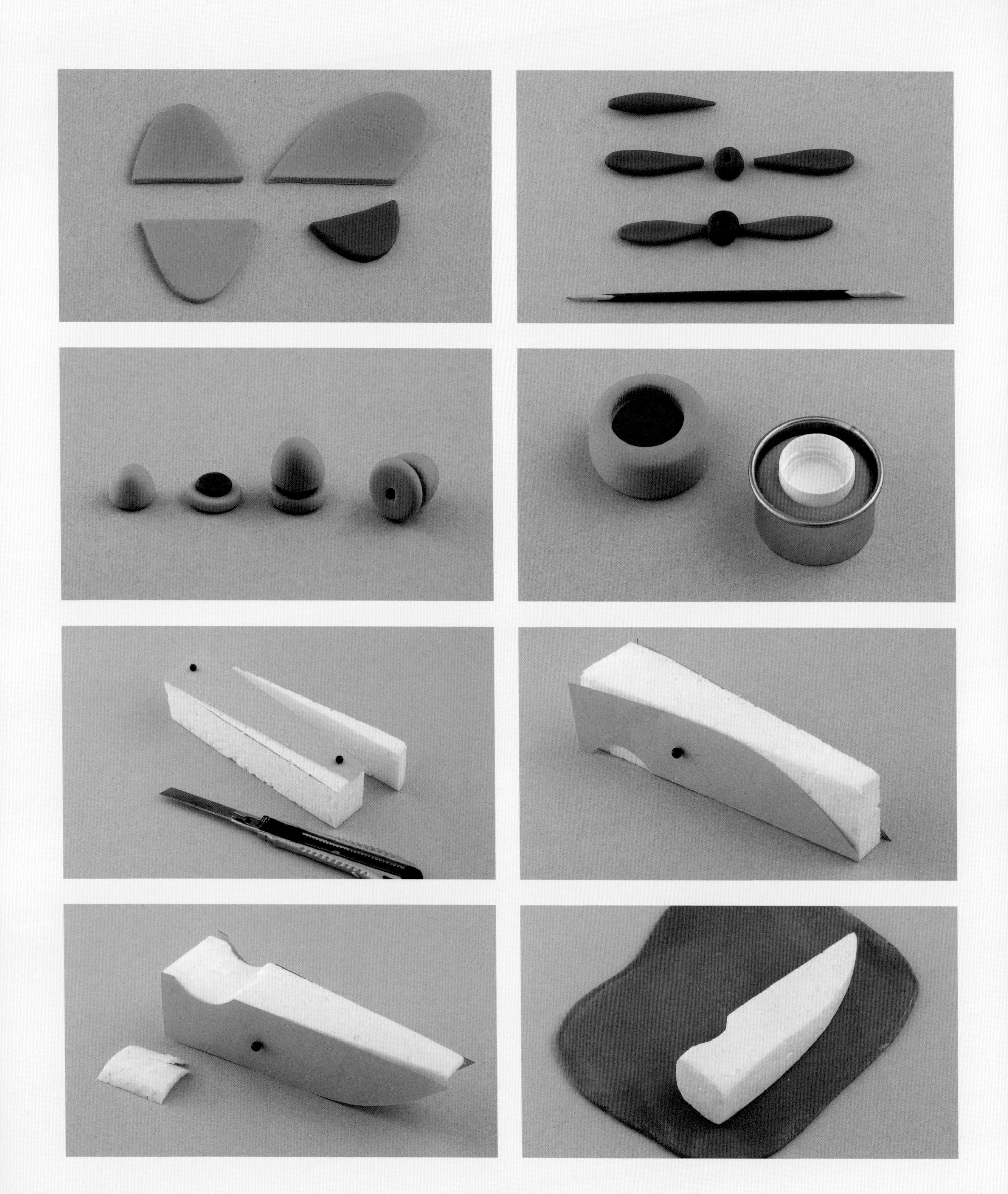

模板

1. 在薄卡纸上描出模板的轮廓，然后用剪刀剪出形状。

飞机的制作方法

尾翼

2. 将橘色的高强度塑形膏擀至4毫米的厚度，然后切出一个竖直尾翼（A）和两个水平尾翼（B）。在剩余的橘色高强度塑形膏中加入少许圣诞红色膏将它调成更深的颜色，然后切出第二个竖直尾翼（C）。将飞机尾翼放在平面上晾干。

螺旋桨

3. 按照模板的尺寸与形状，将深橘红色的糖花膏揉成两个长的水滴形作为螺旋桨的叶片。用蛋糕抹平器把它们稍稍按平，然后用锋利的小刀把尖的一头削直。放置一旁晾干。

4. 将少许赤陶色的糖花膏擀至1厘米的厚度，然后用圆形切模切出一个直径为1.5厘米的圆形轮轴。用画笔的笔杆戳穿圆心，然后用尖头塑形工具的尖端在相对的两侧按压出两个凹痕用于安放叶片。将它们放置一旁晾干。

5. 在螺旋桨的叶片彻底干燥后，将叶片直的一端插入到轮轴中并用少许经软化的深橘红色糖膏加以固定。待它们彻底干燥后在叶片上涂抹一层灯笼海棠色粉。

6. 制作螺旋桨的中轴时，先在一根16厘米长的竹签上涂抹少许可食用胶水，然后将一个赤陶色糖花膏圆球穿入竹签。用手掌轻揉糖膏使其包裹住竹签，然后将它放置一旁晾干。

7. 制作飞机鼻锥时，先将橘红色糖花膏揉成一个圆润的锥形。另取少许糖花膏将它揉成一个圆球的形状，然后用手指将它按平作为底座。待两块糖膏干燥定形后，用一块比底座稍小的柔软的赤陶色糖花膏圆片将把它们黏合起来。用画笔的笔杆在圆锥形糖膏的底部戳出小洞以便插入中轴。

引擎

8. 将55～60克的橘色高强度塑形膏揉成一个圆球的形状，然后将它放入内侧撒有玉米淀粉的、直径为5厘米的圆形切模里。用手踝将糖膏的顶部按平，然后将一个小塑料瓶盖放在糖膏的上面，向下按压，在中心处形成一个凹陷。将糖膏从切模中取出并晾干。

9. 将赤陶色糖花膏擀薄后切出一个和瓶盖同样大小的圆形，将圆形的糖膏片黏合在引擎中间的凹陷处，然后用画笔的笔杆在圆心处戳出一个小洞。

机身

10. 将机身顶部的模板（D）放在聚苯乙烯泡沫假体上，并用圆头大头针固定好位置。用裁纸刀按照模板的轮廓将假体削成一个楔形。完成后移除模板和大头针。

11. 将机身两侧的模板（E）放在楔形聚苯乙烯泡沫假体的两侧并用圆头大头针固定好位置。沿着模板的顶边裁出机身底部的弧度。将假体翻转过来，然后在驾驶舱所在的位置裁出一个凹槽。完成后移除模板和大头针。

12. 在聚苯乙烯泡沫假体上涂抹少许可食用胶水后将它侧放在一旁。将150克的红色糖膏擀至4毫米的厚度，然后将假体侧放在糖皮的上面。用红色的糖皮覆盖机身，并将接缝处隐藏在机身的底部。用蛋糕抹平器的侧边打磨接缝处，使糖皮紧密地黏合在假体上，然后用裁纸刀整齐地裁去机身周围的多余的糖膏。

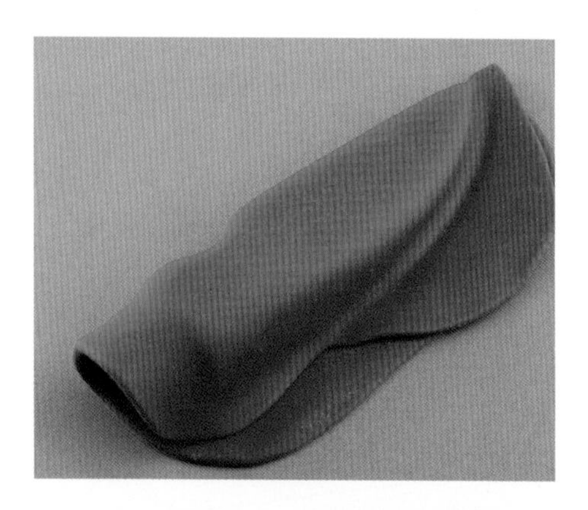

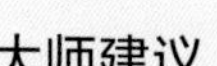

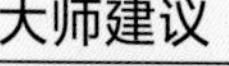

13. 在糖膏仍然柔软的时候，用尖头塑形工具在机身两侧划出装饰线条，然后将它放置一旁晾干。

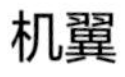

大师建议

在聚苯乙烯块上雕出机身，但如果想制作一个可食用的机身，可以用脆米麦片来进行制作（见第19页）。

机翼

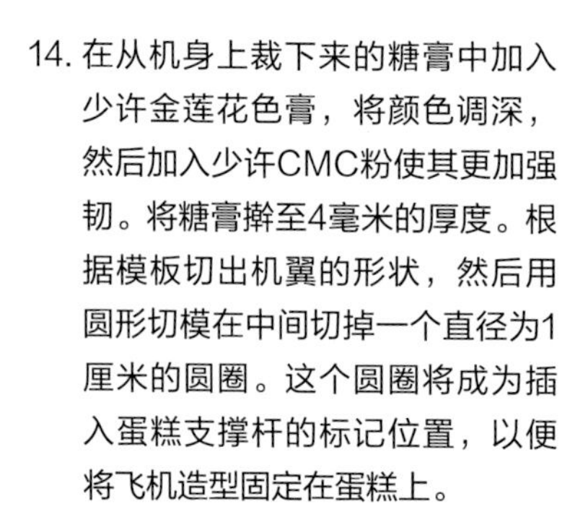

14. 在从机身上裁下来的糖膏中加入少许金莲花色膏，将颜色调深，然后加入少许CMC粉使其更加强韧。将糖膏擀至4毫米的厚度。根据模板切出机翼的形状，然后用圆形切模在中间切掉一个直径为1厘米的圆圈。这个圆圈将成为插入蛋糕支撑杆的标记位置，以便将飞机造型固定在蛋糕上。

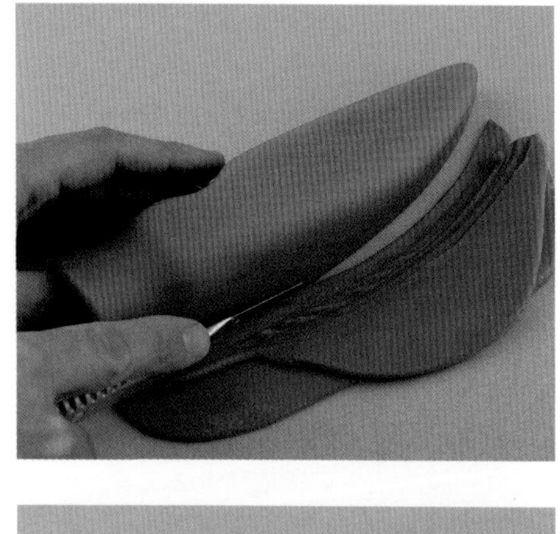

大师建议

在极度潮湿的气候条件下，建议使用高强度塑形膏来制作机翼以提高它的坚韧度，以便在飞机被安装在蛋糕上之后可以支撑整个机身的重量。

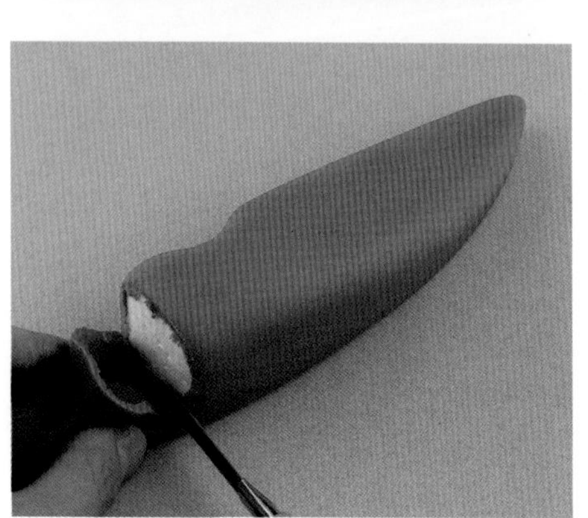

15. 使用皇家糖霜或是经软化的深橘红色糖膏将机身固定在机翼的中心。将厚卡纸分别垫在两侧机翼的下面，并在卡纸的下面放一个切模或者一片海绵/泡沫假体作为支撑，让机翼处于一个倾斜的角度彻底干燥定形。

组装

16. 用灯笼海棠和少许圣诞红色膏将皇家糖霜调成和机身相同的颜色，将调好色的糖霜灌入裱花袋，并在袋子的尖端剪开一个小口。在垂直尾翼（C）的直边上裱一道糖霜，然后将它固定在机尾的下方。用笔刷去除多余的糖霜，用一小块泡沫假体垫在垂直尾翼下面作为支撑，放置直至彻底干燥。

17. 将垂直尾翼（A）黏合在机尾的顶端，然后用一根竹签固定住位置。将水平尾翼分别黏合在机尾两侧的位置，并用泡沫假体作为支撑，放置直至彻底干燥。

18. 使用少许皇家糖霜将引擎黏合在机身前端。将螺旋桨的中轴从引擎中间的圆洞插入至机身一半的位置，在机头前端留出一小部分的中轴。放置在一旁晾干。

19. 在整个飞机造型彻底干燥后，将一块赤陶色糖膏薄片切成3.5厘米×3厘米的长方形。用可食用胶水将长方形糖膏黏合在驾驶舱的位置。将少许深橘红色的糖花膏揉成一根细长条，然后将它黏合在驾驶舱四周的边缘线处。最后将螺旋桨和鼻锥穿入螺旋桨的中轴的位置上。

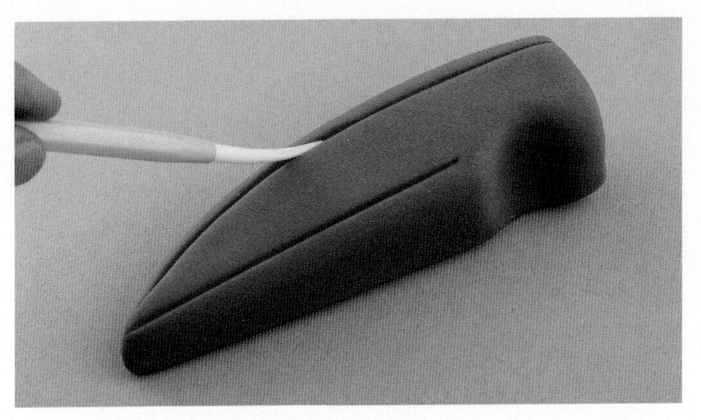

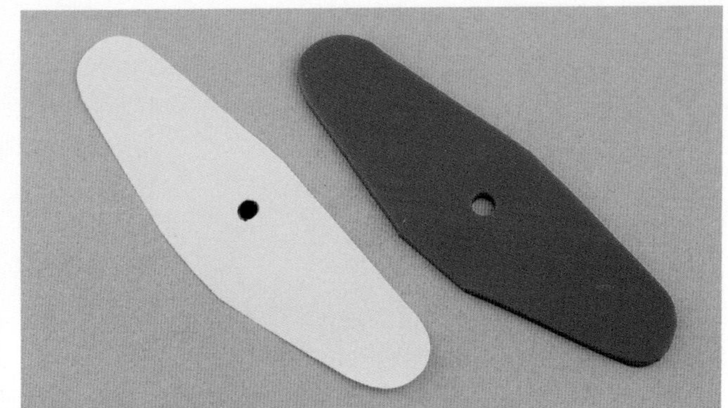

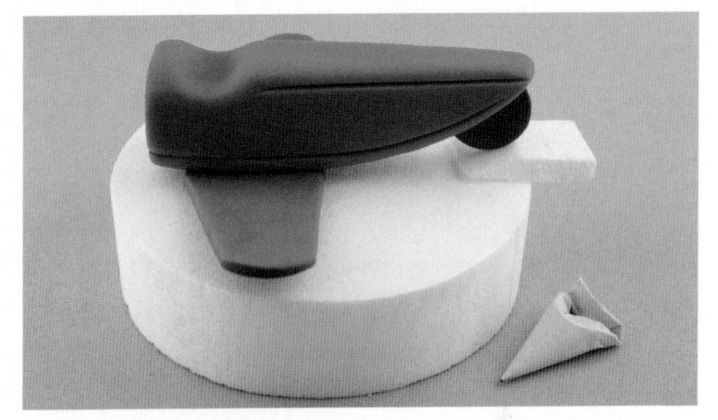

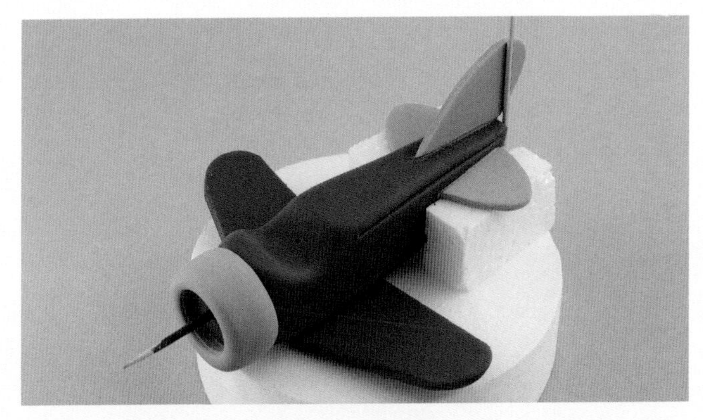

小猪的塑造方法

头部

20. 参考小猪头部的图纸将30克的浅杏色糖花膏揉成一个椭圆形。

21. 采用第115页介绍的方法为小猪做出嘴部的形状。用一个小号的球形工具在嘴角处按压出酒窝，然后用手指将印痕打磨平滑。用尖头塑形工具的侧边在嘴的下方压出一道曲线，做出下嘴唇的形状。

22. 制作猪鼻子时，将少许浅杏色的糖花膏揉成一个小的椭圆形，用可食用胶水将它黏合在微笑的嘴形的上方，然后用牙签的尖端戳出两个鼻孔。

23. 制作眼睛时，用尖头塑形工具在鼻子两侧靠上的位置各压出两条短的弧线。用软毛刷蘸取少许浅粉色色粉为双颊和鼻头上色。

24. 将少许赤陶色的糖花膏擀至非常薄，按照模板切出嘴的形状并将切好的糖膏黏合在嘴里面。在赤陶色糖花膏中加入少许白色糖花膏，将它们揉和均匀后调成略浅的颜色。将浅陶色糖膏揉成一个小的椭圆形后黏合在嘴的下方作为舌头。将舌头轻轻按平并在中间划出一道舌线。

25. 制作睫毛时，将黑色糖花膏揉成两个两头尖的细长的大米的形状，然后将它们分别黏合到眼睛的上方。将制作好的头部放置一整夜晾干。

飞行员的头盔

26. 将少许淡米黄色的糖花膏擀开，用直径为4厘米的圆形切模切出一个圆片。在小猪的后脑涂抹少许可食用胶水，然后用手掌将圆形糖膏包裹在头部。可以在头的底部插入一根牙签以便制作其他的装饰细节。

27. 制作头盔两侧的护耳时，将淡米黄色的糖花膏擀开后切出一条5厘米×1.5厘米的两头圆润的长条形。将条形糖膏横着切成两半，然后将它们分别贴到头盔的两侧。用尖头塑形工具在接缝处划出几道皱褶，给两个护耳添加一些动感。将少许淡米黄色糖花膏撮成一根细长条，然后将它黏合在头盔前端作为帽檐。最后在护耳上分别贴上一个小圆球作为装饰。

28. 制作护目镜时，将浅蓝绿色的糖花膏揉成两个小的椭圆的形状，然后用小号的球形塑形工具在中心处各压出一个凹痕。将小的椭圆形的白色糖花膏填进凹痕处。将深蓝绿色糖花膏擀薄后切出一条细长的，长度大于头部周长的长条。将细长条糖膏黏合在头顶作为护目镜的带子。将少许深蓝绿色糖花膏揉成小的椭圆形。将护目镜黏合在头顶的位置，然后把椭圆形糖膏贴在两个镜片之间。

耳朵

29. 将少许浅杏色糖花膏揉成2个小的水滴形，然后用手指将它们稍微按平。用圆锥形塑形工具在糖膏上轻轻按压出耳朵的形状，然后将耳朵的底部裁平。用可食用胶水将耳朵黏合在头盔上位于护目镜后面的位置。

躯干

30. 将15克的浅杏色糖花膏揉成一个光滑的圆球的形状。将少许白色的糖花膏擀至非常薄，然后将它切成和圆球形侧面大小相近的半球形。用食用胶水把半球形的白色糖膏黏合在杏色糖膏球的上面。同时按压糖膏球的前后两侧，将它塑造成躯干的形状。切去球形底部多余的糖膏使其与驾驶舱的大小相匹配。在糖膏依旧柔软的时候将它黏合固定在驾驶舱里。

31. 制作脖子时，取一小块浅桃红色糖花膏揉成小球，并用手指稍事按平。把它粘在上身上并将牙签依次插入脖子、上身和机身，剩一部分牙签从顶部露出。晾干。

胳膊

32. 将少许浅杏色的糖花膏揉成两个香肠的形状，然后将其中一端揉得略细当作手腕，注意在末尾处留出一小块糖膏用于塑造胳膊。用小剪刀剪出胳膊的形状。将一只胳膊保持平直，另一只胳膊在肘部弯折。然后将塑造好的胳膊放置一旁晾干。

33. 用可食用胶水将胳膊分别黏合固定在身体的两侧，竖直的胳膊指向天空，弯曲的胳膊则搭在驾驶舱外。

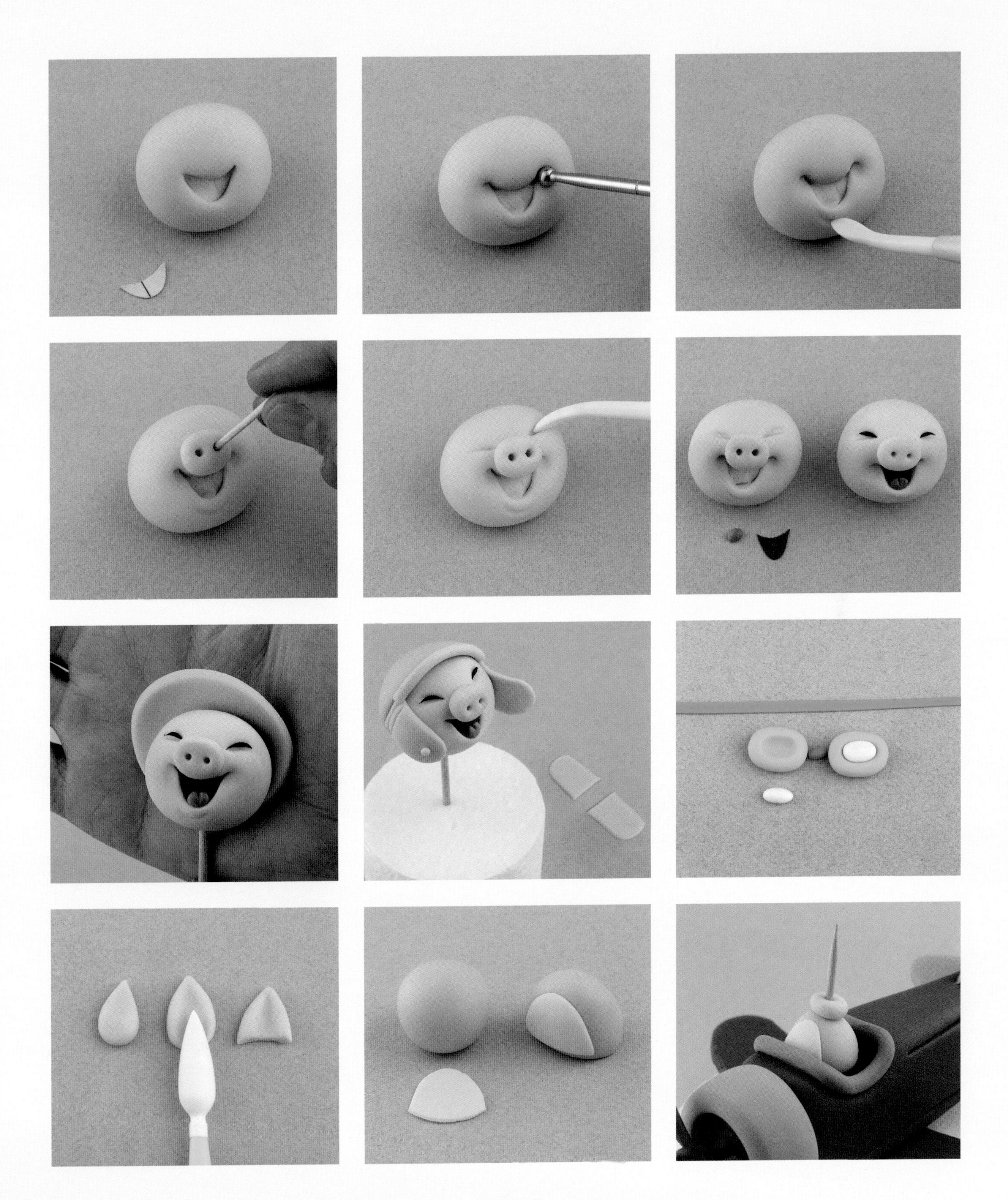

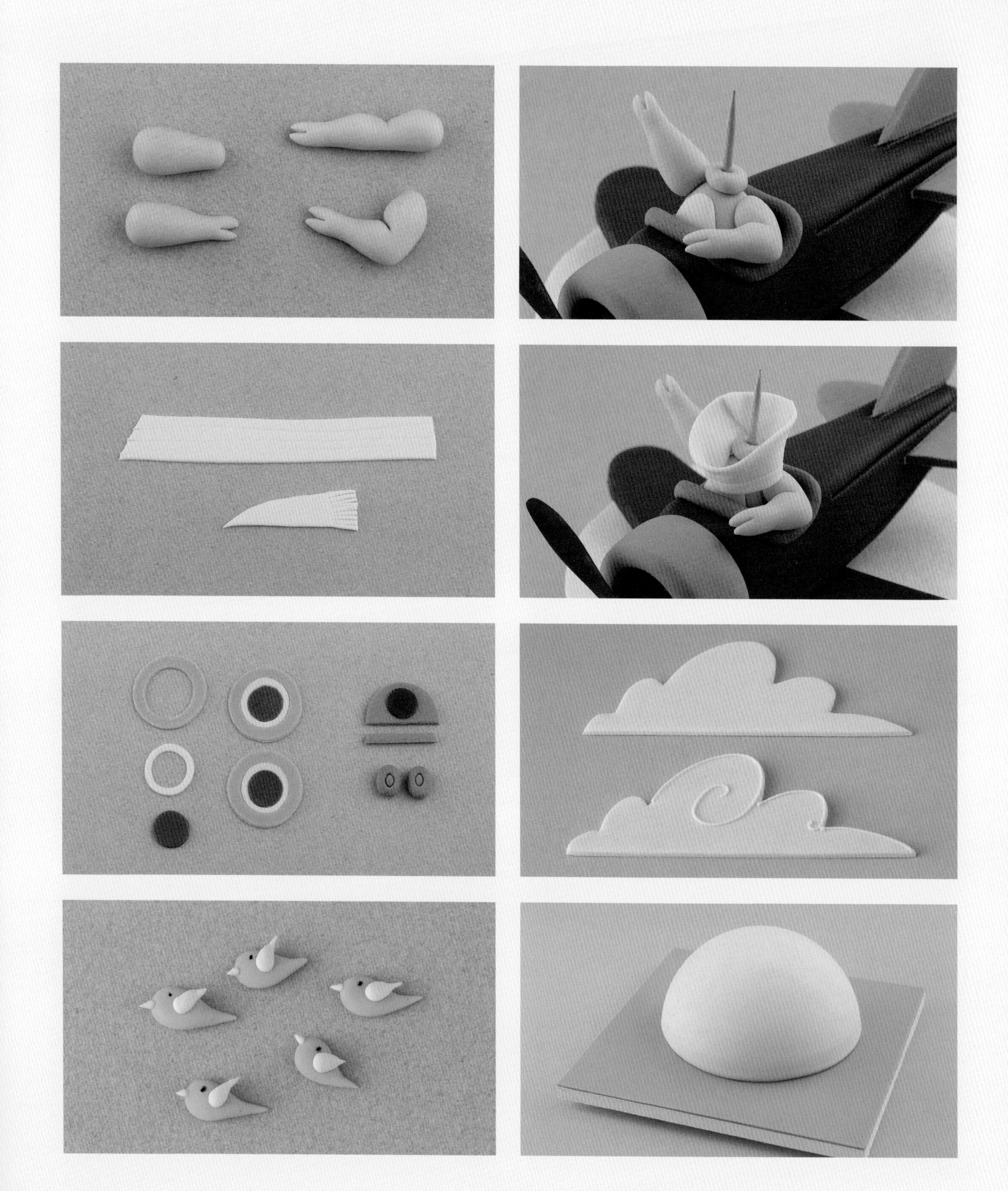

围巾

34. 将白色的糖花膏擀薄后切出一条5厘米×1.5厘米的长条形，用尖头塑形工具沿长边划出几条不规则的水平的线条，然后将它围在小猪的脖子上。将小猪的头部轻轻地插入竹签中， 并使其向一侧倾斜。将另外一个白色糖花膏薄片切成一个长三角形，然后在短边处剪出数条切口。将这片糖膏黏合在小猪的肩膀上做出被风吹起的样子。

35. 用剩余的各种颜色的糖花膏为飞机制作装饰性的细节。使用不同尺寸的圆形切模制作靶子以及机翼上的装饰。将糖膏揉成小圆球，然后将它们黏合在机身和机尾处作为装饰。

云朵的制作方法

36. 将浅蓝色的高强度塑形膏擀至4毫米的厚度，按照模板用手工刀将它裁成几朵云朵的形状。待干燥后，在裱花袋中填入软硬度适中的糖霜，然后在每朵云彩上裱出螺旋状的轮廓线。

小鸟的制作方法

37. 将少许深蓝绿色的糖花膏揉成小的水滴形，然后将它们略微按平。在软硬度适中的皇家糖霜中加入少许蓝草色膏并混合均匀。将糖霜装入裱花袋，并在裱花袋的顶端剪一个小口。在水滴形糖膏的上面裱出叶子的形状当作翅膀，然后再裱出一个小三角形当作鸟嘴。最后用黑色食用色素笔描画出小鸟的眼睛。将制作好的小鸟平放晾干。

蛋糕及蛋糕托板的装饰方法

38. 用浅蓝色的糖膏为半球形蛋糕包面（见第38页），并用天蓝色的糖膏覆盖蛋糕托板（见第41页）。把蛋糕摆放在托板的正中间的位置，然后将丝带黏合在托板的侧边作为装饰。

39. 在蛋糕略微偏移中心的位置插入一根蛋糕支撑杆，直到接触到底部的托板，注意使支撑杆外露一部分以便固定飞机的位置。要确保蛋糕支撑杆能穿过机翼底下的洞并插入到机身内部。在这根主杆的两侧各插入一根支撑杆，它们应正好位于机翼的底部。在机身下面垫上一小块浅蓝色糖膏，以便垫高飞机的尾部。

大师建议

两侧的蛋糕支撑杆有助于在运输过程中支撑住机翼，同时防止飞机陷入蛋糕。

40. 将云朵前后错落地摆放在蛋糕托板上使整个场景看起来更有深度。用皇家糖霜在每朵云彩的后面裱出一串圆珠形饰边以帮助其固定位置。

云朵饼干

根据第18页的配方制作饼干面团，然后依照第248页的模板切出25个云朵形状的饼干并烤制成熟。

待饼干冷却后，在软硬度适中的皇家糖霜中加入少许绣球花色膏将它调染为浅蓝色。将1号裱花嘴装入裱花袋，并在袋中填入皇家糖霜，然后在饼干上勾画出外轮廓线。将糖霜调制为流动状态，然后与2号裱花嘴配合使用填充饼干的表面。将饼干放置一旁彻底晾干。

在软硬度适中的皇家糖霜中加入少许风信子色膏将它调染为天蓝色。将1号裱花嘴装入裱花袋，并在袋中填入皇家糖霜，然后在饼干上勾画出螺旋状的装饰线条。将饼干放置一旁晾干。

按照第89页的方法制作一些小鸟的造型，然后用皇家糖霜将它们黏合在饼干上作为装饰。

开心的狐狸

这个刚在落叶堆里嬉戏完的可爱小动物流露出的完美笑容融化了我们的心，使它成为各种庆祝蛋糕的最佳选择。

可食用材料

200克Squires Kitchen高强度塑形粉

Squires Kitchen糖花膏（干佩斯）：

- 50克黑色
- 200克深橘红色（在白色的糖花膏中添加少许小檗梗色膏进行调色）
- 5克浅粉色（或是在白色的糖花膏中添加少许圣诞红色膏进行调色）
- 95克奶白色（或是在白色的糖花膏中添加少许小檗梗色膏进行调色）
- 25克红色（或是在白色的糖花膏中添加少许圣诞红色膏进行调色）
- 25克浅米黄色（在白色的糖花膏中添加少许板栗棕色膏进行调色）
- 25克柑橘色（在白色的糖花膏中添加少许万寿菊色膏进行调色）
- 25克赤陶色（在白色的糖花膏中添加少许赤陶色膏进行调色）

Squires Kitchen可食用专业复配着色膏：小檗梗色、板栗棕色、赤陶色、万寿菊色和圣诞红色

Squires Kitchen可食用专业复配着色色液：泰迪棕色和罂粟红色

Squires Kitchen可食用专业复配着色色粉：宽叶香蒲色、板栗棕色和圣诞红色

工器具

基础工具（见第6~7页）

长方形聚苯乙烯蛋糕假体：18厘米×15厘米×3厘米

崭新的硬毛刷

弧形定形模具，如食品级硬卡纸筒

圆锥形塑形工具

玫瑰叶片切模套装（FMM品牌）

玫瑰叶片切模套装（TT品牌）

Squires Kitchen野玫瑰叶片纹路模

模板（见第255页）

大师建议

如果你希望把小狐狸和树桩摆放在蛋糕上作为装饰，要确保蛋糕的直径在20.5厘米以上，而且蛋糕托板至少要比蛋糕大7.5厘米。用诸如浅赭石色或赤陶色的糖膏包裹蛋糕和底托，并用同色系的丝带围边。最后，将叶片、浆果和树皮散落在蛋糕周围的托板上进行修饰。

树桩的制作方法

1. 根据模板，用锋利的小刀在聚苯乙烯泡沫假体上切出树桩的形状。

2. 根据包装上的使用指南制作出200克的高强度塑形膏。在撒有少许玉米淀粉的不粘擀板上将糖膏擀至3毫米的厚度。在泡沫假体顶上涂抹少许可食用胶水，然后将它翻转倒扣在高强度塑形膏上并向下按压结实。用锋利的小刀裁去多余的糖膏，然后再次将树桩翻转过来。用小刀重复性地从中心划向树桩的边缘做出纹理，并在顶面划出同心圆做出年轮。

3. 在包裹树桩的侧面时，将高强度塑形膏擀开后切成一条4厘米宽的长条形。沿着长条形糖膏的短边，用一把平刃小刀的刀刃划出多条平行的线条为它增加纹理与质感。用可食用胶水将塑形糖膏黏合到树桩的侧面上，然后用崭新的硬毛刷按压糖膏为它添加树皮上的裂缝等纹理。如需把树桩摆放在蛋糕上作为装饰，则要在蛋糕假体的底部添加一层高强度塑形膏。在为树桩上色前先将它放置几个小时以便干燥定形。

树皮的制作方法

4. 把做树桩时切下来的高强度塑形糖膏片切成5或6个不规则的长方形。采用与树桩相同的装饰方法，用锋利的小刀和硬毛刷为树皮添加纹理。将长方形的树皮摆放在弧形定形模具上，例如食品级硬卡纸筒，干燥定形。

5. 待树桩和树皮彻底干燥后，使用泰迪棕液体色素为它们刷上颜色。在某些区域可以多上几层颜色，这样可以使深浅富有变化，更有层次感。

叶片和浆果的制作方法

6. 制作叶片时，在涂有少许白色植物起酥油的不粘擀板上分别将浅米黄色、柑橘色和赤陶色的糖花膏擀薄。用玫瑰叶片切模切出数个不同大小的叶片，再用滚轮切刀切出一些细长形的叶片。用玫瑰叶片纹理模压出叶脉的纹路。轻捏叶片中心的叶脉，为它增添一些动感，然后将叶片放置在一旁晾干。

7. 待叶片彻底干燥后，用软毛刷蘸取少许宽叶香蒲色（深棕色）、板栗棕色和圣诞红色的食用色粉为叶子上色。

8. 制作浆果时，将红色糖膏揉成数个小圆球后将它们晾干。

狐狸的塑造方法

身体

9. 将深橘红色的糖花膏揉成一个瓶子的形状，然后将它侧身平放并稍稍按平。按压瓶身的两侧使边缘形成一定的棱角。用尖头塑形工具在身体两侧各划出一条曲线以勾画出后腿的轮廓。从脖颈处插入一根竹签并穿透身体，然后将它放置在一旁晾干。

10. 在制作腹部和胸口的皮毛时，将奶白色的糖花膏揉成一头尖的短粗的香肠形。在距离尖端1/3的位置将糖膏揉得略细，然后用手掌将揉细的糖膏按平。

11. 将狐狸的身体插入到聚苯乙烯泡沫假体上，然后用可食用胶水将皮毛黏合在身体前侧。用尖头塑形工具在胸口划出数道细纹以添加皮毛的质感，然后将身体放在一旁干燥定形。

头部

12. 将少量深橘红色糖花膏揉成一个圆锥形，再将少量的奶白色的糖花膏揉成一个稍小的圆锥形。用可食用胶水将两个圆锥形黏合在一起，将顶点对齐朝前做出鼻子的形状。

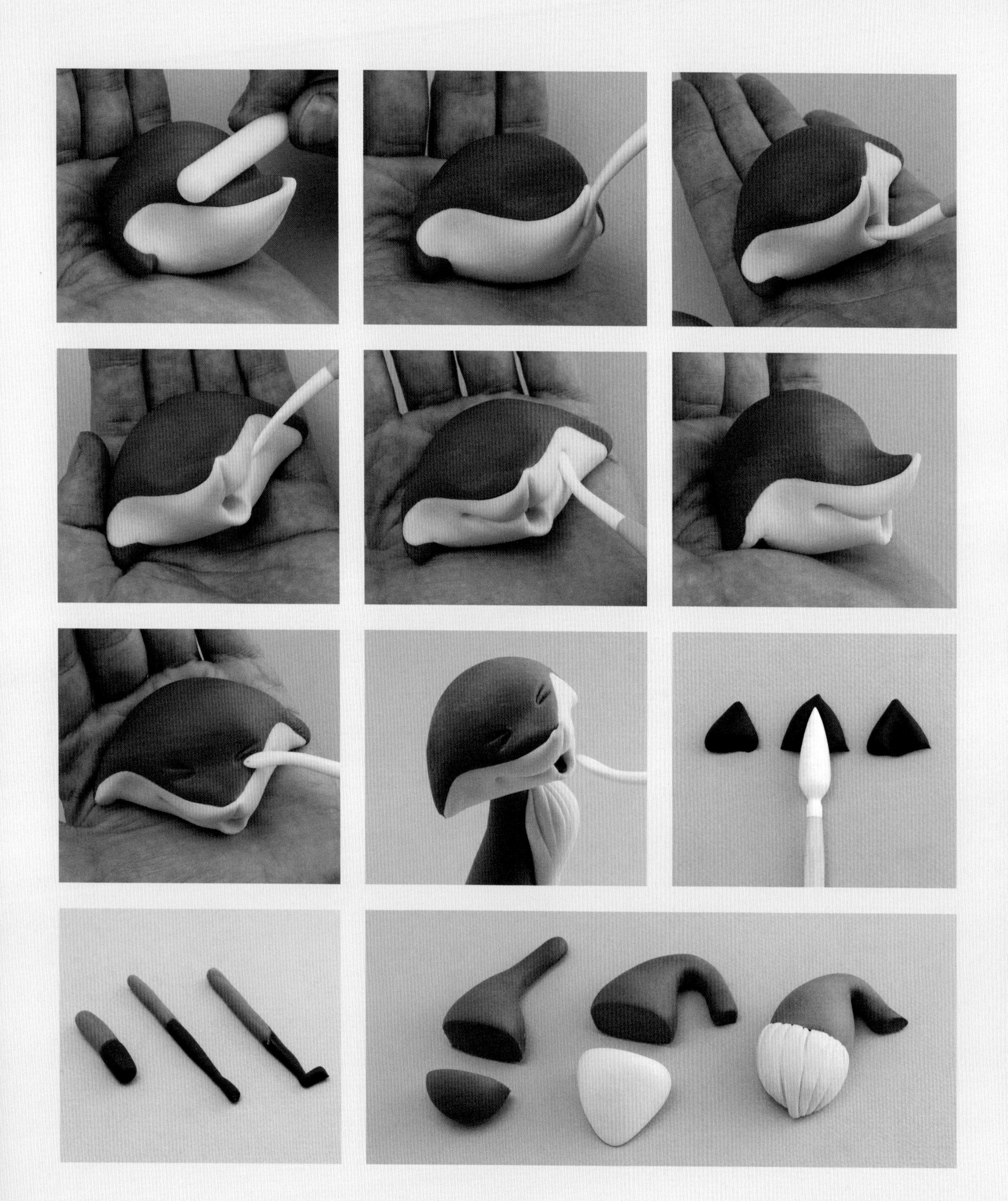

13. 用拇指轻轻按压鼻子两侧的糖膏，然后将糖膏向两侧推开做出头部的形状。用拇指和食指捏出鼻尖，然后将鼻子的两侧按平。用尖头造型棒在脸部的中间、鼻子上方的位置按压出一道弧线。用尖头塑形工具尖细的一端在鼻子下面划出一道竖线，然后用圆润的一端压出嘴巴的形状并推出下嘴唇。

14. 制作微笑的表情时，先用尖头塑形工具的侧边从嘴角向两颊各划出一条弧线，然后用塑形工具圆润的一端在弧线的末端按压出酒窝。

15. 制作眼睛时，用尖头塑形工具在脸的两侧各划出一道短的弧线。

16. 将狐狸的头部插入到穿过身体的竹签的上面，并稍向一侧倾斜。将少许赤陶色糖花膏揉成一个小的圆球，然后用尖头塑形工具将它推到狐狸的嘴里。再将少许浅粉红色的糖膏揉成小圆球，然后将它也推进狐狸的嘴里。

17. 制作狐狸的牙齿时，将奶白色的糖花膏揉成一个两头尖的细小的香肠形，将它黏合到嘴的下部，并将两端向上推做出獠牙的形状。

18. 将少许黑色糖花膏揉成一个小的水滴形，用可食用胶水将它黏合在鼻子上做成鼻头。将鼻头按扁，以便和鼻子的整体形状保持一致。

19. 制作眉毛时，将奶白色的糖花膏揉成两个两头尖的细小的香肠形，然后用可食用胶水将它们分别黏合在眼睛上方的位置。使用尖头塑形工具在眉毛上划出纹理。

20. 制作睫毛时，将黑色的糖花膏揉成两个两头尖的细小的香肠形，然后用可食用胶水将它们分别黏合在眼睛最高处的弧线上。

21. 在罂粟花色粉中加入少许玉米淀粉并混合均匀，然后为脸颊上色。

耳朵

22. 将黑色的糖花膏揉成两个圆锥形，然后将底部切成直边。用圆锥形塑形工具按压糖膏中间的部位做出耳朵的形状，然后用可食用胶水将它们分别黏合在头顶的两侧。

腿部

23. 在制作前腿时，将深橘红和黑色的糖花膏黏合在一起，然后揉成一根细长的香肠形。在黑色的一端预留出少部分的糖膏用来制作狐狸的脚。在黑色糖膏的末端折出一个直角，并做出脚跟的形状。将前腿的上端黏合在胸部皮毛的后面，然后将两条前腿交叉搭放在身体的正面。

24. 制作后腿时，先将少许黑色的糖花膏揉成两个细长的水滴形，并在粗的一端划两条细线作为脚趾。然后用可食用胶水将它们双腿朝前黏合在身体两侧的底部。

尾巴

25. 先将深橘红色的糖花膏揉成一个瓶子的形状，然后用小刀裁去宽的一头。将细长的瓶颈向内弯折成一个折角。将少许奶白色的糖花膏揉成一个圆润的圆锥形，然后用可食用胶水将它黏合在尾巴的末端。用尖头塑形工具在奶白色的糖膏上添加皮毛的纹理，然后保持同样的姿势将尾巴晾干定形。

大师建议

由于尾巴比较大，最好将它直接黏合在树桩上以避免损坏。

组装

26. 待狐狸干燥定形后，用经软化的糖花膏将它黏合到树桩上。在树桩周围零星地撒上树叶和树皮以营造出秋天的场景。

秋叶饼干

根据第18页的配方，分别制作出香草口味和巧克力口味的饼干面团。用不同形状的叶子切模切出大约20个枫叶和30个细长的树叶形状的饼干并烤制成熟。

待饼干冷却后，在软硬度适中的皇家糖霜中分别加入少许泰迪棕、赤陶和小檗梗色膏将它们调染为不同的秋天的颜色。准备3个装有1号裱花嘴的裱花袋，并在袋中分别填入不同颜色的皇家糖霜，然后在饼干上勾画出外轮廓线，注意每种颜色的糖霜对应一种叶子的形状（见第30页）。将糖霜调制为流动状态，然后用与轮廓线颜色相同的糖霜填充饼干的表面。将饼干放置一旁彻底晾干。

用赤陶色的软硬度适中的皇家糖霜和1号裱花嘴在叶片饼干上裱出叶脉，然后用罂粟红色的填充糖霜在部分叶片饼干上随机地裱出几个圆点，并将它们晾干。最后，采用第54页的方法，在饼干上溅上一些罂粟红和赤陶色的色素为它们增添质感。

玩具士兵

只需将几个简单的几何形状进行组合——也许再拧几下发条，就能让这个玩具士兵鲜活灵动富有生命力！这个友善的人物造型可以为每个孩子带去一段难忘的时光，是搭配任何生日蛋糕或洗礼蛋糕的最佳选择。

可食用材料

Squires Kitchen糖膏：200克白色

Squires Kitchen糖花膏（干佩斯）：

100克黑色

30克蓝绿色（在白色的糖花膏中添加少许蓝草色膏进行调色）

100克深蓝色（在白色的糖花膏中添加少许蓝铃色膏进行调色）

100克浅蓝色（在白色的糖花膏中添加少许绣球花色膏进行调色）

30克红色（或是在白色的糖花膏中添加少许圣诞红色膏进行调色）

50克偏红的赤陶色（在白色的糖花膏中添加少许赤陶和圣诞红色膏进行调色）

100克肤色（在白色的糖花膏中添加少许泰迪棕和玫瑰色膏进行调色）

50克赤陶色（在白色的糖花膏中添加少许赤陶色膏进行调色）

30克暖黄色（在白色的糖花膏中添加少许万寿菊色膏进行调色）

Squires Kitchen可食用专业复配着色膏：乌黑、蓝草、雪绒花（白色）、绣球花、赤陶、万寿菊、泰迪棕和圣诞红

Squires Kitchen高强度塑形粉：50克白色

Squires Kitchen可食用专业复配着色色液：乌黑

Squires Kitchen可食用专业复配着色色粉：浅杏色

Squires Kitchen设计师系列可食用金属珠光色粉：银色

Squires Kitchen品牌CMC粉

工器具

基础工具（见第6~7页）

边长6厘米的正方形直边聚苯乙烯泡沫假体

直径3厘米的聚苯乙烯泡沫圆球

备用的聚苯乙烯泡沫假体

圆形切模：直径分别为5毫米、1厘米、1.5厘米、3厘米、3.5厘米、4厘米、4.5厘米和5厘米

直径3厘米的圆柱形定形模具，如塑料牙签盒

模板（见第250页）

骰子（玩具士兵的底座）的制作方法

1. 用白色糖膏为边长6厘米的正方形聚苯乙烯泡沫假体包面（见第42～43页）。在糖膏依旧柔软的时候，用小号的球形塑形工具在骰子上压出正确的点数。将蓝绿色糖花膏揉成小圆球后填充在点数的凹痕处，然后用球形塑形工具将表面压平。将骰子放置几天彻底晾干。

裤子的制作方法

2. 在60克的深蓝色糖花膏中加入少许CMC粉后揉匀。根据模板的大小，将糖膏揉成一个短粗的香肠形，然后用两个蛋糕抹平器将糖膏的顶部和侧面压平。用锋利的小刀裁去底部，使裤子和模板等长。用一根竹签在裤子的正面和背面的中线处压出一道垂直的线条以区分左右腿。将裤子平放几小时晾干。

躯干的制作方法

3. 在30克的浅蓝色糖花膏中加入少许CMC粉后揉匀。将糖膏揉成一个水滴形：将水滴形的尖端轻轻按平，圆润的一端将作为玩具士兵的腹部。用一把锋利的小刀将水滴形糖膏的顶部和底部切直，确保底部和裤子一样宽。用刀背在躯干的中线处压出一道垂直的线条。用可食用胶水将士兵的躯干与腿部黏合固定在一起，然后将它平放晾干。

4. 制作颈部时，将少许黑色糖花膏揉成一个香肠形，用小刀将糖膏的两端切平，然后用刀背在中线处压出一道垂直的线条。用可食用胶水将颈部黏合到躯干上。将一根牙签从颈部直插到身体里，注意在颈部预留出一小段牙签，稍后用于安装头部。

鞋子的制作方法

5. 将少许黑色糖花膏揉成一个短粗的香肠形，并将它平分成两半。每一半糖膏都有圆润的一端和呈直边的一端。将它们稍稍按平。在裤子平放晾干的时候，使用可食用胶水将鞋子黏合在裤子上。将一根竹签从鞋底穿入裤子，直插入到躯干的上半部。注意要将整个身体平放在一个水平的台面上隔夜干燥定形。

头部的制作方法

6. 采用第44页的方法，用30～35克的肤色糖花膏将一个直径为3厘米的泡沫球包裹起来。

大师建议

如果你手边没有聚苯乙烯泡沫圆球，也可以将60克的肤色糖花膏揉成一个直径为4厘米的圆球来制作士兵的头部。

7. 在制作嘴部时，用一个直径为3厘米的圆形切模在泡沫圆球的下半部分压出一道宽的弧形的微笑，然后用一个直径为1.5厘米的圆形切模在微笑的下方压出下嘴唇。用手指在下嘴唇的下方轻轻按压使其更为突出。

8. 制作眼睛时，用小号球形塑形工具在脸部的中线位置压出两个小的孔洞，然后将黑色糖花膏揉成两个小圆球后分别填入到孔洞中。取一支极细的笔刷蘸上白色色膏为眼睛点出高光。

9. 制作鼻子时，将少许肤色糖花膏塑造成一个楔形，然后用锋利的小刀将它切成一个长条形。将鼻子切成适合的长度，并将两端切成水平的直线，然后用可食用胶水将鼻子黏合固定在两眼之间。

10. 制作耳朵时，先将肤色糖花膏揉成两个小的圆球形，然后将它们分别按压成圆片。用可食用胶水将耳朵黏合在眼睛延长线稍靠下的位置。用直径为5毫米的圆形切模在耳朵内侧压出一个圆圈，然后用牙签在每只耳朵中间扎出一个孔。

11. 在浅杏色的色粉中加入少许玉米淀粉后将它们混合均匀，然后用软毛刷为脸颊上色。

12. 制作眉毛时，将少许黑色糖花膏揉成两个略带弧形的水滴形，然后用可食用胶水将它们分别黏合在两只眼睛的上面。将头部放置隔夜晾干定形。

13. 制作头发时，将少许黑色糖花膏擀至4毫米的厚度，然后用圆形切模切出一个直径为5厘米的圆形。把圆形糖膏黏合固定在士兵的后脑处，如有必要可以切去多余的糖膏。将黑色糖花膏揉成两个小的水滴形作为鬓角，然后将它们分别黏合在耳朵的前面。

鼓的制作方法

14. 制作鼓身的时候，将偏红的赤陶色糖花膏擀至3毫米的厚度，并按照模板的尺寸将它裁成一个长条形。将长条形糖膏围裹在一个直径为3.5厘米的圆形切模上，如有必要可以裁掉接缝处多余的糖膏。等待几分钟，待糖膏定形后取下切模，将鼓身放置一旁晾干。

15. 将少许黄色糖花膏擀薄，然后将它切成数个长约2厘米的细长条。用可食用胶水将细长条糖膏黏合到鼓身的侧面，并将它们裁剪为适合的长度。

16. 在制作鼓面时，先将制作鼓身时使用的偏红的赤陶色糖花膏中加入少许白色糖花膏，揉合均匀后调成稍浅的颜色。将糖膏擀至3毫米的厚度，然后用圆形切模切出直径为4厘米的圆形。在糖膏依旧柔软的时候，用一个直径为3厘米的圆形切模较钝的一侧在鼓面上按压出一个圆环的形状。待干燥后，用皇家糖霜将鼓面黏合到鼓身上。

17. 制作鼓的底面时，将少许赤陶色糖花膏擀至3毫米的厚度，用圆形切模切出直径为4.5厘米的圆形，然后用可食用胶水将它粘到鼓的底部并平放晾干。

18. 在制作鼓面四周的铁箍时，将赤陶色糖花膏擀至2毫米的厚度，然后将它切成宽3毫米的细长条。用可食用胶水将细长条形糖膏黏合固定在鼓面的四周。

19. 在两根牙签上涂抹黑色液体色素并将它们晾干。将蓝绿色的糖花膏搓成两个小圆球的形状，然后将它们分别黏合固定在牙签上。

帽子的制作方法

20. 将深蓝色的糖花膏在不粘擀板上擀至2毫米的厚度，然后按照模板的尺寸切出一个长方形。在长方形糖膏上轻撒少许玉米淀粉，然后将它环绕在一个直径约为3厘米的圆形模具上，如一个塑料牙签筒或小号擀面杖，将它定形为一个平整的圆柱体。将接缝处留在圆柱形的背面，并将多余的糖膏修剪整齐。待糖膏干燥后再取下定形模具。

21. 将少许深蓝色糖花膏擀至更薄，然后切出一个和圆柱体直径相同的圆形。将圆柱体黏合固定在圆形糖膏上，并裁去多余的部分，然后将它平放晾干。待糖膏彻底干燥后，把帽子翻转过来进行进一步的装饰。

22. 制作帽檐时，将少许黑色糖花膏擀至3毫米的厚度，然后按照模板的形状与尺寸切出一个月牙形。用可食用胶水将月牙形糖膏黏合在帽子正面靠近底部的位置，然后将它放置一旁晾干。

23. 制作帽子上的花朵装饰物时，先将少许黄色糖花膏揉成一个小圆球，然后将它稍稍按平。用刀刃在糖膏上压出花瓣的分割线。在花芯处扎出一个孔，并在里面填上用黑色糖花膏揉成的小圆球作为装饰。最后将花朵装饰物黏合在帽子的正面。

24. 制作羽毛装饰物时，将少许黑色糖花膏揉成一个扁平的水滴形，然后将它黏合在花朵装饰物上面的位置。

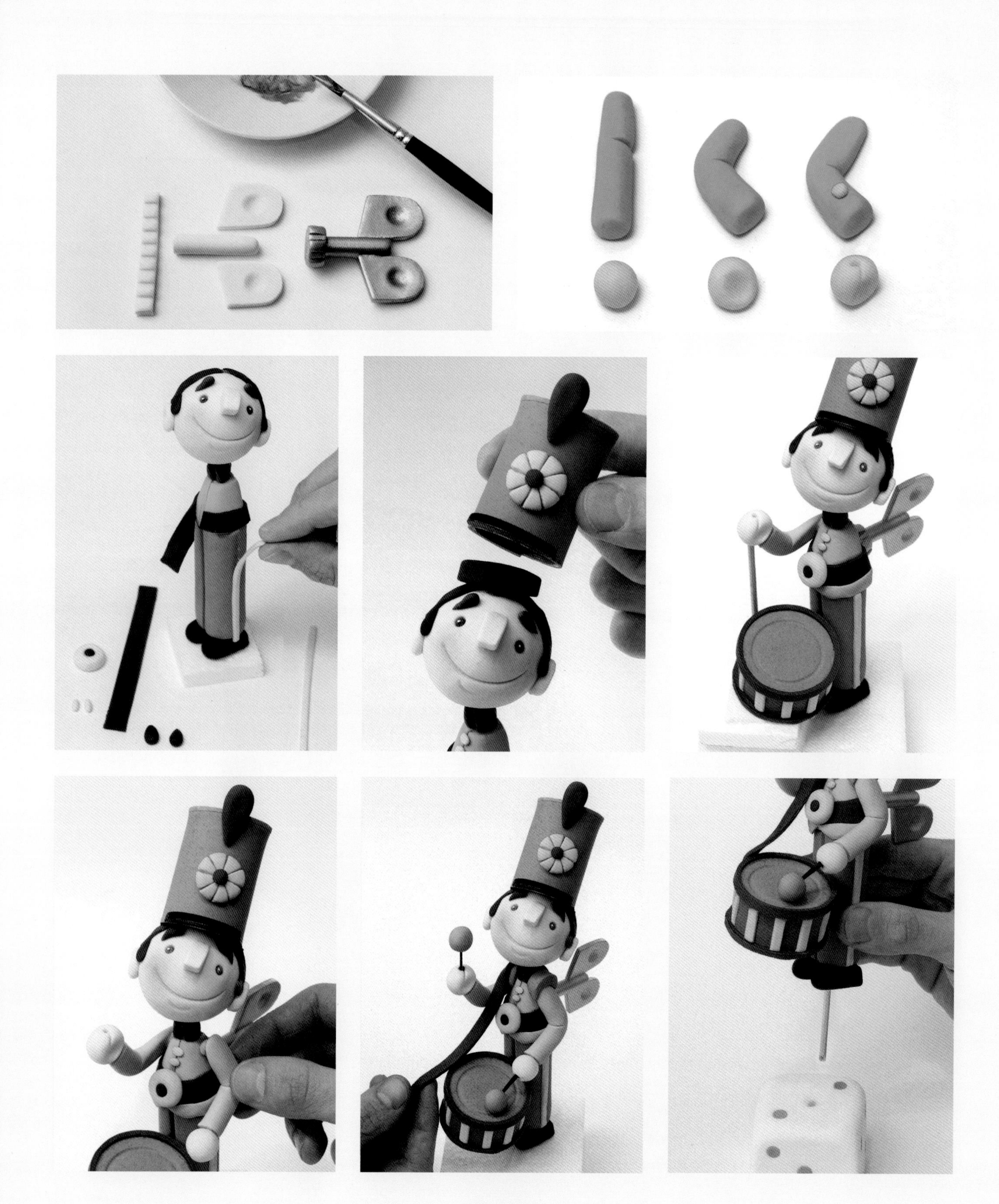

上发条的钥匙的制作方法

25. 参照使用说明制作出高强度塑形膏，然后在不粘擀板上将其擀至3毫米的厚度。按照模板的形状和尺寸切出钥匙的两片把手，在糖膏仍然柔软时，用中号球形塑形工具在把手上分别按压出一个凹痕，然后将它们放置一旁晾干。

26. 制作钥匙柄时，将高强度塑形膏揉成和模板大小一致的香肠形，并将它晾干。

27. 待三个零件彻底干燥后，从裱花袋中挤出少许皇家糖霜将它们黏合固定在一起。使用干燥的笔刷去除多余的糖霜，使接缝处更为整洁。

28. 制作螺母时，将高强度塑形膏擀薄后切出一个细长条形。在细长条形糖膏上压出数条垂直的线条，然后用可食用胶水将它黏合在钥匙柄的周围。将钥匙放置一旁晾干。

29. 待钥匙彻底干燥后，在少许银色金属珠光色粉中滴入几滴无色透明酒精并将它们混合均匀，用笔刷蘸取混合色液为钥匙上色。如果需要，可在第一层颜色干透后再次上色。

手臂和手的制作方法

30. 制作第一只胳膊时，将少许浅蓝色糖花膏揉成一端略尖的细的香肠形。根据身体的比例将胳膊切为合适的长度。在肘部划一条标记线后将它弯折到一定的角度，然后用画笔的笔杆在粗的一端压出一个凹痕。采用同样的方法做出另一只胳膊，然后将它们平放晾干。将黄色的糖花膏揉成两个小圆球，然后将它们分别黏合在两个袖子上当作扣子。

31. 制作手部时，将肤色糖花膏揉成两个小圆球，用小号球形塑形工具在圆球的一侧按压出一个凹痕用于制作手掌。用竹签在手的顶部戳出一个小洞，然后从小洞至手掌的一半的位置划出一条纹路线做出拇指的形状。用可食用胶水将手黏合到胳膊上，然后将它们放置隔夜晾干。

组装

32. 在组装时，为确保人偶处于直立的状态，可以将从士兵脚下穿出的竹签固定到一个聚苯乙烯泡沫假体上。在士兵头部的下方以略微倾斜的角度插入一根竹签，将竹签取出后在头部留一个小洞。将士兵的头部插入到从脖颈处穿出的牙签上，然后用经软化的肤色糖花膏将它们黏合固定在一起。用几个竹签支撑住头部直到它彻底干燥。

大师建议

我不推荐在头部下方戳出一个小洞之前就直接将它插在脖颈处穿出的牙签上。这样做的话，由于躯干部没有彻底干透，很有可能会使脖颈处的牙签下滑到身体里。

33. 制作腰带时，将少许黑色糖花膏擀薄后切出一个比1厘米稍宽的长条形。将长条形糖膏从后向前环绕黏合在身躯的底部，然后用剪刀剪去接缝处多余的糖膏。

34. 将黄色糖花膏擀薄后切出两条和腿部等长的细长条，然后将它们分别黏合在裤子的两侧作为裤线。

35. 在制作上衣下摆时，将少许浅蓝色糖花膏擀薄后切出一个稍窄于1厘米并且与腰带等长的细长条。将细长条形糖膏环绕在位于腰带下方的臀部的位置上，并将接缝处留在正面。在接缝处下端裁出一个斜角，给人造成上衣微微敞开的感觉。

36. 制作腰带扣时，先将黄色糖花膏揉成一个小圆球，然后将它稍稍按平。用小号球形塑形工具在中间按压出一个小洞并填入一个小的黑色糖花膏球。用可食用胶水将扣子黏合在腰带前面。将黄色糖花膏揉成两个椭圆形的小球，然后将它们分别黏合在衣服的正面当作扣子。

37. 在将帽子黏合到头部的时候，先将黑色糖花膏擀开，然后切出一个比帽子的直径略小的厚的圆片，将圆形糖膏片黏合在士兵的头顶。用可食用胶水润湿帽子底部的内侧，然后将它黏合固定在头顶处的黑色糖膏圆片上。

38. 将深蓝色糖花膏揉成一个小的香肠形，在上面涂抹少许可食用胶水，然后用它作为媒介将鼓黏合在士兵的腿部。在鼓的下方垫上几小块聚苯乙烯泡沫假体用于支撑军鼓的重量，直到彻底干燥定形。

39. 用少许经软化的高强度塑形膏将上发条的钥匙黏合在士兵的背部。用竹签支撑直到彻底干燥定形。

40. 用少许经软化的浅蓝色糖花膏将胳膊分别黏合到身体的两侧，用竹签支撑住胳膊直到它们彻底干燥定形。

修饰润色

41. 将深蓝色糖花膏擀至5毫米的厚度，然后用直径为1厘米的圆形切模切出两个月牙形。用可食用胶水将月牙形糖膏黏合到士兵的肩膀上作为装饰。将用深蓝色糖花膏揉成的细长条盖住手和袖子的接口，然后将鼓槌轻轻地插进士兵的手中。

42. 制作军鼓绑带时，将少许偏红的赤陶色糖花膏擀薄后切成两条5毫米宽的长条形。将长条形糖膏的一端粘在军鼓的右侧，另一端绕过脖子，掖在左胳膊下方。将另外一根长条形糖膏的一端黏合在左胳膊下，另一端黏合在鼓的左侧。在鼓与绑带相接的地方分别贴上一个用红色糖花膏制作的小圆片，并在上面贴上一个黄色的糖花膏小球作为装饰。

43. 用竹签在骰子上选定的位置戳一个洞。待玩具士兵彻底干燥后，将它从聚苯乙烯泡沫假体中取出，先在脚底涂抹少许经软化的高强度塑形膏，然后将士兵插入骰子上的洞中并固定好位置。

玩具士兵饼干

为了制作与主题蛋糕配套的饼干，你需要预先裱好饼干上面的装饰花朵（见第30页关于装饰配件的制作方法）。用向日葵和少许罂粟花色膏为软硬度适中的皇家糖霜调色。在裱花袋中装入1号裱花嘴，然后在袋中灌入糖霜。在一块正方形蜡纸上围绕着花芯裱出8个水滴形作为花瓣。在糖霜仍然湿润的时候，用黑色的流动糖霜在花芯上点一个黑点，然后将花朵放置在一旁晾干。

根据第18页的配方做出饼干面团，用直径为6厘米的圆形切模切出30个饼干的形状并将它们烤制成熟。待饼干冷却后，在软硬度适中的皇家糖霜中加入少许冰蓝色膏将它调染为亮蓝色。在装有1号裱花嘴的裱花袋中填入皇家糖霜，然后在饼干上勾画出外轮廓线。

将蓝色糖霜稀释为流动状态。在裱花袋中装入2号裱花嘴后灌入流动糖霜。用糖霜填充饼干的表面，然后将饼干放置一旁彻底晾干（见第30页）。最后用少许皇家糖霜将花朵黏合在饼干正中间作为装饰。

厨房女王

这个以厨房场景为主题的庆典蛋糕是送给妈妈、奶奶、姐妹或任何一个喜欢烘焙的人的绝妙选择，它怀旧复古的设计风格对任何一位厨房女王来说都是一个完美的礼物。

可食用材料

边长16.5厘米，高7厘米的正方形蛋糕，已经填充好馅料并封好蛋糕坯（见第34页）

Squires Kitchen糖膏：

- 200克白色
- 700克浅蓝色（在白色的糖膏中添加少许紫藤色膏进行调色）

Squires Kitchen糖花膏（干佩斯）：

- 50克蓝绿色（在白色的糖花膏中添加少许蓝草色膏进行调色）
- 10克深棕色（或是在白色的糖花膏中添加少许宽叶香蒲色膏进行调色）
- 10克深橘红色（在白色的糖花膏中添加少许小檗梗色膏进行调色）
- 10克浅绿松石色（在白色的糖花膏中添加少许绣球花色膏进行调色）
- 200克极浅的蓝色（在白色的糖花膏中添加少许风信子色膏进行调色）
- 30克杏色（在白色的糖花膏中添加少许金莲花和玫瑰色膏进行调色）
- 100克偏红的赤陶色（在白色的糖花膏中添加少许赤陶色和圣诞红色膏进行调色）
- 100克红宝石色（或是在白色的糖花膏中添加少许仙客来色膏进行调色）
- 100克肤色（在白色的糖花膏中添加少许泰迪棕和玫瑰色膏进行调色）
- 50克白色

Squires Kitchen高强度塑形粉：

- 30克蓝灰色（在白色的高强度塑形膏中添加紫藤色膏进行调色）
- 100克浅蓝色（在白色的高强度塑形膏中添加少许紫藤色膏进行调色）
- 100克红宝石色（在白色的高强度塑形膏中添加少许仙客来色膏进行调色）
- 50克白色（未染色）

Squires Kitchen可食用专业复配着色膏：小檗梗，蓝草、仙客来（红宝石色）、灯笼海棠（艳粉）、风信子、绣球花、金莲花、圣诞红、泰迪棕、赤陶、紫藤和玫瑰

Squires Kitchen可食用专业复配着色液体色素：宽叶香蒲（深棕色）和风信子

Squires Kitchen可食用专业复配着色色粉：浅粉色

Squires Kitchen皇家糖霜粉：

- 150克白色（未染色）
- 30克粉色（在白色的皇家糖霜中添加少许灯笼海棠色膏进行调色）

Squires Kitchen专业级食用色素笔：棕色

Squires Kitchen品牌CMC粉

工器具

基础工具（见第6~7页）

边长20.5厘米的正方形蛋糕托板

边长16.5厘米的正方形蛋糕卡纸托

备用的蛋糕卡纸托

备用的聚苯乙烯泡沫假体

一片薄卡纸，如谷物盒子或蛋糕盒

圆形切模：直径分别为5毫米、1厘米、1.5厘米、2厘米和4厘米

圆形裱花嘴：3号

方形切模：边长8毫米

小号铃兰切模（TT品牌）

镊子（选用）

18号花艺铁丝：白色

海军蓝色丝带：长85厘米，宽15毫米

海军蓝色丝带：长67厘米，宽5毫米

模板（见第250~251页）

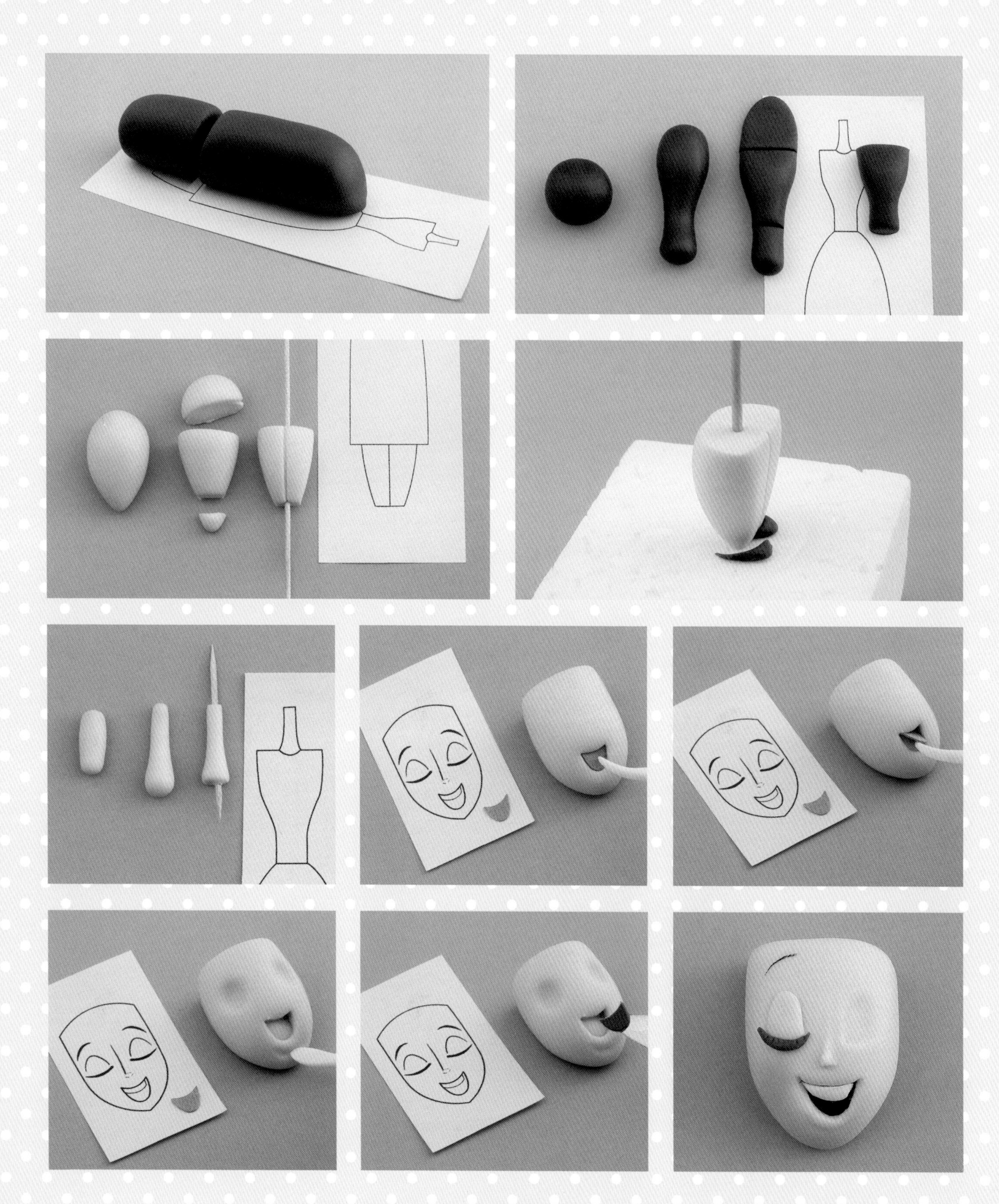

主妇的塑造方法

裙子

1. 在100克的红宝石色高强度塑形膏和100克的红宝石色糖花膏中加入少量CMC粉，揉和均匀后制成强度较高的塑形糖膏。按照模板的宽度，将塑形糖膏揉成一个又长又粗的香肠的形状。将香肠形糖膏的一面稍稍按平，然后将顶面打磨得圆润光滑，然后用小刀将底部切平。水平的一面将作为裙子的前侧，圆润的一面将作为裙子的背面。

大师建议

额外添加的CMC粉可以使糖膏变得强韧，同时缩短干燥时间。

2. 将一根涂有少许植物起酥油的竹签从底部插入到裙子3/4的高度。将它放置隔夜干燥后，把从裙底穿出来的竹签插到备用的聚苯乙烯泡沫假体上。

大师建议

建议在将竹签插入到裙中之前先在上面涂抹少许白色植物起酥油，这样便于稍后取出竹签。

躯干

3. 将20克的红宝石色塑形膏塑造成保龄球瓶的形状。用手掌根部将保龄球瓶形糖膏较粗的一端稍稍按平。根据模板的尺寸用小刀将糖膏的上下两端分别切平。用一根牙签在躯干的底部扎出一个小洞，然后在躯干顶部的脖颈处同样戳出一个小洞。将躯干放置一旁晾干。

腿部

4. 将30克的肤色糖花膏揉成一个长的水滴形，然后用手将它稍稍按平。按照模板用小刀将水滴形糖膏的上下两端切平，形成一个梯形。在腿部笔直地插入一根竹签，注意要确保在糖膏的底部留有足够长的竹签，以便在将人偶插入蛋糕时能提供足够的支撑。用另外一根竹签在梯形糖膏的正面和背面分别压出一道竖线以区分出两条腿。待腿部基本定形后，将其插入到备用的聚苯乙烯塑料泡沫假体上晾干。

5. 将偏红的赤陶色糖花膏揉成两个两头尖的小的香肠的形状，然后将它们分别黏合在两条腿的前侧作为鞋子。将腿部放置在一旁晾干。

脖颈

6. 将少许肤色糖花膏揉成拉长的梨形，根据模板的尺寸将梨形糖膏的上下两端切平。在脖颈处笔直地插入一根牙签，然后将它放置一旁晾干。

头部

7. 将25克的肤色糖花膏揉成一个水滴的形状。按照模板的形状和尺寸，将水滴形糖膏的顶端稍稍按平，然后将两侧按方。

8. 制作嘴巴时，先用卡纸剪出一个微笑的嘴形，然后把卡纸片摆放在脸的下半部分的位置，用尖头塑形工具的尖端向下按压出嘴的形状。去除卡纸的时候，只要轻轻地拨动一个嘴角，用尖头塑形工具或者镊子将从另一端翘起的卡纸取下来即可。

9. 用小号球形塑形工具在脸的上半部分压出眼窝的形状。然后用尖头塑形工具圆润的一端按压嘴的下方做出下嘴唇。

10. 将少许偏红的赤陶色糖花膏擀成薄片，然后用滚轮切刀依照卡纸模板切出微笑的嘴形。用小刀的刀尖挑起糖膏并将它黏合在嘴巴里。将少许白色糖花膏擀得极薄，然后用直径1厘米的圆形切模切出一个月牙形当作牙齿。将月牙形糖膏的一边裁平后将它黏合在嘴的上半部。

11. 将肤色糖花膏揉成一个细长的水滴形当作鼻子，然后将它黏合在双眼之间的位置。用手指小心地捏出鼻梁的形状，然后将鼻子的末端切平。

12. 制作闭着的眼睛时，先将肤色糖花膏揉成两个小的椭圆形，然后用手指将它们分别按平。用直径1厘米的圆形切模将椭圆形糖膏的一端裁去一部分，然后将它们分别黏合在眼窝处。将深棕色的糖花膏揉成两个两头尖的细小的香肠形，然后将它们分别贴在眼皮的下方当作睫毛。最后用一支细画笔蘸取少许宽叶香蒲（深棕色）液体色素在脸的上部画出眉毛的形状。

13. 在浅粉色色粉中加入少许玉米淀粉并将它们混合均匀，然后用软毛刷蘸取色粉为脸颊上色。将头部放置隔夜晾干，或直到干燥定形后再进行进一步的装饰。

大师建议

根据头部的图纸来决定面部细节的位置。

裙子图案

14. 在裙子水平的一面的顶端垂直地插入一根牙签（记住水平的一面为裙子的正面）。

15. 将偏红的赤陶色糖花膏擀薄，然后用直径分别为5毫米、1厘米、1.5厘米和2厘米的圆形切模切出数个不同大小的圆环。将圆环调整成椭圆的形状，然后将它们随机地黏合在裙子上，包括裙子底边的位置。

16. 将30克的粉色皇家糖霜装入裱花袋中，在袋子的尖端剪一个小口，然后在圆环的内侧或是外侧分别裱出一个圆圈。再在裙子上裱出数个粉色的糖霜圆点作为装饰。将深橘红色的糖花膏擀薄后用3号裱花嘴切出数个小圆片，或者也可以将深橘红色糖膏揉成小圆球后再用手指将其按平。将深橘红色的糖膏圆片黏合在裙子上进行进一步的装饰。

大师建议

为了在裱花时更加顺手，可以将裙子从聚苯乙烯泡沫假体上取下，然后用手握住裙子下面的竹签进行操作。

17. 将身体躯干部插入到裙子顶端突出的牙签上，调整角度使身体略向右倾，然后用少许经软化的红宝石色塑形膏将它们黏合固定在一起。将脖颈插入躯干部，并用将软化的肤色糖花膏加以固定。

胳膊

18. 按照第48页的步骤制作出两只胳膊。胳膊应该略粗，但要和身体的其他部分成比例：注意确保肘部正好落在腰线的上方。用尖头塑形工具在肘部压出一道痕迹，然后将左臂弯折90°，手部平放，如图中所示。将手臂保持拇指朝上的姿势侧放着晾干。在小臂中插入一根牙签用于支撑托盘和蛋糕的重量，然后用铁丝钳夹去牙签的尖头。

19. 将右臂在肘部的位置轻轻弯折，右手略为后摆。将两只胳膊放置一旁彻底干燥定形。

托盘

20. 将少许白色高强度塑形膏擀薄后切成一个直径为4厘米的圆形，将它放在一个平面上晾干。

领子

21. 将少许偏红的赤陶色糖花膏揉成一个两头尖的细长的香肠形作为领子。将领子围拢并固定在脖颈处，两端在颈后相接。将领子略微按平后在前面切出一个V字字形。

围裙

22. 制作围裙上的花纹时，将少许白色糖花膏擀至非常薄，先切出一根细长的带子，再用直径为5毫米的圆形切模切出数个小圆片。用食品级塑料将切好的糖膏罩起来以免变干，备用。

23. 将少许杏色糖花膏擀至非常薄，将细长的带子摆放在顶部，然后将白色的小圆片均匀分布在糖膏的上面。用不粘擀棒将糖膏再次擀开，从而使围裙和上面的装饰物形成一个整体。按照模板切出围裙的形状。将少许白色糖花膏擀至非常薄，切出一根细长的带子，然后将它黏合在围裙的底部，并用画笔杆在上面按压出波浪形饰边。最后用3号裱花嘴在波浪纹的上方印出小圆圈作为装饰。

24. 将围裙黏合在身体的正面：在围裙的底部做出一些松散的折痕，顶部则悬垂在身前，如图所示。

25. 在擀薄后的白色糖花膏上切出一条非常细的带子，将它围在腰间当作围裙带。将另外一条同样宽窄的带子围在脖子上，并将两端黏合在围裙的顶部。最后将一个用白色糖花膏做成的蝴蝶结黏合固定在背部，这样围裙的部分就做好了。

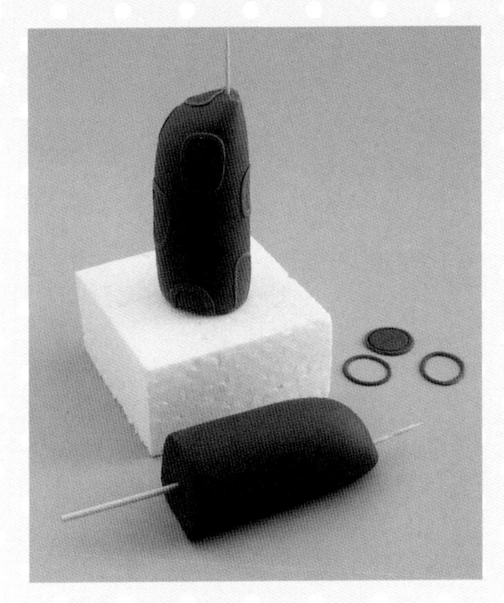

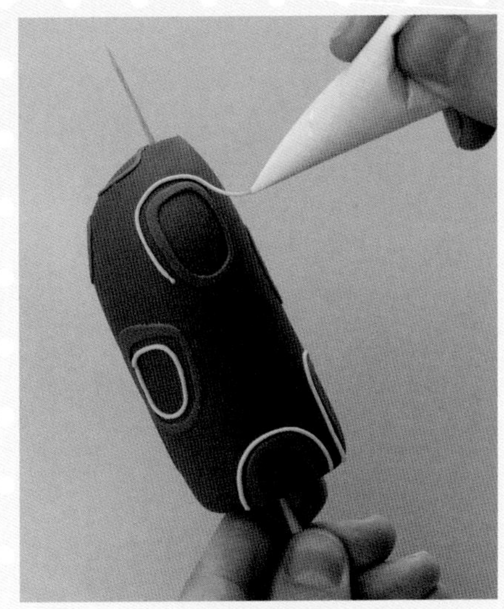

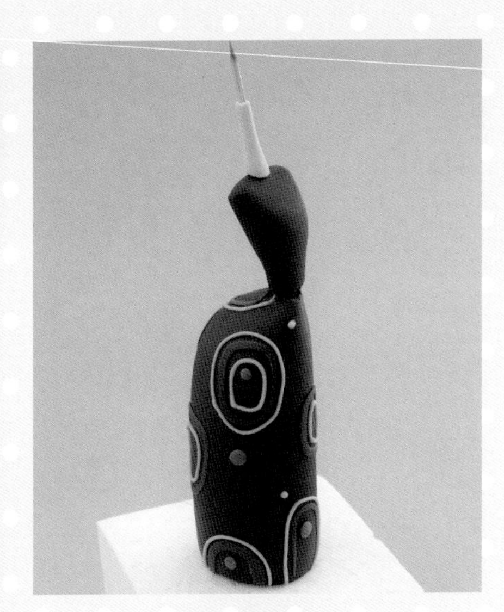

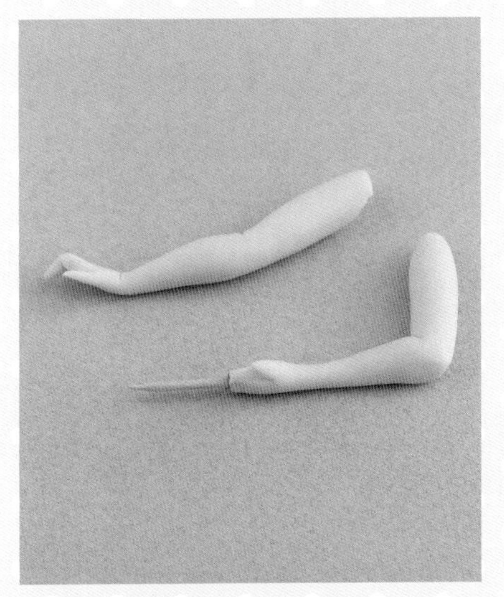

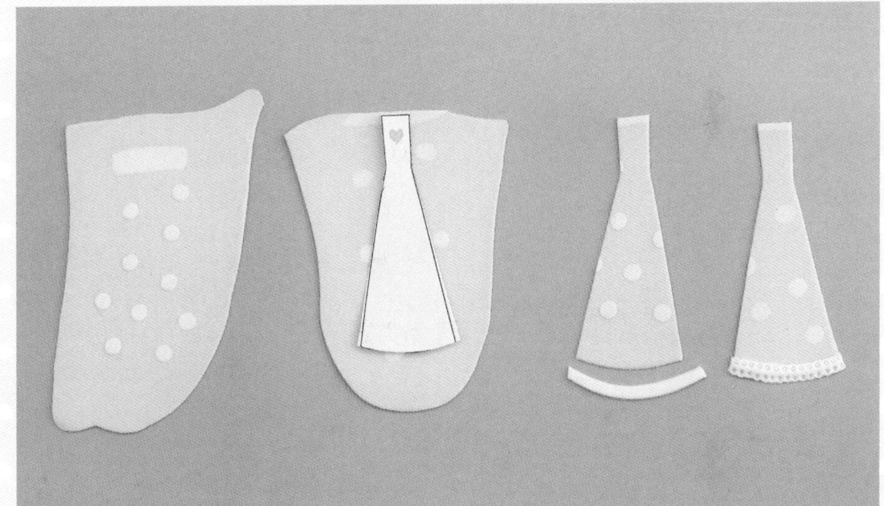

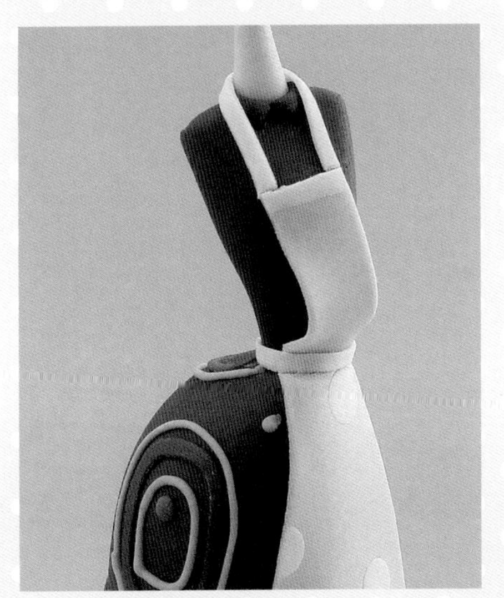

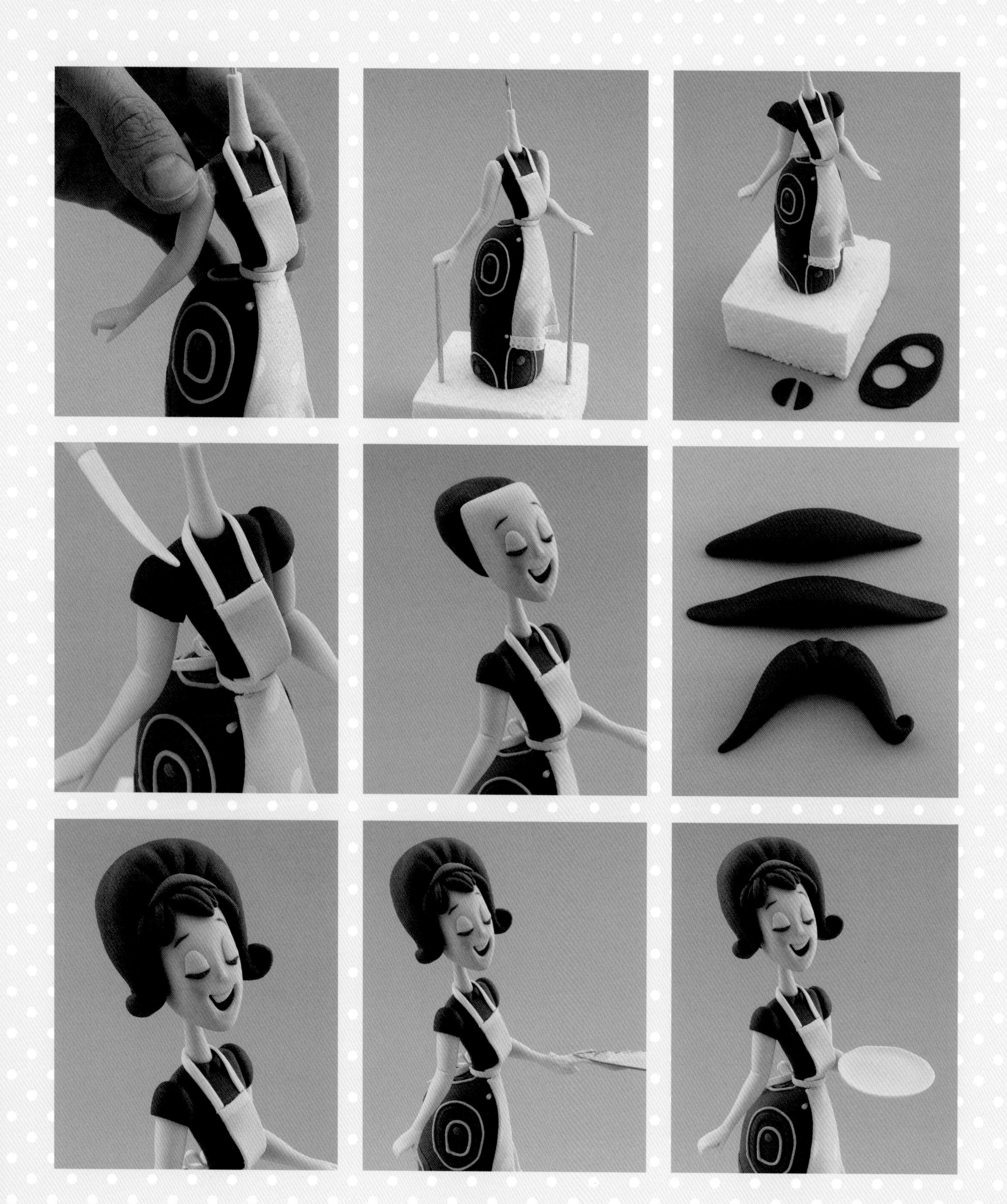

组装

26. 用经软化的肤色糖花膏将胳膊黏合在身体的两侧，用笔刷去除连接处多余的糖膏，然后将她放置一旁彻底晾干。在晾干的过程中可以用竹签对手臂进行支撑。

27. 制作袖子时，将少许偏红的赤陶色糖花膏擀开，然后用圆形切模切出直径为2.5厘米的圆形。把圆形糖膏平分成两半后分别黏合在两肩处，水平的一边作为袖子的下沿。将袖子沿着肩膀的弧度裹好，并用可食用胶水加以固定。用尖头塑形工具将连接处修饰整齐，然后用手工刀裁去多余的糖膏。

28. 将少许偏红的赤陶色糖花膏揉成一个水滴形，其大小要刚好能够将后脑覆盖住，厚度足以让整个头部造型变得完整而圆润。用手指将水滴形糖膏稍微按平后黏合在颈部靠上后脑的位置。将头部小心地插到脖颈处的牙签上并加以固定。在对头发进行进一步的修饰前要将头部彻底晾干。

29. 将偏红的赤陶色糖花膏揉成一个中间粗两头尖的香肠形，用手掌根部将两端按平，中段则保持较为粗壮的状态。将香肠形糖膏弯成一个C字形，然后用尖头塑形工具在中间划出数条纹路。将糖膏的两端向上卷起，然后用可食用胶水将它黏合在头顶。用同样颜色的糖花膏做出几个小的水滴形，然后将它们黏合在前额处当作刘海。

30. 将深橘红色糖花膏揉成一个两头尖的细长的香肠形，然后将它黏合在刘海和头发之间作为发带。

31. 将人偶从聚苯乙烯泡沫底托上取下，然后一边旋转一边把从裙子底部穿出的竹签取下。将人偶插入到腿部顶端的竹签上，并用经软化的肤色糖花膏固定好位置。用经软化的肤色糖花膏将托盘黏合到人物的左手的位置上，如有必要，可以用竹签支撑直到彻底晾干。

32. 用铃兰切模和白色糖花膏做出一朵小花并将它贴在发带的右侧作为装饰。将整个人物彻底晾干定形。

复古橱柜的制作方法

33. 按照橱柜的模板，将浅蓝色高强度塑形膏擀至合适的厚度，切出每个零部件的形状，然后将它们平放至彻底晾干。

34. 在制作橱柜腿时，将一根18号花艺铁丝剪成4.5厘米长的4段并用可食用胶水将它们分别润湿。将蓝灰色的高强度塑形膏揉成4个小圆球后将它们分别穿到每根铁丝上。用手掌推擀穿有铁丝的糖膏，直到将它擀成能将铁丝完全包裹住的尖细的圆锥形。将铁丝两端多余的糖膏裁掉后将它彻底晾干。

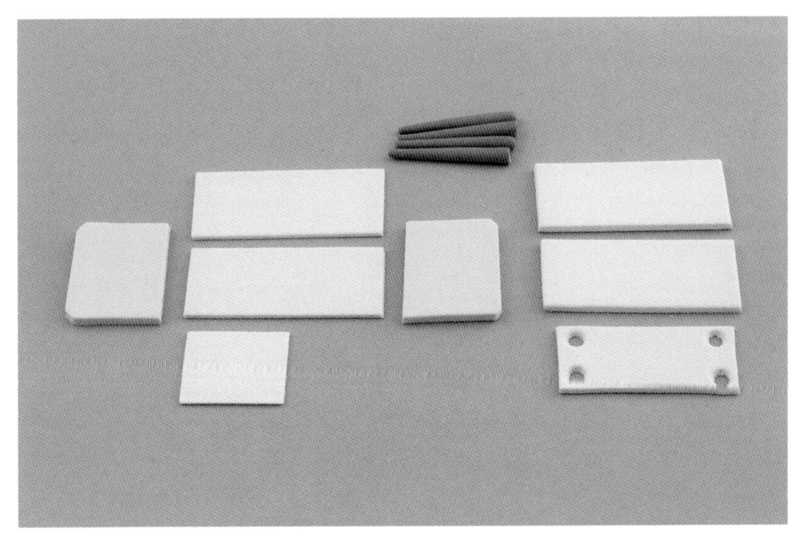

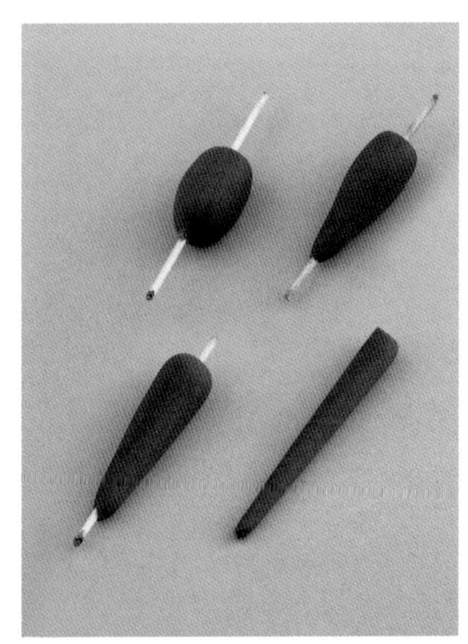

特别注意：为了将橱柜腿做得很细，我在这里使用了花艺铁丝而非牙签作为内部的支撑。由于铁丝不能食用，请务必确保在食用蛋糕前取下作品。

35. 在裱花袋中灌入高硬度的皇家糖霜，在袋子的尖端剪出一个细小的开口，然后用糖霜将橱柜黏合组装在一起。将前柜门（C）黏合在橱柜（A1）的前侧。将柜子顶面（B1）平放好，然后将橱柜的正面和背面（A1和A2）以90°垂直地黏合在长边上。用皇家糖霜在橱柜内侧的接缝处裱出一列圆点对其进行加固。用刀尖刮去橱柜外侧的多余的糖霜，使它看上去更加整洁。将橱柜底面（B2）黏合在橱柜的上面，并将它放置几分钟晾干。在粘贴橱柜的两个侧面（D1和D2）时，先用一个高强度塑形膏薄片将柜子垫高。将橱柜腿加固层（E）黏合在橱柜底面上，然后将柜腿以一定的倾斜角度黏合到圆形的凹槽中。待橱柜完全干透后将它翻转直立，然后在柜门粘上两个非常小的蓝灰色高强度塑形膏条作为把手。

模型蛋糕及托盘的制作方法

36. 在制作底层蛋糕时，在直径2厘米的圆形切模内侧撒上少许玉米淀粉。将浅蓝色糖花膏揉成一个小圆球后放入切模中。用大号的球形塑形工具将球形糖膏按压成中空的圆柱形，如图所示。采用同样的方法用直径1.5厘米的切模做出中间一层蛋糕。制作顶层蛋糕时，将浅蓝色糖花膏揉成与另外两层蛋糕相同的高度，然后用直径1厘米的切模切出一个圆柱形。
37. 待所有的蛋糕层干燥后，将它们依次摞好，然后用流动糖霜将它们黏合固定在一起。黏合时要让糖霜从蛋糕上滴落下来以达到这一特殊的装饰效果。最后在顶部放上一个蓝绿色糖花膏小球作为装饰。
38. 重复第36～37的步骤，用白色的糖花膏制作出另外一个多层蛋糕。制作蛋糕顶部的装饰时，先用铃兰切模在擀薄后的浅蓝绿色的糖花膏上切出花朵的形状，然后用球形塑形工具柔化花瓣边缘处的切痕。将花朵对折后将底部捏合在一起，然后将它固定在蛋糕顶部。
39. 将白色高强度塑形膏塑造成一个小的圆锥形作为蛋糕架的底座，然后切出一个直径为3厘米的圆片当作托盘。待干燥后，使用经软化的高强度塑形膏将底座和托盘黏合在一起，然后将它放置一旁彻底晾干。
40. 将少许浅绣球花色糖花膏做成一个粗的圆环的形状，然后用尖头塑形工具在圆环的侧边上划出数道弧形的线条。待定形后，在圆环形糖膏的表面蘸取白色流动糖霜，然后将它放置一旁晾干。
41. 在制作茶巾和手绢时，先将浅蓝色糖花膏擀至非常薄，然后切出3个长方形。用细笔刷蘸取风信子液体色素在糖膏上画出图案，然后将它们松松地折好后摆放在蛋糕上进行装饰。

厨房地板的制作方法

42. 将100克浅蓝色糖花膏擀至2毫米的厚度，然后按照模板的尺寸切出一个边长为16厘米的正方形。以2厘米为间距，用干净的刀片和尺子将糖膏划分为大小相等的正方形的网格。
43. 制作地板的图案时，用直径1.5厘米的圆形切模在每个方块上切出一个圆片。将白色糖花膏擀至和地板同样的厚度，然后切出同样数量的圆片，并将切出的白色糖膏圆片填充到地板方块中的空白处。用8毫米的方形切模在方块的角上切出菱形，然后将蓝绿色菱形糖花膏填补在空隙处。用尺子和刀片在地板上再次标出地砖的网格线。最后用棕色食用色素笔在地砖上画出圆点和长点，做出对称的图案。

大师建议

制作瓷砖地面时，应确保糖膏足够新鲜柔软，这样即使不使用食用胶水也可以把“镶片”贴合在一起。

44. 将浅蓝色糖花膏擀至2毫米的厚度，然后切出另外一个边长为16厘米的正方形。在正方形糖膏的表面涂抹少许可食用胶水，用一个蛋糕卡纸托将制作好的地砖地板移过来，并将它黏合固定在正方形糖膏的上面。
45. 在地板仍然柔软时，将橱柜摆放到适合的位置并将它轻轻向下按压，在糖膏上压出凹槽，这样可以确保黏合好的橱柜更加稳固。同时注意不要让橱柜腿戳穿地板，因为橱柜腿中含有铁丝，而铁丝不能与蛋糕直接接触。最后用竹签在厨房地板上戳出一个洞以便稍后插入人物造型。将地板放置一旁彻底晾干。

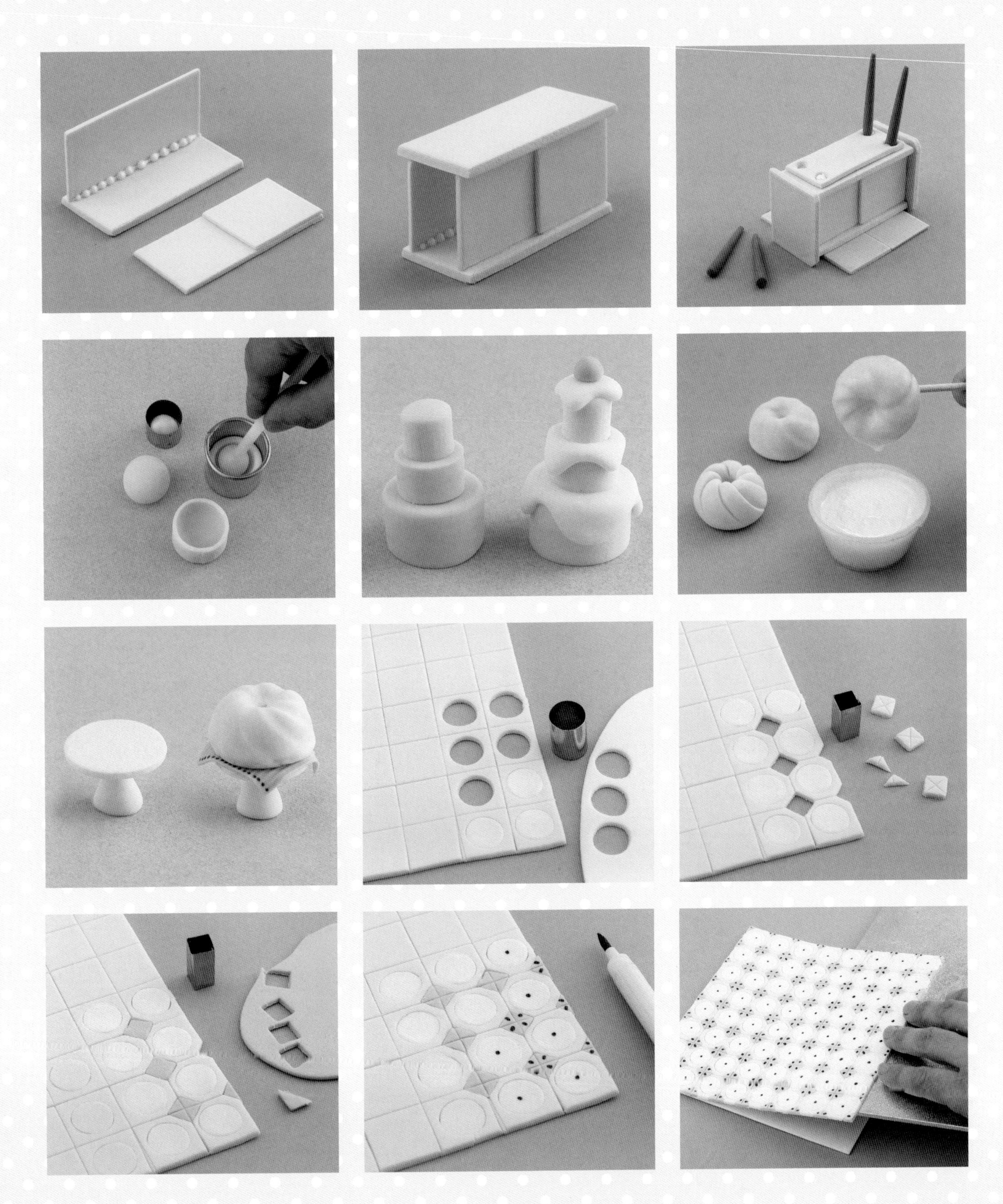

蛋糕及蛋糕底托的装饰方法

46. 用浅蓝色糖膏为蛋糕包面（见第34页），然后将一条5毫米宽的海军蓝色丝带围裹在蛋糕底部作为装饰。

47. 用白色糖膏覆盖蛋糕托板（见第41页），然后将蛋糕固定在中心的位置。最后将15毫米宽的海军蓝色丝带固定在托板的侧边进行装饰。

组装

48. 用皇家糖霜将厨房地板固定在蛋糕的正中心的位置，然后用少许皇家糖霜或经软化的高强度塑形膏将橱柜黏合在地板上的凹槽处。用少许皇家糖霜将蛋糕托盘、多层蛋糕、茶巾和手绢黏合在橱柜上。最后将一块折叠好的茶巾固定在瓷砖地板上。

49. 待人物造型彻底干燥后，将其从聚苯乙烯蛋糕假体中取出，将经软化的糖花膏当作胶水涂抹在她的脚下，然后将支撑身体的竹签插入到地板上预留的孔中。最后将一个多层蛋糕固定在她端着的托盘上。

大师建议

如果你需要将蛋糕运输到其他地方，最好在到达目的地后再将人物固定在蛋糕上以避免损坏（见第55页）。

瓷砖饼干

根据第18页的配方烤制35个边长为5厘米的正方形饼干。

在软硬度适中的皇家糖霜中加入少许蓝草色膏将它调染为浅的蓝绿色。在装有1号裱花嘴的裱花袋中填入皇家糖霜，然后在饼干上勾画出外轮廓线。将浅蓝绿色糖霜稀释为流动状态。在裱花袋中装入2号裱花嘴后灌入流动糖霜。用流动糖霜填充饼干的表面（见第30页）。

在糖霜仍然湿润的时候，用2号裱花嘴和白色的流动糖霜在饼干上均匀地裱出4个圆点。在台面上轻磕饼干使两种颜色的糖霜融合在一起。在白色的流动糖霜中添加少许绣球花色膏和微量的黑色色膏将它调染为蓝灰色，用蓝灰色的流动糖霜在白色的圆点的四角裱出小水滴的形状，以达到瓷砖图案的装饰效果。最后在白色圆点的正中心处裱一个蓝灰色的圆点。将装饰好的饼干放置一旁彻底晾干。

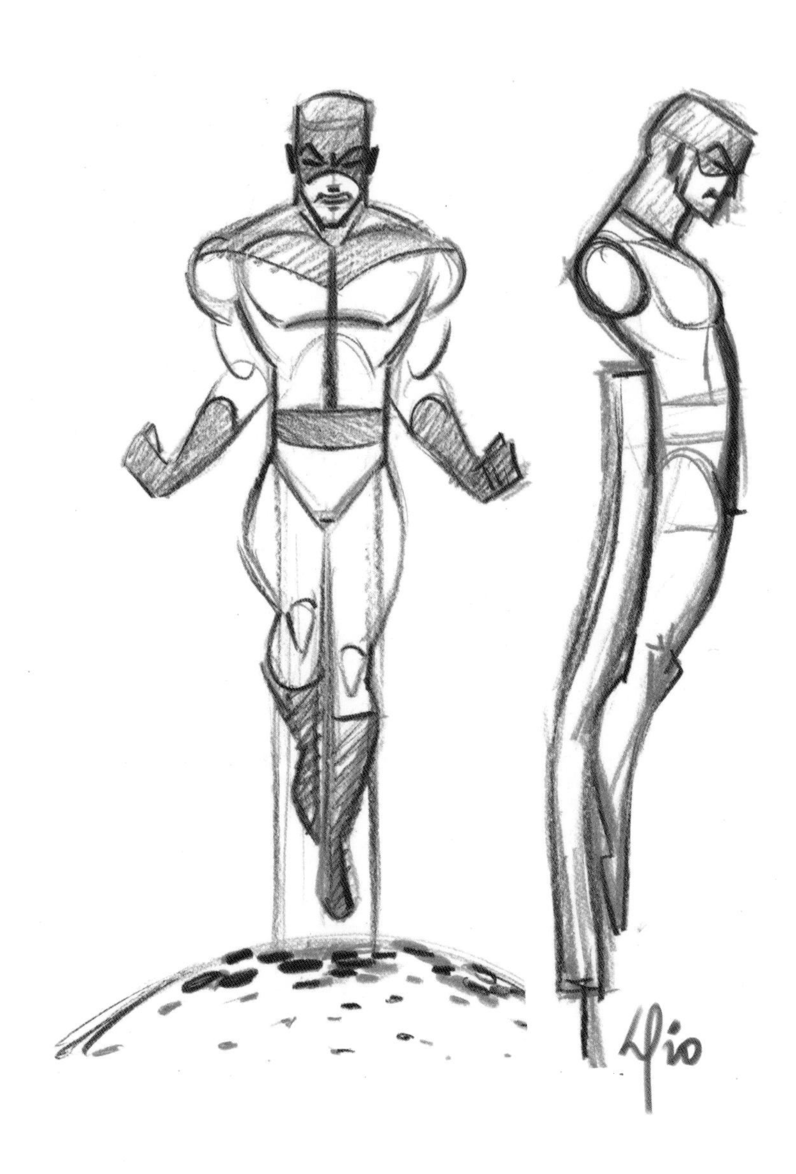

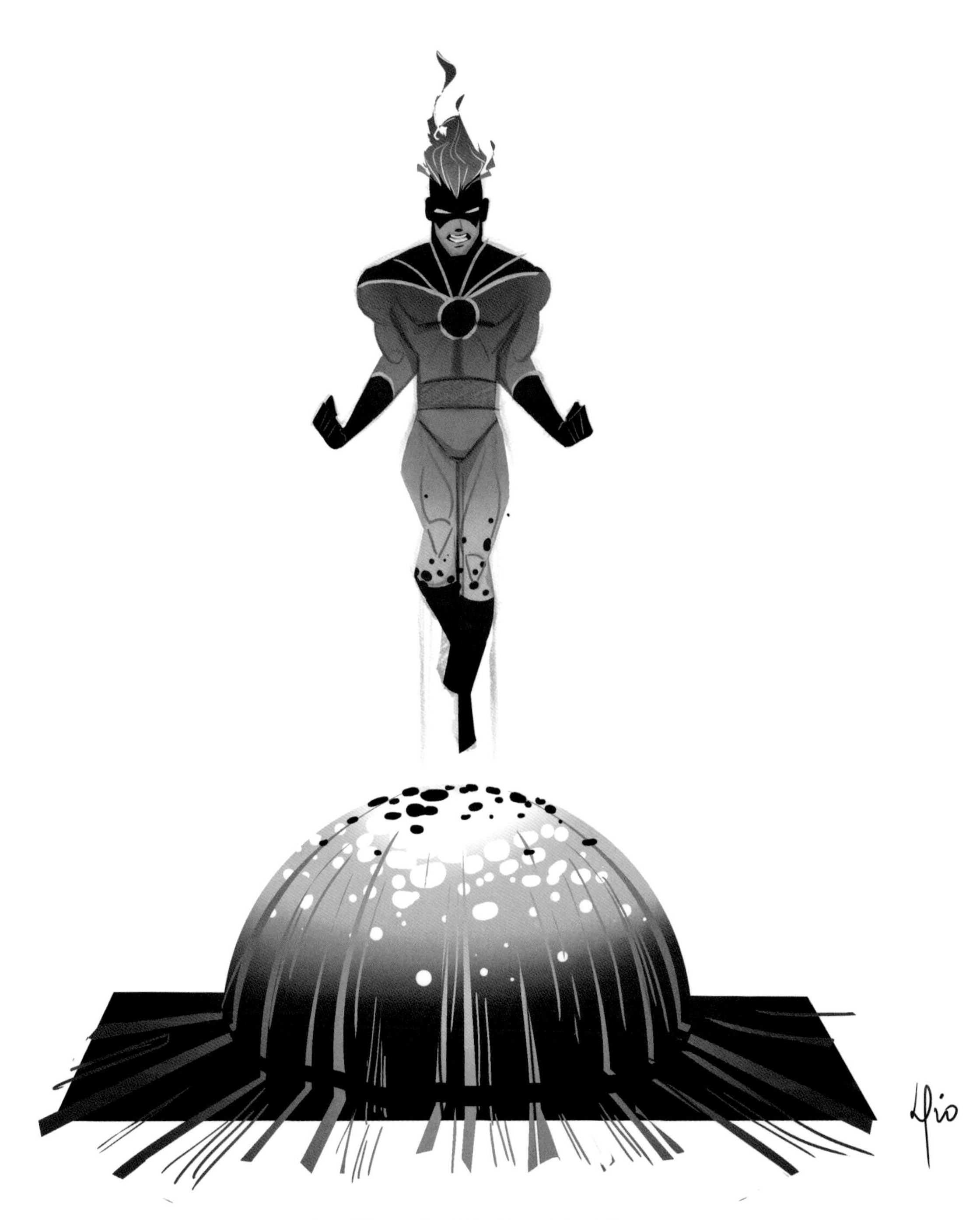

太阳系超级英雄

漫画和科幻电影的粉丝们会超级喜欢这个梦幻般的无视地球引力的超级英雄。这个令人兴奋的蛋糕设计向你展示了如何使用喷枪来制作逼真的场景并获得不同深度的色彩。你可以尝试其他的颜色和设计来创作出属于你的超级英雄。

可食用材料

18厘米×10厘米的半球形蛋糕，已经填充好馅料并封好蛋糕坯（见第38页）

Squires Kitchen糖膏：

　800克白色

Squires Kitchen糖花膏（干佩斯）：

　400克肤色（在白色的糖花膏中添加少许金莲花色膏进行调色）

Squires Kitchen高强度塑形粉：

　100克白色（未染色）

Squires Kitchen皇家糖霜粉：

　100克浅橘红色（在白色的皇家糖霜中添加少许金莲花色膏进行调色）

Squires Kitchen可食用专业复配着色膏：金莲花

Squires Kitchen可食用专业复配着色液体色素：宽叶香蒲（深棕色）、金莲花、罂粟红和向日葵

Squires Kitchen品牌CMC粉

工器具

基础工具（见第6~7页）

边长28厘米的正方形蛋糕托板

直径18厘米的圆形蛋糕卡纸托

20.5厘米的圆形或方形聚苯乙烯泡沫假体

圆形裱花嘴：4号和16号

SAVOY裱花嘴：直径10毫米

胶纸带

酒红色丝带：1米×5毫米（宽）

喷枪

模板（见第252页）

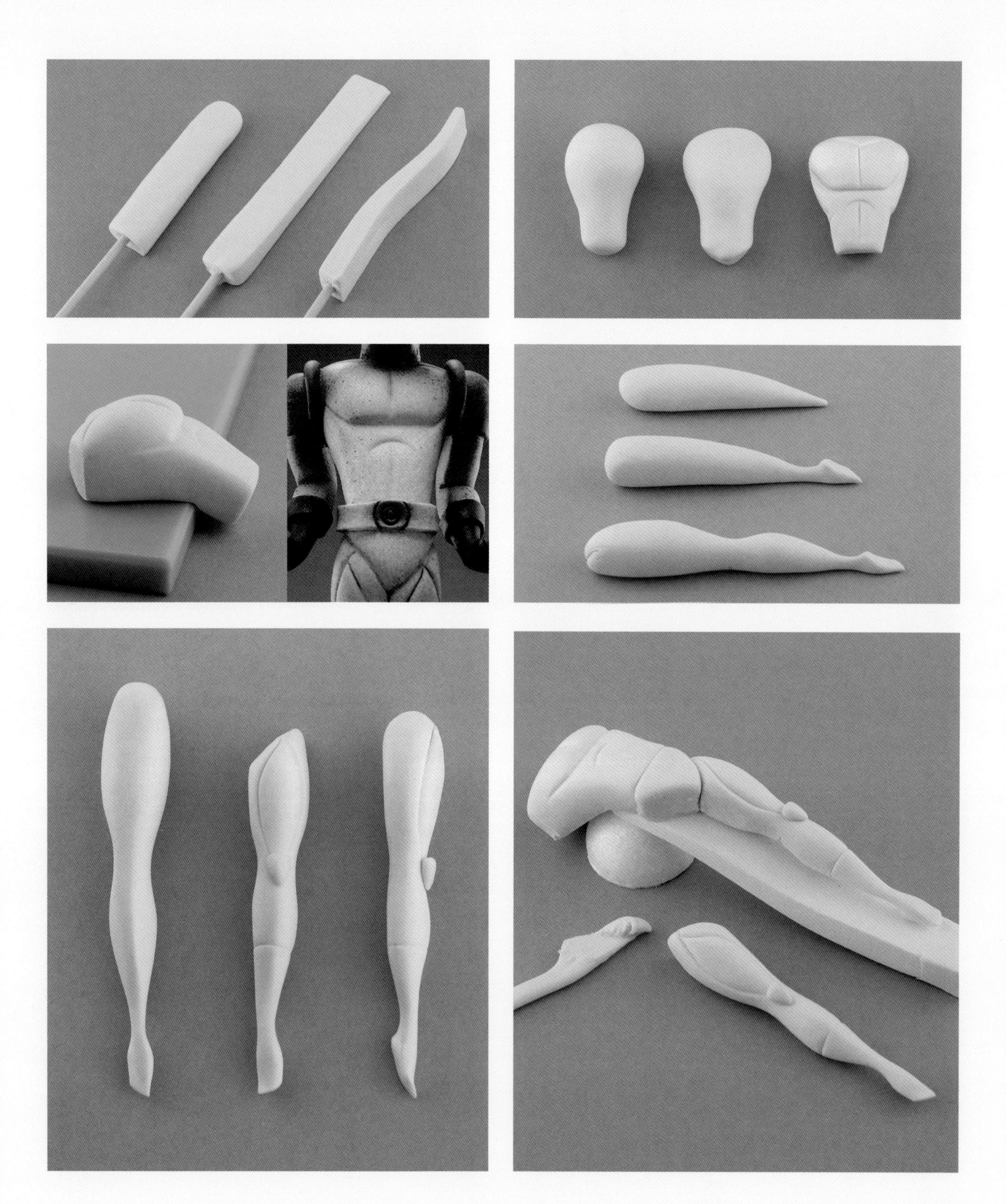

高强度塑形膏支架

1. 将100克的白色高强度塑形膏揉成与正面支架的模板等高的香肠形。将一根蛋糕支撑杆插入到支架中并达到一半的高度，在底部留出大约10厘米的长度。用蛋糕抹平器将顶部和两侧的糖膏轻轻向上推，将它塑造成一个楔形并达到所需要的高度。用锋利的小刀将两侧切成水平的直线，和模板的形状与尺寸保持一致。

2. 将高强度塑形膏支架侧着平放在台面上，按照模板的形状弯出弧度，然后将它放在一旁晾干。

大师建议

在制作超级英雄前，建议提前做好高强度塑形膏支架，并让它彻底干燥。

超级英雄的塑造方法

躯干

3. 将80克的肤色糖花膏揉成梨形。用手的侧面按压粗端的顶部以塑造出胸部，并拓宽肩部的线条。将另一端稍稍按平，使它达到模板中身体的厚度。用锋利的小刀将躯干的底部削平，然后根据模板的形状削出肩膀的形状。

4. 用蛋糕抹平器的侧面按压糖膏中间的位置以塑造出胸部（胸大肌）和下腹部。用蛋糕抹平器的边缘为胸部塑形，同时突出后背的三角形肌群。按照模板，用尖头塑形工具刻画出锁骨、小腹和腹部肌肉群，并在胸部的中间划出一道竖线。将躯干摆放在不粘擀板的边缘处晾干定形，确保腰部正好搭在板子的边缘处，从而为背部增添一定的弧度。

腿部

5. 将80克的肤色糖花膏揉成一个香肠形后将它切成两半。将两段糖膏分别揉成一个长的圆锥形并按照模板的形状和尺寸做出腿的形状（见第51页）。沿着胫骨捏出明显的线条，将少许肤色糖花膏揉成一个三角形后并用可食用胶水将其黏合到膝盖上。按照模板的纹路，用尖头塑形工具在腿部刻画出靴子和大腿的标记。将腿部膝盖朝上平放晾干。

6. 在腿部和躯干彻底干燥前，用经软化的肤色糖花膏将躯干部的下半截黏合固定到高强度塑形膏支架的顶部。用一块聚苯乙烯泡沫假体或类似物将支架垫高，使躯干的上半部可以搭在顶部的边缘处定形。根据模板的形状，将10克的肤色糖花膏揉成一个三角形作为髋关节，将它黏合在高强度塑形膏支架上并位于躯干下端的位置上。用经软化的肤色糖花膏将双腿黏合固定在髋关节的下面。注意在固定躯干和腿部在支架上的位置时要以模板为参考。

胳膊

7. 将40克的肤色糖花膏揉成一个香肠形后将它切成两半。按照模板的形状和尺寸将两段糖膏分别塑造成胳膊的形状（见第50页）。你不需要做出张开的手的形状，只需把胳膊的末端做成方形的拳头的形状即可。用尖头塑形工具在拳头上划出手指的痕迹。将微量的肤色糖花膏

揉成一个一头尖的微小的椭圆形，然后将它黏合在拳头的上方当作拇指。按照模板所示划出袖子的纹路，将胳膊在手腕及肘部的位置进行弯折，使它呈现出接近直角的形状。将胳膊放置在一旁彻底晾干。

头部

8.将大约15克的肤色糖花膏揉成一个粗的圆柱形，用蛋糕抹平器按压顶部和两侧使其变方。接着用蛋糕抹平器按压眼睛所在的水平线的位置，在使额头的轮廓更为明显的同时将面部压平。用锋利的小刀按一定倾斜的角度将脸的两侧切平。用尖头塑形工具的尖端在额头下方的位置按压出两个凹痕作为眼睛。

9.制作鼻子时，将少许肤色糖花膏揉成一个水滴形，先在水滴形糖膏的顶部捏出一道鼻梁，然后再将它塑造成一个三角形。用刀将三角形糖膏的底部切平，然后将它黏合在面部的中间的位置。

10. 制作嘴巴时，用尖头塑形工具在鼻子下面划出一条直线。用尖头塑形工具圆润的一端在嘴部的直线下方轻轻地按压，从而做出下嘴唇的形状。用两个食指尖按压脸的侧面以突出颧骨。用锋利的小刀将头的顶端切平，然后按一定角度倾斜地切出下巴的形状。将头部放置一旁晾干。

颈部

11. 将30克的肤色糖花膏揉成与模板粗细、厚度相当的香肠形，用小刀把顶部削平，再按照一定的倾斜的角度切去底部的糖膏。用经软化的肤色糖花膏将颈部黏合在躯干上。在颈部下方垫上一块楔形的聚苯乙烯泡沫假体使其稍向前倾，然后根据模板在颈部的正前方划出一个V字形。最后将头部黏合固定在颈部。

组装

12. 用经软化的肤色糖花膏将胳膊分别黏合在身体的两侧。如有必要，用一小片海绵或聚苯乙烯泡沫假体垫在胳膊下方作为支撑，直到彻底干燥定形。

13. 将少许的肤色糖花膏擀至5毫米的厚度，然后用直径10毫米的圆形裱花嘴切出两个小圆片。用可食用胶水将圆形糖膏黏合在头的两侧当作耳朵。

14. 将肤色糖花膏揉成两条细长的香肠形后将它们分别黏合在肩膀上：这样做不仅可以增添作品的设计感，还能对胳膊和上身的接缝处起到加固的作用。将两个条形的糖膏分别黏合在小臂上作为手套，然后将另外一条细长的糖膏黏合在腰间作为腰带。使用直径10毫米的圆形裱花嘴、16号和4号裱花嘴在腰带正前方压出两或3个圆圈作为腰带扣。将整个作品放置在一旁彻底晾干。

头发

15. 将整个人物造型插入到一个备用的聚苯乙烯泡沫假体上。将50克的肤色糖花膏塑造成一个柠檬的形状，将柠檬形糖膏摆放在头顶处，注意将其中的一个尖角对准额头中心的位置。按照从前向后的顺序用

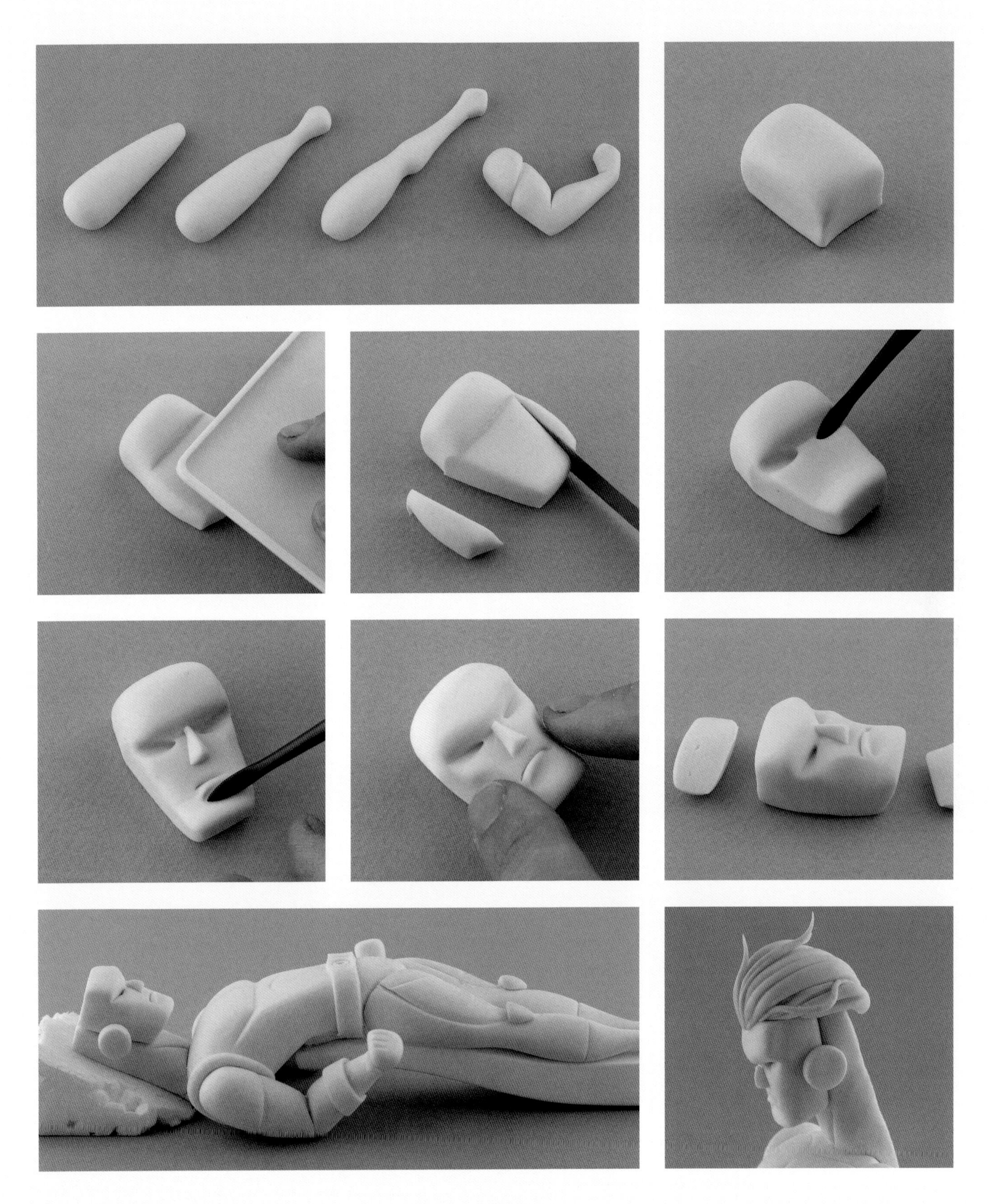

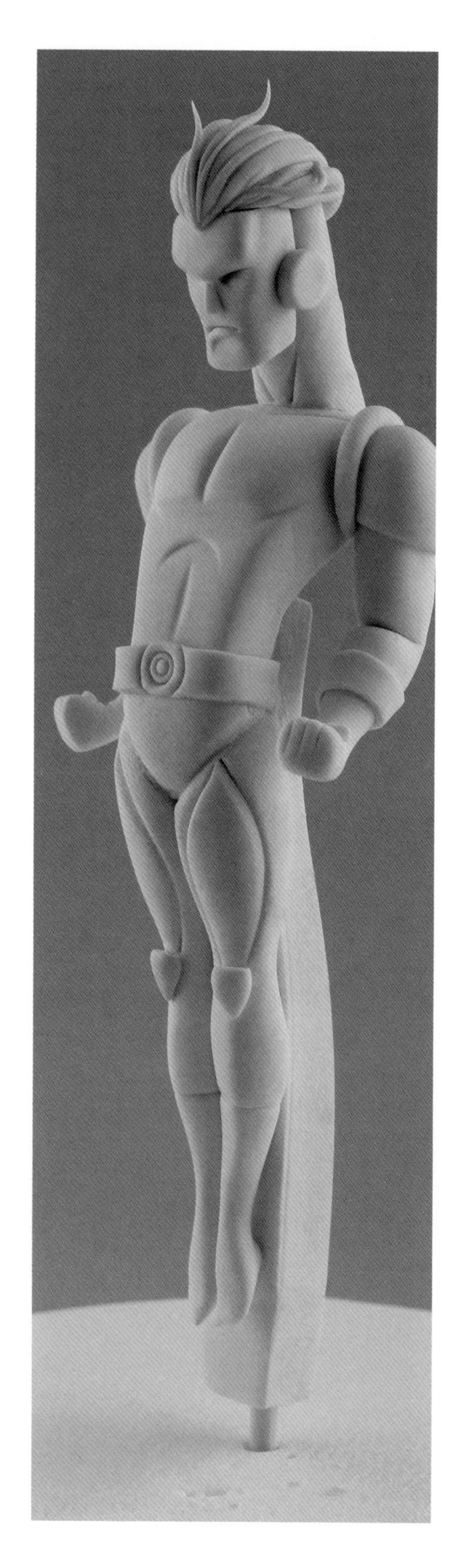

尖头塑形工具在糖膏上划出头发的纹理线条。将少许肤色糖花膏揉成数条两头尖的细长的香肠形，然后将它们作为松散的发丝黏合在头顶，并呈现出激烈、躁动的效果。将装饰好的头发放在头顶上晾干。因为稍后需要为头发单独上色，所以先不要将它黏合固定在头顶上。

上色

大师建议

你可以使用喷枪、崭新的牙刷或是两者的组合，配合液体食用色素展现生动的色彩；有关如何运用这三种上色技巧的具体方法请见第54页。如果你希望在特定区域留白，我建议用胶纸带将该区域覆盖住，待颜料干透后再取下胶纸带。请注意你需要确保只在人偶造型上使用胶纸带，而且它不会与将被食用的蛋糕的任何部分相接触。

16. 用小片的胶纸带小心地将整个高强度塑形膏支架覆盖住，注意不要让任何一部分暴露在外面。采用同样的方法盖住包括鼻子在内的脸的下半部分。

17. 运用喷溅的方法，用向日葵色液体色素为胸部上第一层颜色，注意身体其他部分的颜色逐渐变淡（见第54页）。用一支软笔刷在靴子和手套上刷上金莲花液体色素。

18. 使用喷枪或喷溅的技巧，在四肢的末端、胸部的侧面、背部、颈部和头顶喷上金莲花液体色素。然后在肩膀、颈部和头顶上再上一层罂粟红液体色素。注意避免将颜色喷溅到胸口处，因为这里将会是整个作品最亮的聚焦点。再次在四肢的末端、肩膀和头顶喷涂或弹上一层薄薄的宽叶香蒲液体色素，注意不要将这层颜色上得过深。

19. 用喷枪在头发上喷涂一层向日葵液体色素作为基础色，再在前端的头发上喷涂一层金莲花液体色素，使头发的颜色与火焰相似，并且呈现出由深到浅渐变的效果。将头发放置一旁待颜色干透。

20. 待人物造型的颜色干燥后，揭下面部和高强度塑形膏支架上的胶纸带。制作眼睛时，将少许白色糖花膏擀至非常薄，然后切出两个长的三角形，并用可食用胶水将三角形糖膏黏合在眼窝处。

大师建议

在揭下胶纸带的时候，你的指尖有可能粘上颜料。如果你不小心弄脏了白色高强度塑形膏支架，可以用蘸有高度透明酒精的笔刷轻松地将颜色去除掉。

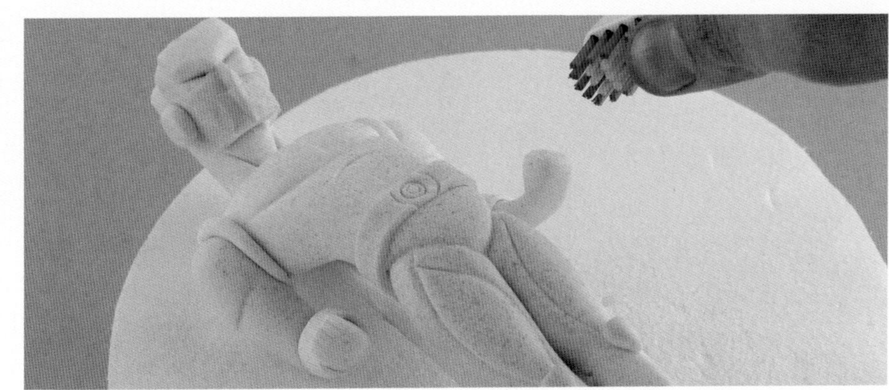

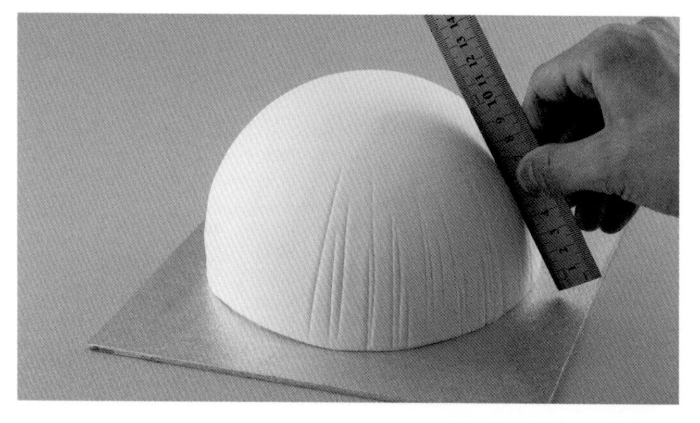

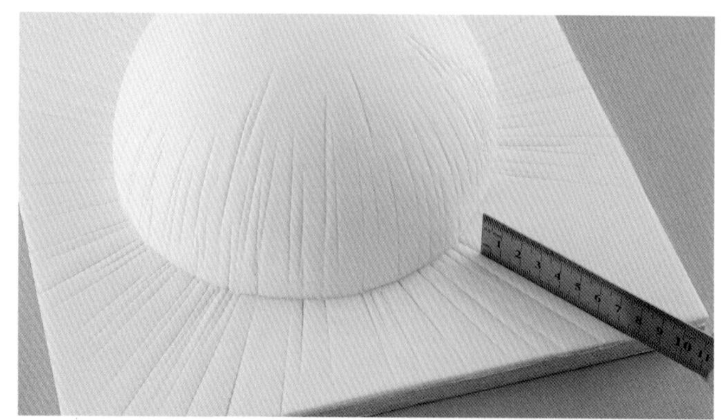

大师建议

不建议将人偶插在底座上进行运输，因为这样人偶很容易倾斜甚至翻倒；请按照55页的方法将人偶放置在蛋糕盒里进行运输，待到达目的地后再进行组装。你可以使用皇家糖霜将高强度塑形膏支架黏合固定在蛋糕上。

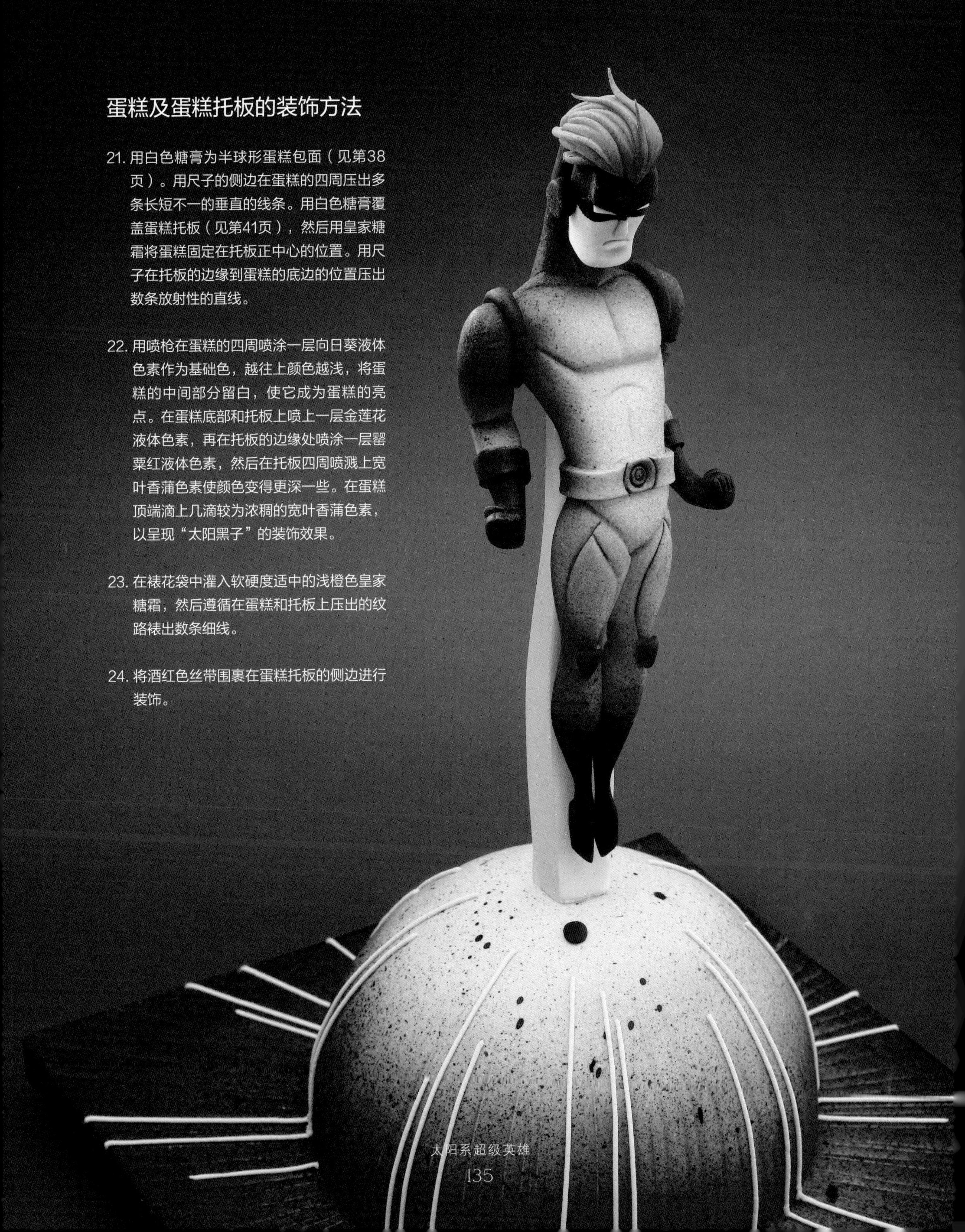

蛋糕及蛋糕托板的装饰方法

21. 用白色糖膏为半球形蛋糕包面（见第38页）。用尺子的侧边在蛋糕的四周压出多条长短不一的垂直的线条。用白色糖膏覆盖蛋糕托板（见第41页），然后用皇家糖霜将蛋糕固定在托板正中心的位置。用尺子在托板的边缘到蛋糕的底边的位置压出数条放射性的直线。

22. 用喷枪在蛋糕的四周喷涂一层向日葵液体色素作为基础色，越往上颜色越浅，将蛋糕的中间部分留白，使它成为蛋糕的亮点。在蛋糕底部和托板上喷上一层金莲花液体色素，再在托板的边缘处喷涂一层罂粟红液体色素，然后在托板四周喷溅上宽叶香蒲色素使颜色变得更深一些。在蛋糕顶端滴上几滴较为浓稠的宽叶香蒲色素，以呈现“太阳黑子”的装饰效果。

23. 在裱花袋中灌入软硬度适中的浅橙色皇家糖霜，然后遵循在蛋糕和托板上压出的纹路裱出数条细线。

24. 将酒红色丝带围裹在蛋糕托板的侧边进行装饰。

动漫饼干

根据第252页的模板，用流动糖霜在烘焙用透明玻璃纸上裱出名字和感叹号的装饰图案（见第30页）。在裱花袋中装入1号裱花嘴，用黑色的软硬度适中的皇家糖霜为名字裱出外轮廓线。用浅小檗梗色流动糖霜填充字母内部的区域，然后将它放置一旁晾干。采用同样的方法为感叹号裱出外轮廓线，然后改用金莲花（杏色）流动糖膏填充感叹号内部的区域。

根据第18页的配方做出饼干面团，依照模板的形状切出23个对话框或23个7厘米×4厘米的长方形的饼干的形状。将饼干烤至成熟。

在裱花袋中装入1号裱花嘴，并在袋中填入小檗梗色的软硬度适中的皇家糖霜，然后在对话框饼干上裱出外轮廓线。将小檗梗色糖霜稀释为流动状态。在裱花袋中装入2号裱花嘴后灌入流动糖霜，然后用流动糖霜填充对话框饼干的表面（见第30页）。将装饰好的饼干彻底晾干。重复同样的方法为长方形的饼干裱出外轮廓线，然后用白色的流动糖霜填充饼干的表面。

采用第54页的上色方法在对话框饼干上喷溅上罂粟红液体色素。然后用皇家糖霜将名字和感叹号装饰图案黏合固定在饼干上。

超级巨星

凭借着无与伦比的独特风格和优雅的造型，这位糖塑明星会在任何派对上都抢尽风头！这款永远不会过时的蛋糕设计适合各种崭露头角的新星和怀有抱负的女主角——不要忘记你可以通过改变服饰和细节制作出你独具个性的流行公主。

可食用材料

直径15厘米高12厘米的圆形蛋糕，已经填充好馅料并封好蛋糕坯（见第34页）

Squires Kitchen糖膏：

- 700克浅蓝色（在白色的糖膏中添加少许绣球花色膏进行调色）
- 400克天蓝色（在白色的糖膏中添加少许绣球花色膏进行调色）

Squires Kitchen糖花膏（干佩斯）：

- 10克黑色
- 30克粉色（在白色的糖花膏中添加少许灯笼海棠色膏进行调色）
- 30克圣诞红色（或是在白色的糖花膏中添加圣诞红色膏进行调色）
- 30克红宝石色（在白色的糖花膏中添加少许仙客来色膏进行调色）
- 250克深肤色（在白色的糖花膏中添加少许暖棕色和圣诞红色膏进行调色）
- 10克浅米黄色（在白色的糖花膏中添加少许板栗棕色膏进行调色）
- 150克白色

Squires Kitchen高强度塑形粉：

- 100克极浅的蓝色（在白色的高强度塑形膏中添加少许蓝草色膏进行调色）

Squires Kitchen皇家糖霜粉：

- 50克黑色
- 50克浅蓝色（在白色的皇家糖霜中添加少许绣球花色膏进行调色）

Squires Kitchen可食用专业复配着色膏：蓝草、板栗棕、雪绒花（白色）、灯笼海棠（艳粉）、暖棕色、绣球花和圣诞红

Squires Kitchen可食用专业复配着色色粉：仙客来（红宝石色）、灯笼海棠（艳粉）和圣诞红

Squires Kitchen可食用专业复配着色液体色素：罂粟花

Squires Kitchen糖果光亮剂

可食用闪粉：银色

工器具

基础工具（见第6~7页）

边长25.5厘米的正方形蛋糕托板

直径15厘米的圆形蛋糕卡纸托

备用的聚苯乙烯泡沫假体

橡胶圆锥形塑形工具（或尖头塑形工具）

圆形切模：直径1厘米和3厘米

圆形裱花嘴：16号

裁纸刀

聚苯乙烯泡沫圆球：直径3厘米和5厘米

千金子藤切模：3枚套装中的小号（TT品牌）

六瓣花切模：小号和中号（TT品牌）

30号花艺铁丝：白色

银莲叶切模：中号（TT品牌）

花朵干燥架，或类似产品

白色丝带：2米×15毫米（宽）

模板（见第253页）

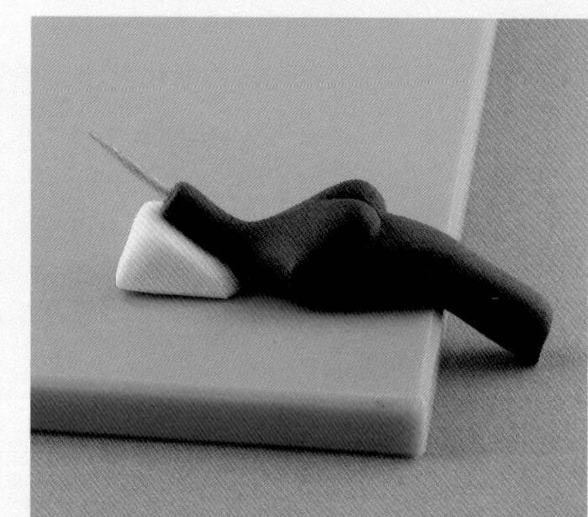

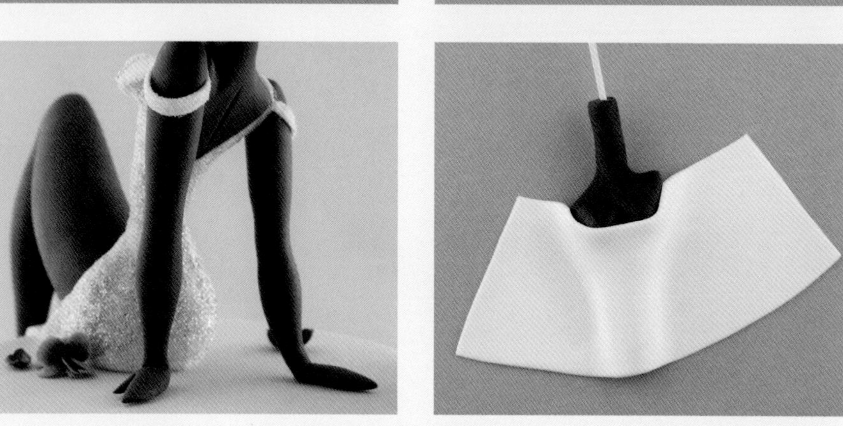

人物造型的塑造方法

左腿

1. 将45~50克的深肤色糖花膏揉成一个长的圆锥形，然后采用第51页的制作方法做出与模板同样尺寸的腿和脚的形状。将腿弯折45°并将膝盖捏尖。将腿内侧朝下摆在工作台面上晾干。

右腿

2. 用45~50克的白色糖花膏做出另外一条腿的形状，并将膝盖弯折为90°的直角。因为这条腿只起到造型和支撑裙子的作用，所以并不需要做出脚的形状。将右腿放置一旁晾干。

跨部

3. 将大约20克的白色糖花膏揉成一个水滴形作为跨部。将胯部摆放在备用的聚苯乙烯泡沫假体上，将一根竹签穿过胯部后直插到泡沫假体中。注意在胯部的上方留出一段竹签作为躯干的支撑。

4. 将跨部的两侧斜着切成一个V字形。用可食用胶水将右腿的顶端黏合在跨部的一侧，然后用经软化的白色糖花膏将左腿黏合固定在胯部的另一侧。在左脚下垫一块海绵或泡沫假体作为支撑，然后将它放置一旁彻底干燥定形。

躯干

5. 将大约30克的深肤色糖花膏揉成一个保龄球瓶的形状。用手的侧面滚动较粗的一端使糖膏变细从而做出颈部。将颈部的上端和躯干的底部削平使它与模板的尺寸大小相同。

6. 用拇指和食指在躯干的前侧捏出胸部，然后轻捏脖子的两侧做出肩膀的形状。用尖头塑形工具尖利的一端在胸部正中划出一道竖线，然后再压出两条弧线以突出乳房的轮廓。

7. 将左肩稍微捏高，打破左右肩完全对称的格局，使上身看起来更加逼真自然。在颈部的顶端插入一根牙签，然后用牙签在躯干的底部预留出一个小洞。用尖头塑形工具尖利的一端在背部的中线处划出一道短的竖线。

8. 将躯干放在不粘擀板的边沿处晾干定形，注意将躯干的下半部搭在边缘处，这样可以使后背形成一定的弧度。在颈部下面垫上一小块楔形的糖膏，使脖子稍向前倾。将躯干放置隔夜晾干。

9. 将少量的白色糖花膏擀成薄片，然后将它切成一个长度和宽度都足以围裹住躯干的长方形。用直径为3厘米的圆形切模在其中一个长边的中间切出一个半圆形。

10. 在躯干的底部插入一根牙签，这样在粘贴裙子的时候你就能够方便地握住它。在躯干上涂抹一层可食用胶水，注意避开后背的V字形的部分。用长方形的白色糖膏片围裹躯干部，并将接缝处放在背后。

11. 用一把剪刀剪去接缝处和腰部多余的糖膏，然后用手指将接缝处的糖膏抚平。用锋利的小刀在背后裁出一个V字形，然后用一根竹签将躯干部插入到一块备用的泡沫假体中晾干。

12. 待晾干后，将躯干插入到支撑胯部的竹签的上面，并用少许经软化的白色糖花膏加以固定。

胳膊

13. 将20克的深肤色糖花膏揉成一根香肠形，然后将它切成两半。将每一段糖膏分别做成一只胳膊的形状（见第50页），并将手向后弯折成直角。

14. 用可食用胶水将胳膊分别黏合在躯干部的两侧：注意要将左臂的位置固定得略高于右臂，这样可以避免出现两者完全对称的视觉效果。将左臂摆放在比右臂更接近胯部的位置。必要的情况下，可以用一块海绵或者泡沫假体支撑住双手。

大师建议

当你试图制作更为逼真、自然的人物造型时，应注意避免将身体做得过于对称。由于这个超级巨星的人物形象向后仰靠在胳膊上，因此将她的肩膀的位置提得略高会使姿势看起来更加生动真实。

头部

15. 将25～30克的深肤色糖花膏揉成与模板大小一致的水滴形。用手的侧面在面部中间的位置压出一道凹槽并做出脸颊的形状，同时将前额按平。在塑造面部其他细节的时候，将一块干燥的楔形糖膏垫在脸的下方以抬高下巴。

16. 在面部的中心处捏出鼻子的形状，并用橡胶头锥形塑形工具（或尖头塑形工具）的尖端在鼻子的两侧塑造出鼻翼。然后用橡胶头锥形塑形工具的尖端或者竹签扎出两个鼻孔。

17. 制作嘴部的时候，用尖头塑形工具的侧边在鼻子下方划出一道曲线，然后用尖的一端在嘴角处压出两个酒窝。用手握住头部的两侧，将尖头塑形工具的尖端扎入糖膏将嘴部张开并压出一定的深度。将尖头塑形工具放在上嘴唇的下方后将糖膏向上挤推。为了使上嘴唇看起来更加饱满，用橡胶头圆锥形塑形工具（或尖头塑形工具）的尖端在两个嘴角之间和鼻子的下面来回滑动。制作下嘴唇时，将少许深肤色糖花膏揉成一个两头尖的小的香肠形，将它弯成一定的弧度后黏合在嘴的下半部。

18. 制作眼睛时，先用尖头塑形工具的边缘在鼻子的两侧、稍高于脸颊的位置上按压出眼睛的线条，然后再用圆润的一端按压出大而深的眼窝的形状。将白色糖花膏揉成两个细长的椭圆形，并将它们黏合到眼窝的底部。另取少许白色糖花膏，将它揉成一条两头尖的小香肠形后黏合在嘴里当作牙齿。

19. 制作眼皮时，将深肤色糖花膏揉成两个小的椭圆形，并用手指将它们稍稍按平。用直径1厘米的圆形切模在一边切出一个圆弧的形状，然后将它黏合在眼白的上面。

20. 将黑色糖花膏揉成两个细长的两头尖的香肠形，将它们贴在眼皮的下方当作睫毛。将少许浅米黄色糖花膏擀薄后用16号裱花嘴切出一个小圆片。将圆片切成两半，然后将它们分别黏合到眼白上：摆放虹膜时注意让双眼向左边看。用黑色食用色素笔在虹膜内画上瞳孔，最后用雪绒花色膏在瞳孔的边缘处点出白色的高光。

21. 制作眉毛时，将黑色糖花膏揉成两个细小的两头尖的香肠形，用可食用胶水将它们黏合在眼皮上方，注意要保持弯曲的弧度。用细笔刷蘸取罂粟花液体色素为嘴唇上色。把头部放在一旁干燥定形。

头发

22. 用裁纸刀将一个直径3厘米的聚苯乙烯泡沫球切成两半，然后用经软化的白色糖花膏将其中的一半黏合在脑后，使它形成一个完整圆润的头部的形状。待定形后，在泡沫球底部插入一根牙签，这样在制作头发时就可以更方便地把持住头部。

23. 将一个直径5厘米的聚苯乙烯泡沫球切成两半，用直径3厘米的圆形切模在其中的一半上切下一个半圆的形状。用经软化的白色糖花膏将它黏合在固定在脑后的泡沫半球的上面：这样做可以增加头发的体积。

大师建议

你也可以根据个人偏好用棉花糖代替泡沫假体来增加发量。

24. 将白色糖花膏擀成薄片，然后切出一个宽1.5厘米并且长度足够围住整个头部的长条形。将长方形糖膏从前额处围裹到脑后，然后将两端固定在泡沫球的底部。

25. 在裱花袋中填入黑色高硬度皇家糖霜，然后在袋子的尖端剪出一个细小的切口。在泡沫球表面裱出黑色卷发：一只手握住头底部的牙签，一边用裱花袋裱出卷发一边慢慢地旋转牙签，确保用黑色卷发覆盖住整个泡沫球，避免将白色暴露在外。将头部放置一旁彻底晾干。

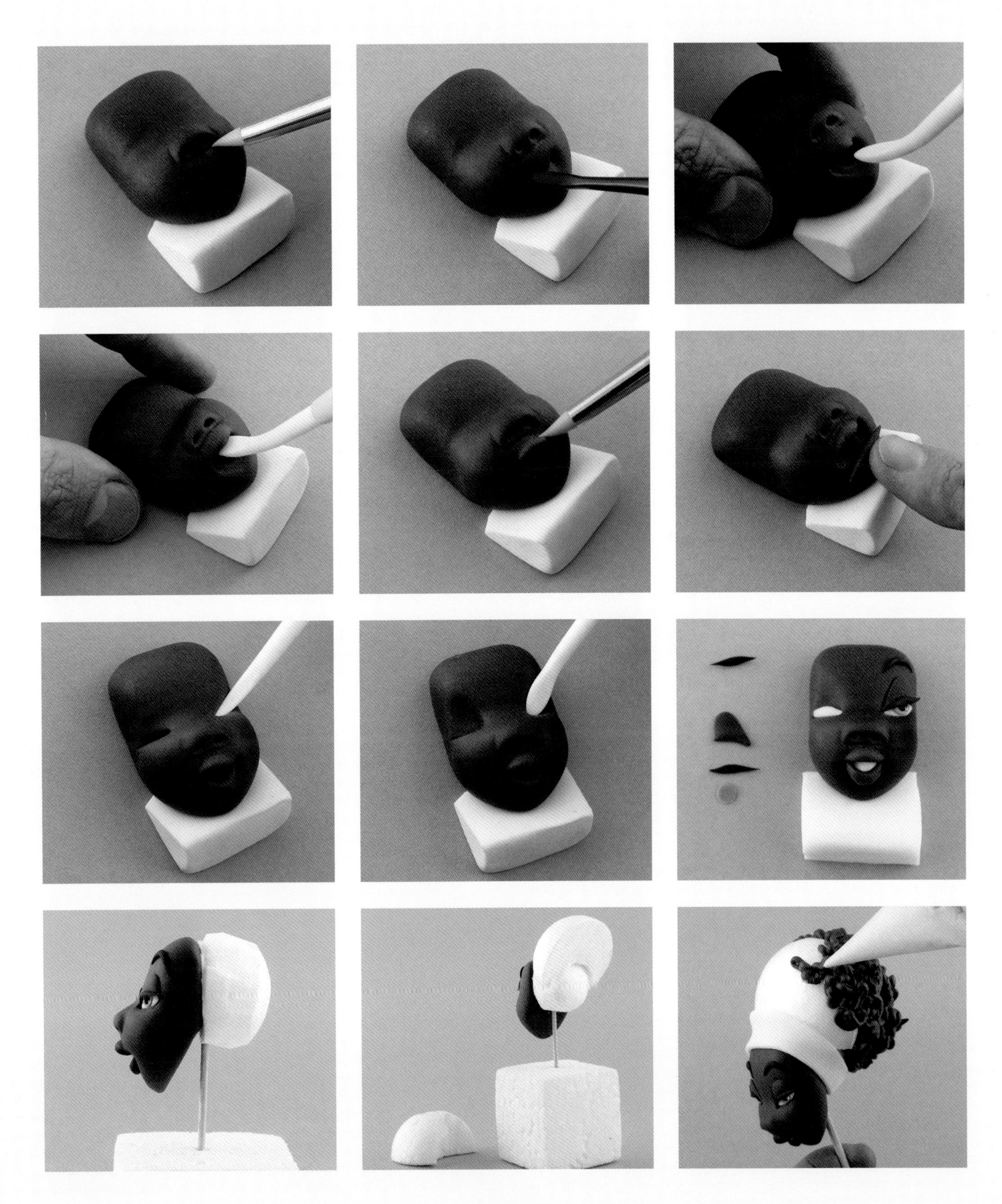

26. 取出头部下方的牙签，然后将头部轻轻地插入到颈部的牙签上。调整头部的角度使人物呈现出侧向左肩向远处凝望的姿态。用经软化的深肤色糖花膏将头颈部固定在一起。用竹签支撑住头部直到它彻底干燥定形。

27. 将深肤色糖花膏揉成两个小的圆球后做出耳朵的形状（见第51页）。将耳朵黏合到头部两侧稍低于发带的地方。将白色糖花膏揉成两个非常小的圆球形，将它们分别贴在耳垂上当作耳环。

28. 将白色糖花膏擀成薄片后切出一条两端尖的长条形，将长条形糖膏黏合在胸口处作为装饰。再从白色糖花膏薄片上切出两根长度足够围住胳膊的细长条形，将细长条形糖膏的两端分别黏合在肩膀的前面和背面，注意使两根肩带松松地垂在胳膊上。最后将一条白色糖花膏带子贴在左腿与身体的连接处，使接缝看起来更平整。

29. 在发带、裙子、肩带和右腿上涂抹一层可食用胶水，然后用散粉刷蘸取一些可食用闪粉并将它撒在白色的区域上。

大师建议

一定要在将人物转移到蛋糕上之前往裙子上撒上闪粉，以免蛋糕上出现过多的闪粉。

30. 用一支小刷子在眼皮和嘴唇上涂抹一层糖果光亮剂为其增添光泽。完成细节装饰后将人物放置一旁彻底晾干。

配花的制作方法

31. 将少许红宝石、圣诞红和粉色糖花膏擀成薄片，然后用千金子藤切模和六瓣花切模切出数个小号和中号的花朵。将小花放在泡沫垫上，用中号球形塑形工具在花瓣边缘处轻轻滚动将它擀薄并柔化切痕。用手捏住其中几朵花的底部并将花瓣对折并重叠在一起。最后用圣诞红、灯笼海棠或仙客来色粉为花芯上色。

三角梅的制作方法

32. 将几根30号花艺铁丝剪成数段，在铁丝的顶端蘸上白色流动糖霜，然后将它们悬挂在花朵干燥架或类似的产品上倒置晾干。待干燥后，在糖霜的表面涂抹少许灯笼海棠色粉，然后用无毒胶水将它们三根为一组黏合在一起。

大师建议

在时间不够充足的情况下，你也可以用市售的人造花蕊来代替手工制作的花蕊。

33. 将圣诞红糖花膏擀薄后用银莲叶切模切出几个小花瓣的形状。用手指调整花瓣的形状为它们做出一些动感，然后将它们放置一旁晾干。用可食用胶水将3片花瓣分别黏合在花蕊的外围，然后将花朵彻底晾干。

蛋糕及蛋糕托板的装饰方法

34. 将150克的极浅的蓝色高强度塑形膏擀至2毫米的厚度，用手工刀按照模板的形状和尺寸切出两套三角形糖片，然后将它们彻底晾干。

35. 用浅蓝色翻糖膏为蛋糕包面（见第34页），并用天蓝色翻糖膏覆盖蛋糕托板（见第41页）。用少许皇家糖霜将蛋糕固定在略微偏离中心的位置。最后用白色丝带装饰蛋糕和托板的侧边。将蛋糕及托板放置一旁晾干。

大师建议

因为你需要在裙尾撒上更多的闪粉作为装饰，因此要确保蛋糕和托板已经彻底干燥。在糖膏表面干燥的情况下，可以轻易地去除多余的闪粉。

组装

36. 将白色糖花膏擀薄后切出一个长约27厘米并且与双腿等宽的长条形。将条形糖膏的一端摆放在蛋糕，另一端则从蛋糕侧面垂下并搭在蛋糕托板上。用可食用胶水将糖膏加以固定。

大师建议

要确保将裙子牢固地黏合在蛋糕的侧面和托板上而不会轻易地移位，尤其是在运输途中。

37. 将人物造型转移到蛋糕上，使她正好坐在白色糖膏条的顶端，将支撑臀部的竹签插入蛋糕中，并用少许白色皇家糖霜加以固定。修剪右侧的裙摆使其与右腿的轮廓相贴合。

38. 将白色糖花膏擀薄后切出另外一个长约20厘米，宽度足以包裹住右腿的长条形。将长条形糖膏覆盖在右腿膝盖上并用可食用胶水加以固定：调整裙摆的位置使它正好垂搭在第一条长条形糖膏的上面。将上层的裙摆轻轻向内折叠并呈现一定的动感。用手指在膝盖处的糖膏上轻轻打磨以去除接缝处的痕迹，使它看上去平整光滑。在裙摆处涂抹少许可食用胶水，然后撒上可食用闪粉进行装饰。

大师建议

闪粉只会沾在蛋糕上柔软潮湿的区域：用干燥的笔刷可以轻松地去除落在蛋糕上的多余的闪粉。

39. 用足量的皇家糖霜将三角形糖片呈扇形黏合固定在蛋糕的侧面。注意要将其中的4个糖片黏合在蛋糕的前侧，另外4片则黏合在蛋糕另一侧与之相对称的位置。

40. 用黑色皇家糖霜将数枚小花黏合在头发上。然后用浅蓝色皇家糖霜将更多的小花随机地摆放并固定在蛋糕和托板上。

花朵饼干

根据第18页的配方烤制35个五瓣花形状的饼干。

制作白色花朵饼干时，在裱花袋中装入1号裱花嘴后填入白色的软硬度适中的皇家糖霜。用糖霜在饼干上裱出外轮廓线。将糖霜稀释至流动状态。在裱花袋中装入2号裱花嘴后灌入流动糖霜，然后用流动糖霜填充饼干的表面（见第30页）。用散粉刷蘸取少许白色可食用闪粉，然后用手指轻磕笔刷使闪粉落在潮湿的糖霜上作为装饰。

采用第145页的方法制作出数枚小号的粉色花朵，然后用可食用胶水将花朵黏合到饼干正中心的位置。用皇家糖霜在花朵正中心处裱出一个圆点作为花芯，然后将装饰好的饼干放置一旁晾干。

采用与装饰白色花朵饼干同样的方法装饰其他的饼干。分别用灯笼海棠、绣球花和圣诞红色膏将皇家糖霜调染成浅粉、浅蓝和红色，然后分别用不同颜色的糖霜装饰饼干。在饼干的表面撒上可食用闪粉，然后将用弹簧切模切成的小花黏合在饼干上，或者用糖霜在饼干上裱出花瓣进行装饰。

执子之手

在过去的岁月中，新郎新娘造型永远是婚礼蛋糕上最受欢迎的装饰。在这里我为这对人偶设计了这个面对面的姿势，使它更具现代时尚感。在这组造型中，我还着重突出了新郎的硬朗和新娘温柔流畅的身体线条，并在对比中达到特殊的平衡之美。

可食用材料

直径20.5厘米高8厘米的圆形蛋糕，已经填充好馅料并封好蛋糕坯（见第34页）

Squires Kitchen糖膏：

1.6千克白色

Squires Kitchen糖花膏（干佩斯）：

150克深棕色（在白色的糖花膏中添加少许宽叶香蒲色膏进行调色）

50克偏红的赤陶色（在白色的糖花膏中添加少许赤陶色和圣诞红进行调色）

150克肤色（在白色的糖花膏中添加少许泰迪棕和玫瑰色膏进行调色）

150克赤陶色（在白色的糖花膏中添加少许赤陶色进行调色）

300克白色

Squires Kitchen高强度塑形粉：

200克白色（未染色）

Squires Kitchen皇家糖霜粉：

25克浅棕色（在白色的皇家糖霜中添加少许板栗棕色膏进行调色）

50克白色（未染色）

Squires Kitchen可食用专业复配着色膏：宽叶香蒲、圣诞红、赤陶色、泰迪棕和玫瑰

Squires Kitchen可食用专业复配着色色粉：雪绒花色（白色）

Squires Kitchen可食用专业复配着色液体色素：宽叶香蒲（深棕色）和板栗棕

Squires Kitchen品牌CMC粉

工器具

基础工具（见第6~7页）

边长33厘米的正方形蛋糕托板

圆形蛋糕卡纸托：直径12.5厘米和20.8厘米

直径12厘米，高8厘米的圆形聚苯乙烯泡沫假体

直径20.5厘米，高8厘米的圆形聚苯乙烯泡沫假体，备用

30号花艺铁丝：白色

樱草花切模：3枚套装中的中号和小号（TT品牌）

海绵垫

花艺胶带：白色

花朵干燥架，或类似产品

无毒手工胶水

樱花图案镂空模板

玻璃珠大头针

小号刮刀

花托

白色丝带：1.35米×15毫米（宽）

模板（见第254页）

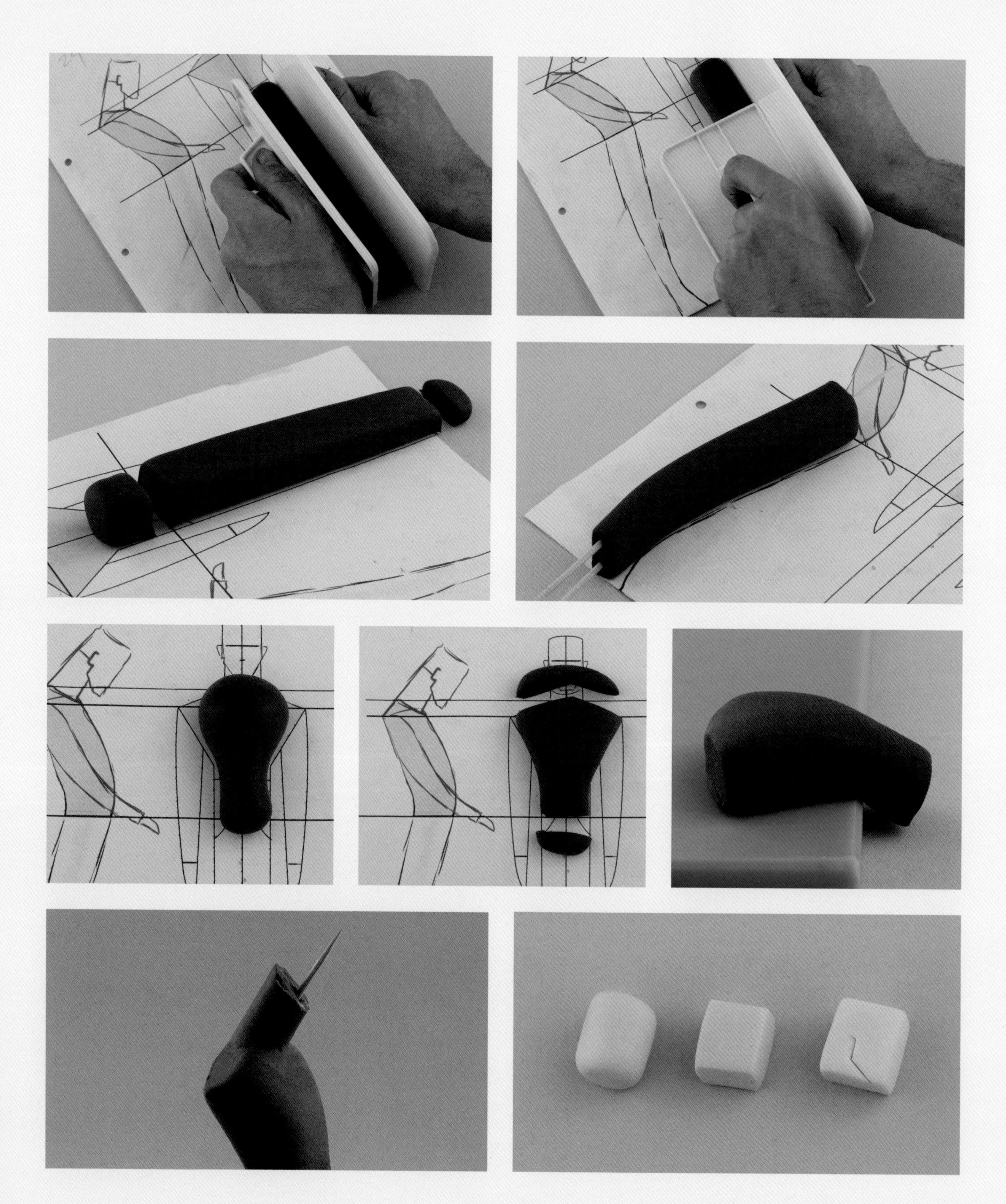

底托的装饰方法

1. 将一个直径为12.5厘米的蛋糕卡纸托黏合在一个直径为12.5厘米的聚苯乙烯蛋糕假体的下面。用白色糖膏包面（见第42~43页）后将它放置一旁晾干。

新郎的塑造方法

裤子

2. 将150克的深棕色糖花膏揉成与新郎裤子的模板尺寸相同的香肠形。用蛋糕抹平器将香肠形糖膏的顶部和侧面压方，然后将糖膏朝下挤推使底部变窄，形成一个楔形。用锋利的小刀将顶部和底部削直，使它与模板的尺寸相同。

3. 将裤子侧放，按照模板的形状将裤子弯出弧度。在裤子底部插入两根竹签，并在下方留出足够的长度。在裤子顶部插入一根牙签，以便稍后将上衣固定在上面。将裤子形状的糖膏放置一旁晾干。

大师建议

如果想缩短干燥的时间，可以在制作裤子前在糖膏中额外加入少许CMC粉。

躯干

4. 将100克的赤陶色糖花膏揉成一个梨形。用手的侧面按压较粗的一端做出胸部，并且拓宽肩部，将梨形糖膏的另一端稍稍按平并达到与裤子顶端相同的厚度。用锋利的小刀将躯干的底部削平，然后按照模板的形状切出肩部的线条。将躯干部放在不粘擀板的边缘处干燥定形，以便给背部增添一定的曲线。

颈部

5. 依照模板的长度和宽度将少许赤陶色糖花膏揉成一个香肠形，用小刀将其中一端削平，另一端则切出一个略微倾斜的角度。在颈部插入一根竹签，并使它从两端穿出。将颈部插到一块备用的聚苯乙烯泡沫假体上晾干。

组装

6. 将裤子插入到备用的聚苯乙烯泡沫假体上，然后将躯干插到裤子顶部的牙签上，用经软化的赤陶色糖花膏将它们粘牢。用手指尖抹掉腰间多余的糖膏并将接缝处抹平。

7. 将颈部略微朝下斜插到躯干中，并用经软化的赤陶色糖花膏加以固定。在接缝处填入经软化的赤陶色糖花膏并将它抹平。将身体放置一旁晾干。

头部

8. 将大约20克的肤色糖花膏揉成粗的圆柱形，然后用蛋糕抹平器将圆柱形糖膏的顶部和侧面压方。将糖膏与模板的正面和侧面进行对比，确保头部的厚度合适，然后用锋利的

小刀将顶部与底部削平。以模板为参考，用刀在头的两侧刻画出下颚的形状。将头部放置一旁晾干。

9. 在头部干燥定形后，将它插入到颈部的竹签上，但注意先不要将其固定住，因为稍后需要将头部取下来完成面部的细节修饰。

上衣

10. 将少量的赤陶色糖花膏在不粘擀板上擀至非常薄，然后参考新郎的模板切出一个半圆形。将半圆形糖膏黏合在后背中间的位置，并将两端围裹在身体的左右两侧作为上衣。用手指抚平接缝处的糖膏，使它看起来更为平整。

11. 在制作腰部绑带的时候，用宽叶香蒲（深棕色）液体色素在上衣前襟处的底部画出一个三角形。或者也可以将宽叶香蒲糖花膏擀薄，然后参考模板的形状与尺寸切出一个三角形。将三角形糖膏固定好位置。将赤陶色糖花膏揉成一个细长的香肠形，然后将它黏合在躯干上作为上衣的绲边。注意黏合的时候要从后背开始，然后将两端在胸前汇合。

12. 在裱花袋中填入软硬度适中的浅棕色皇家糖霜，然后在袋子的尖端剪出一个小口。在上衣上裱满水滴和卷花的图案，为衣服增填细节和质感。将一支细笔刷在冷却的开水中蘸潮，然后在水滴形糖霜上做出刷绣的效果。

新娘的塑造方法

裙子

13. 根据新娘模板的形状与尺寸，将250克的白色糖花膏揉成一个长的圆锥形当作裙子。用手掌把圆锥形糖膏稍微按平，然后用一把锋利的小刀将它的顶部和底部切平：注意较为圆润的一侧将作为裙子的背面，较平的一侧则作为裙子的正面。在一根竹签上涂抹薄薄的一层植物白油，将它插入裙子大约3/4的高度后取出。将裙子平放在台面上隔夜晾干。

大师建议

制作裙子时，你可以使用糖花膏，也可以将等量的高强度塑形膏和糖花膏混合在一起以缩短干燥时间。或者在糖花膏中加入额外的CMC粉。

躯干

14. 将25克的肤色糖花膏揉成一个保龄球瓶的形状。用手的侧边将糖膏较粗的一端擀细，并做出脖子的形状。将躯干平放在台面上并用手在上半部较宽的部位捏出乳沟。握住身体的两侧，用拇指和食指在脖子的两侧捏出肩膀的线条。用小刀将颈部的顶端和躯干的底部切平，使其和模板的大小尺寸一致。在颈部插入一根竹签，然后用一根牙签在躯干的底部戳出一个小洞。最后用尖头塑形工具尖利的一端在后背正中间的位置划一条短的竖线。

15. 将躯干摆放在不粘擀板的边缘处干燥定形，注意要将腰部搭在板子的外面为后背增添一定的弧度。将一小块楔形糖膏垫在脖子的下方（如下页图所示）使脖子略微向前倾斜。将躯干放在一旁隔夜晾干。

16. 在裱花袋中填入软硬度适中的白色皇家糖霜，然后在袋子的尖端剪出一个小口。在躯干的底部插入一根牙签以便在装裱时握住身体。先在躯干的背面裱出一个V字形，然后在正面裱出一条弧线作为裙子的领口。等待几分钟将糖霜晾干。

17. 将躯干插入到裙子的顶部，然后用少许经软化的白色糖花膏加以固定。在雪绒花色粉中滴入几滴无色透明酒精后将它们混合均匀，然后用一支细笔刷将混合色液涂抹在紧身胸衣的位置。如有必要，在第一层颜色干透后再上一层颜色。

头部

18. 按照头部模板的尺寸，将15克的肤色糖花膏揉成一个水滴形。用小拇指的侧面在脸部的中线位置上压出一道凹槽：这样在突出脸颊的同时可以将前额按平。用手在脸部中央的位置捏出鼻子的形状。将一块干燥的楔形糖膏垫在脸的下方以抬高下巴。用小刀将头部的顶端削平后将它放置一旁干燥定形。

19. 将新娘摆放在新郎的对面，然后根据新郎头部的倾斜角度来确定新娘头部的摆放位置。将新娘的头

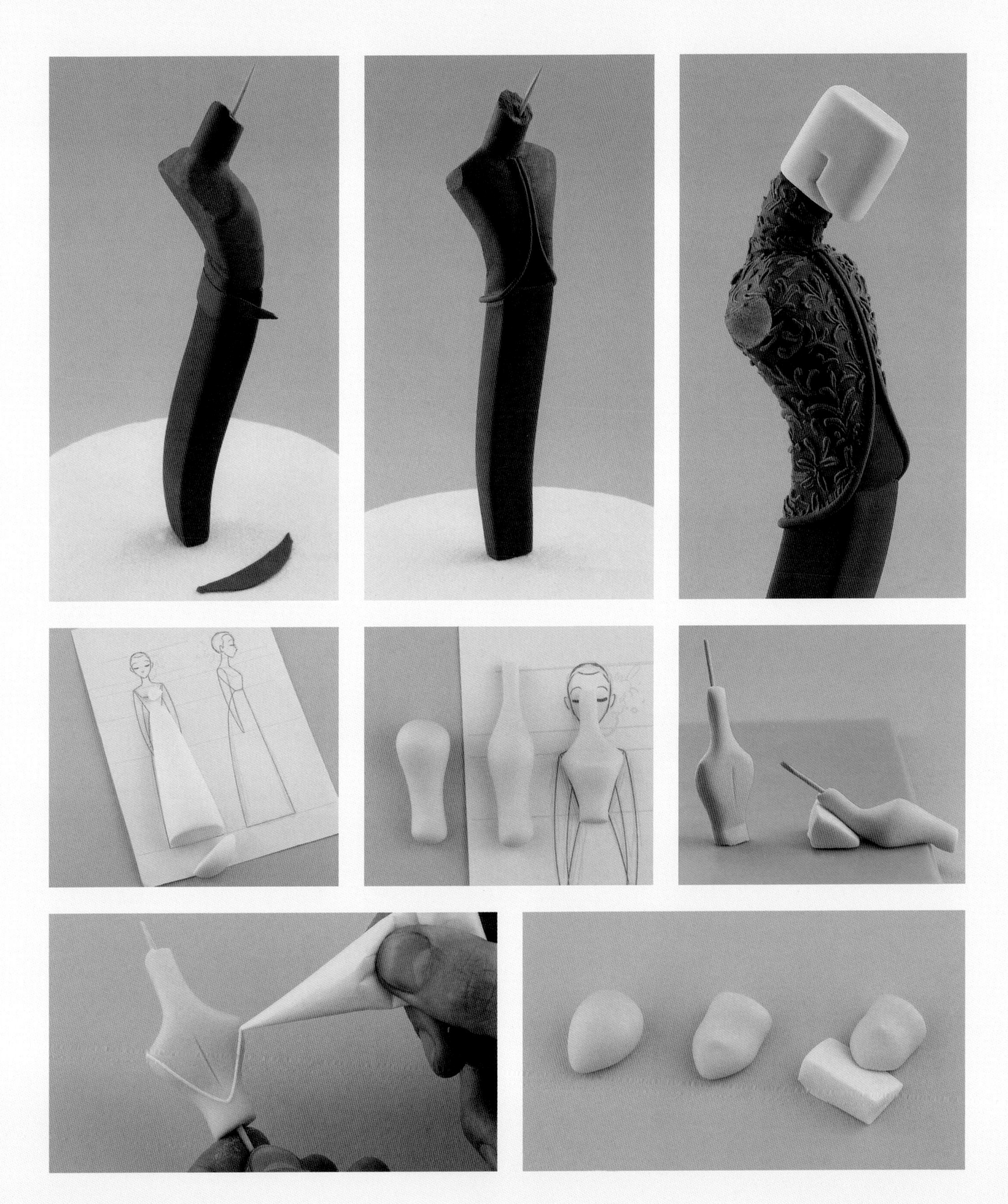

部插入到支撑颈部的牙签上，并稍向一侧倾斜，然后用经软化的肤色糖花膏固定好位置。将头部彻底晾干。

20. 将少许偏红的赤陶色糖花膏揉成一个大小足以覆盖头部的水滴形，用可食用胶水将水滴形糖膏固定在后脑处，使头部看上去完整而圆润。用尖头塑形工具在糖膏上压出数道痕迹使头发看起来是向后梳起。用同色的糖花膏制作出一个圆球形的发髻，并用可食用胶水将它黏合到后颈处。最后用尖头塑形工具在发髻上压出数道纹路线，为头发增添质感。

21. 制作睫毛时，将赤陶色糖花膏揉成两个细小的两端尖的香肠形。按照面部的图示，将它们黏合在脸部中线的位置上。用细画笔蘸取板栗棕液体色素在眼睛上方画出眉毛。将浅粉色色粉和少许玉米淀粉混合均匀，然后用软毛刷为双颊上色。

新郎面部的装饰方法

22. 将新郎的头部从躯干部取下，在底部插入一根牙签以方便握持。按照图示，用细画笔蘸取宽叶香蒲（深棕色）液体色素在头部画出头发和鬓角，并在面部中线的位置上画出两条横线作为睫毛。制作眉毛时，将少许深棕色糖花膏揉成一个细长的两头尖的香肠形，将它切成两半后分别黏合在眼睛的上面。

23. 制作鼻子时，先将少许肤色糖花膏揉成一个小的楔形，然后再将它切成一个梯形。将鼻子贴在面部正中央的位置。将肤色糖花膏擀薄后切出两个小长方形作为耳朵，并用可食用胶水将它们分别黏合在头部的两侧。用软毛刷蘸取少许浅粉色色粉为脸颊上色。取出底部的牙签后将头部重新插回到颈部，并用经软化的肤色糖花膏固定好位置。

手臂和手的制作方法

24. 将新郎新娘固定在包好糖皮的聚苯乙烯蛋糕假体上可以帮助你确定胳膊的摆放位置。在新娘裙子底部的洞中插入一根竹签，将竹签插入到蛋糕假体上并用经软化的白色糖花膏固定好位置。然后用经软化的深棕色糖花膏将新郎黏合固定在蛋糕假体上。

25. 在制作新郎的胳膊时，将少许赤陶色糖花膏揉成两个一端略细的香肠形，其长度与胳膊模板的尺寸一致。用蛋糕抹平器把胳膊的顶端和侧边压方，然后将它们分别黏合在身体的两侧，注意要将胳膊的末端搭在新娘稍低于腰部的裙子上。

26. 在制作新郎的手部时，先将肤色糖花膏揉成两个小的水滴形，然后将它们按平。在水滴形糖膏的一侧切出一个V字形作为大拇指，然后用可食用胶水将手部黏合在搭在新娘裙子上的新郎袖子的末端。采用与上衣相同的装饰方法，在袖子上裱满花纹。在手和袖子的连接处裱出一个腕带进行修饰。将赤陶色糖花膏揉成一个细长的香肠形，然后将它黏合在颈部和头部中间以盖住接缝。

27. 采用第48页的方法，用肤色糖花膏做出新娘的胳膊和手部。将左臂弯折成45°后将它黏合在身体左侧，并将左手贴在新郎的胸口。将新

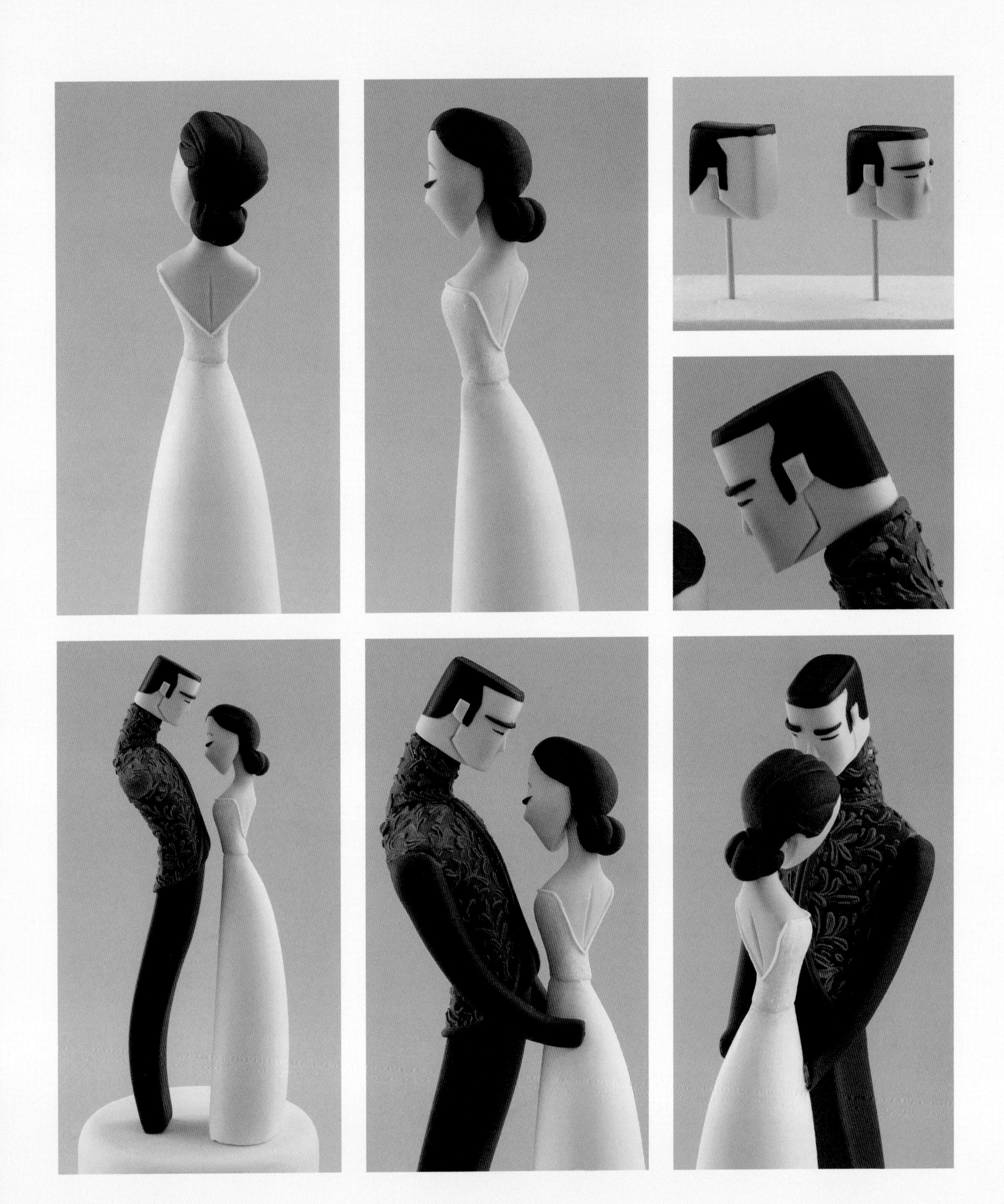

娘的右臂略微弯折后固定在身体的另一侧，并将她的右手黏合固定在新郎的左手上。

花朵的制作方法

28. 将几根30号花艺铁丝剪成数段，在铁丝的顶端蘸上白色流动糖霜，然后将它们悬挂在花朵干燥架或类似的产品上倒置晾干。

29. 将少许白色糖花膏擀薄，然后用樱草花切模切出数枚小号和中号的花朵。将花朵放在海绵垫上，用中号球形塑形工具在花瓣边缘处轻轻滚动将它擀薄并柔化切痕。用手捏住花的底部并将花瓣略微对折重叠在一起。待花朵定形后，插入花蕊，使花瓣位于花蕊下面的位置，最后用无毒胶水将它们固定在一起后放置一旁彻底晾干。

大师建议

在你切出多枚花朵的形状后，将它们保存在涂有少许植物白油的食品级透明玻璃纸的下面，这样可以防止花瓣干燥得过快。在柔化花瓣的边缘时，确保每次只取出少数几只花朵进行修饰。

30. 将花朵按大小分成三束，用花艺胶带将它们分别缠裹在一起，用来装饰不同的蛋糕层。将几朵小花朵组成一个花束，然后用白色皇家糖霜将它固定在新娘的头发上。

蛋糕托板的装饰方法

31. 在工作台面上撒上少许玉米淀粉，然后将200克的白色高强度塑形膏擀成薄片。将它放置几分钟，直到表面结出一层硬壳。

32. 将500克的白色糖膏擀至1厘米的厚度，在表面刷上一层冷却后的开水，然后将高强度塑形膏薄片黏合在上面。将两层糖膏一并擀开至4毫米的厚度，并使表面呈现出皲裂的装饰效果。注意要将糖膏向各个方向擀开以使裂痕呈现出不规则的、更为自然的效果（见第175页）。

33. 在方形蛋糕托板上涂抹少许可食用胶水，然后将皲裂的糖膏覆盖在上面（见第41页）。用比萨滚轮切刀或锋利的小刀切除托板四周多余的糖膏，然后将白色丝带固定在托板的侧边作为装饰。将蛋糕托板放置隔夜晾干。

蛋糕的装饰方法

34. 用600克的白色糖膏为直径为20.5厘米的蛋糕包面（见第34页），并放置隔夜晾干。

35. 用玻璃珠大头针将镂空模板的4个角固定在蛋糕的侧面上。或者也可以用手将模板的4个角固定住。用抹刀将高硬度的白色皇家糖霜均匀地涂抹在镂空模板上，并确保覆盖住整个图案。用刮板刮去模板表面多余的糖霜，取出大头针，并小心地将模板移开。待糖霜干燥一段时间后，再在蛋糕其他的位置采用同样的方法进行装饰。

大师建议

如果你使用大头针固定镂空模板，一定要切记使用的数量，并在使用后将它们全部取下。

36. 用少许皇家糖霜将蛋糕固定在稍微偏离托板中心的位置上，然后在蛋糕中插入支撑杆（见第42页）。用皇家糖霜将摆放新人的聚苯乙烯泡沫假体固定在蛋糕的上面。在裱花袋内填入软硬度适中的白色糖霜，然后在每个蛋糕层的底部裱出一串圆珠作为装饰。将花束插在花托中，然后将花托分别固定在蛋糕层上。

特别注意：确保在蛋糕被食用之前，移去蛋糕上的人偶、花束和所有的内部支撑（蛋糕支撑杆和竹签）。

新郎新娘饼干

根据第18页的配方，使用直径为6厘米的圆形切模切出饼干的形状。共烤制30个香草味的新娘饼干和30个巧克力味的新郎饼干。

制作新娘饼干时，在裱花袋中装入1号裱花嘴，并在袋中填入软硬度适中的白色皇家糖霜，用糖霜在饼干上裱出外轮廓线。将糖霜稀释至流动状态。在裱花袋中装入2号裱花嘴后灌入流动糖霜，然后用流动糖霜填充饼干的表面（见第30页）。将饼干放置一旁晾干。

用1号裱花嘴和软硬度适中的白色皇家糖霜在每个饼干的边缘线上裱出一圈珠串装饰，然后将它们晾干。采用第159页的方法，用白色糖花膏制作出数枚花朵。待花朵干燥后，用白色糖霜将花朵固定在饼干稍微偏离中心的位置上。

制作新郎饼干时，采用与制作新娘饼干相同的方法，用深赤陶色皇家糖霜在饼干上裱出外轮廓线并填充饼干的表面。待糖霜干燥后，用板栗棕色的软硬度适中的糖霜和1号裱花嘴在饼干上裱出与新郎上衣相同的花纹。

温柔的巨人

虽然维京人通常被描绘成凶狠而无情的战士，但是，这个温柔的巨人似乎正享受着一个人的钓鱼之旅所带来的安然和宁静。这款蛋糕设计运用了多种纹理技巧，将这一海盗的形象做得栩栩如生。

可食用材料

直径14厘米，高16.5厘米的圆形蛋糕，已经填充好馅料并封好蛋糕坯（见第34页）

Squires Kitchen糖膏：

- 600克白色
- 200克板栗棕色（在白色的糖膏中添加少许宽叶香蒲和金莲花色膏进行调色）
- 350克浅棕色（在白色的糖膏中添加少许宽叶香蒲和泰迪棕色膏进行调色）
- 100克赤陶色（在白色的糖膏中添加少许赤陶色色膏进行调色）
- 100克黑色

Squires Kitchen糖花膏（干佩斯）：

- 10克黑色
- 100克深棕色（在白色的糖花膏中添加少许宽叶香蒲色膏进行调色）
- 100克橙色（在白色的糖花膏中添加少许赤陶和金莲花色膏进行调色）
- 400克肤色（在白色的糖花膏中添加少许金莲花和泰迪棕色膏进行调色）

Squires Kitchen高强度塑形粉：

- 300克浅棕色（在白色的高强度塑形粉中添加少许泰迪棕色膏进行调色）

Squires Kitchen皇家糖霜粉：

- 100克深赤陶色（在白色的皇家糖霜中添加少许赤陶和宽叶香蒲色膏进行调色）
- 20克浅蓝色（在白色的皇家糖霜中添加少许绣球花色膏进行调色）

Squires Kitchen可食用专业复配着色膏：宽叶香蒲（深棕色）、赤陶、绣球花，金莲花和泰迪棕

Squires Kitchen可食用专业复配着色色粉：浅杏色

Squires Kitchen可食用专业复配着色液体色素：宽叶香蒲（深棕色）和罂粟红

Squires Kitchen金属珠光色粉：黄铜色和深黄铜色

工器具

基础工具（见第6~7页）

直径35.5厘米的圆形蛋糕托板

圆形蛋糕卡纸托：直径8厘米和15厘米

薄卡纸，如谷物早餐盒子或蛋糕盒

大号锯齿刀

崭新的硬毛刷

吸管

圆形切模：直径分别为1.5厘米、8厘米和9厘米

大号草丛裱花嘴

18号花艺铁丝：白色

黑色丝带：1.15米×15毫米（宽）

模板（见第256~257页）

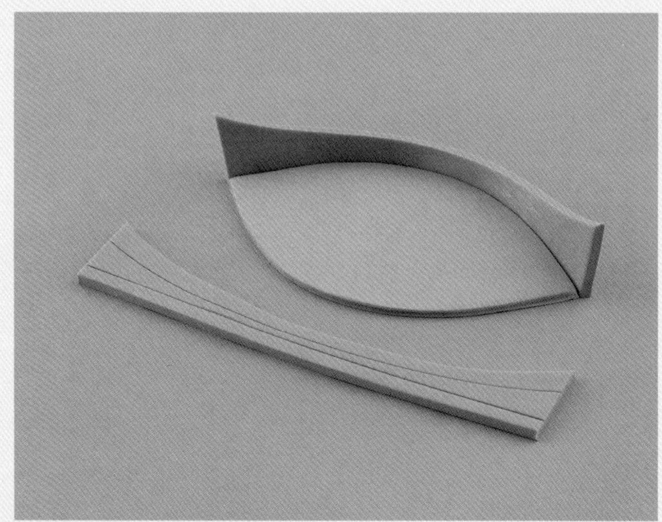

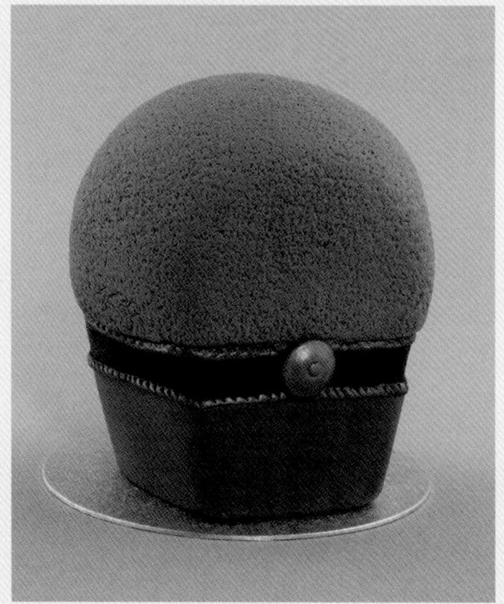

模板

1. 将所有的模板拓印在薄卡纸上，然后用剪刀或者工具刀裁出形状。

蛋糕托板的装饰方法

2. 将400克的白色糖膏分成三份，加入不同剂量的绣球花食用色膏将它们分别调染成深浅不同的蓝色，然后将这三种颜色的糖膏揉成不同粗细的香肠的形状。将200克的白色糖膏擀成一个薄片，然后将3个香肠形糖膏深浅交替地摆放在上面。将糖膏擀到与蛋糕托板相同的尺寸，并使糖膏的颜色融合在一起形成大理石纹路的装饰效果。用大理石纹糖膏覆盖蛋糕托板（见第41页），然后将黑色丝带固定在托板的侧边作为装饰。

小木船的制作方法

3. 将150克的浅棕色高强度塑形膏擀至6毫米的厚度，根据模板切出小木船底板的形状。另取少许高强度塑形膏擀至同样的厚度，然后切出小木船侧面的船板的形状。用刀刃在侧面船板上划出一道直线和一道曲线作为装饰，但注意不要切断糖膏。在底部涂抹少许可食用胶水，然后将木船侧面的船板与船底黏合在一起，最后用可食用胶水将糖膏在船头和船尾的接缝处黏合固定在一起。

4. 将少许高强度塑形膏擀至6毫米的厚度，然后切出小木船的船头和船尾的装饰物。用刀刃在装饰物上划出纹理线条，使它们看起来更有木头的质感。用中号球形塑形工具在装饰物顶部的正反两面分别按压出一个凹痕。待干燥后，用经软化的浅棕色高强度塑形膏将它们分别固定在船的两端。

维京海盗的塑造方法

身体

5. 用竹签将模板A固定在蛋糕的侧面上。按照模板，先用锯齿刀将蛋糕的正面裁平，然后将蛋糕的顶部和背面修成模板的形状。对形状感到满意后，将模板A移开。将模板B固定在蛋糕的正面，再次按照模板的形状修剪蛋糕。在一个直径为8厘米的蛋糕卡纸托上涂抹少许巧克力酱或奶油霜，将蛋糕固定在卡纸托上，然后为蛋糕抹面。

大师建议

这个卡纸托在支撑蛋糕的同时，也方便你稍后将蛋糕移到小木船中。

裤子

6. 将150克的板栗棕色糖膏擀至约4毫米的厚度，然后将它切成一个宽4厘米的、长度足以围裹住蛋糕底部的长条形。再将少许黑色的翻糖膏擀至同样厚度，然后切出一个宽2厘米的长条形。将黑色长条形糖膏黏合在棕色长条形糖膏的顶部，使它们合成一片，然后将它轻轻地卷起来。一边将糖膏卷慢慢展开一边将它围裹在蛋糕的底部，先从背面开始，围裹的同时注意要用手掌将糖膏抚平并将它黏合在蛋糕上。将长条形糖膏的两端在背后相接，切掉接缝处多余的糖膏，然后用蛋糕抹平器将接缝处打磨平整光滑。

衬衫和腰带

7. 将350克的浅棕色糖膏擀至约4毫米的厚度，然后用它覆盖住蛋糕的顶部（见第34页）。用手的侧面按压糖膏将它黏合在黑色糖膏（即腰带）的上方，然后用锋利的小刀裁去多余的部分。用一个崭新的硬毛刷的刷头轻轻地按压糖膏，从而为表面增添纹理。

8. 将浅棕色的糖膏揉成两根非常细的香肠形，然后将它们分别黏合在腰带的上面和下面的位置。用尖头塑形工具的尖端在香肠形糖膏上按压出一圈纹路为其增添质感。

9. 制作腰带扣时，将少许浅棕色翻糖膏揉成一个小圆球后再将它按平。将圆形糖膏黏合固定在腰带正中间的位置，然后用吸管的圆头在上面印出一个圆圈。在深黄铜色珠光色粉中滴入几滴无色透明酒精后混合均匀，然后用细笔刷蘸取混合色液为腰带扣和腰带上下两条细边上色。

颈部

10. 将肤色糖花膏和橙色糖花膏分别揉成一个香肠形，将它们黏合在一起后用蛋糕抹平器按压至大约1.5厘米的厚度。用锋利的小刀将双色糖膏切成边长大约为3.5厘米的正方形。用可食用胶水将正方形糖膏黏合在身体正面比较靠上的位置，注意橙色的一端朝上。将

一根蛋糕支撑杆从颈部中间的位置插入到身体里，注意在末端留出一段支撑杆用于稍后连接头部。

头部

11. 参照模板的尺寸，将50克的肤色糖花膏揉成一个梨形。用直径为1.5厘米的圆形切模在脸的上半部分印出两条弧线作为微闭的双眼。用同一切模再在眼睛下面的位置印出两道弧线作为眼袋。用尖头塑形工具的圆润的一端轻轻按压弧线下方的糖膏，从而使眼袋的形状更为突出。使用切割工具的边缘在每只眼睛的上方刻出眉毛的印记。用锋利的小刀将头部的顶端削平，这样可以使头盔更为稳固地固定在头顶。

12. 制作鼻子时，将5克的肤色糖花膏揉成一端稍细的香肠形。按压顶部和侧边形成方形的鼻梁，同时塑造出鼻尖的形状。用小刀在鼻子顶部压出一道痕迹用以区分鼻梁与鼻尖。用小号球形塑形工具按压鼻子的末端做出鼻孔。用可食用胶水将鼻子黏合到两眼之间的位置，然后将鼻子顶端用小刀削平。

13. 用软毛刷蘸取少许浅杏色食用色粉为脸颊上色。将少许深棕色糖花膏揉成两个两头尖的细小的香肠形，将它们分别黏合在眼皮上作为睫毛。将头部放置一旁晾干。

14. 待头部定形后，将大约40克的橙色糖花膏塑造成一个长方形用来制作胡须。用直径为9厘米的圆形切模在长方形糖膏的上半部切出一个半圆形。将胡须黏合在脸的下半部，注意摆放好胡须的位置，使两侧的尖角恰好可以作为鬓角。用尖头塑形工具尖端的侧边在胡须上压出数条竖线为其增添纹路。

15. 制作小胡子时，将橙色糖花膏揉成两个两头尖的香肠形，然后将它们分别黏合在鼻子的下面，使它们看起来像是从鼻孔里面冒出来的一样。用尖头塑形工具尖端的侧边在胡须上压出纹路。

16. 制作耳朵时，按照第51页的制作方法将少许肤色糖花膏揉成2个水滴形，然后用可食用胶水将它们分别黏合在头部的两侧。

头盔

17. 将15克的深棕色糖花膏塑造成一个直径与头顶大小相同的半球形。再取少许深棕色糖花膏并将它擀至5毫米的厚度，在糖膏上切出一条宽1厘米的长条形和一个长的楔形。将长条形糖膏围裹在头盔的边缘处，并将楔形糖膏黏合在头盔的顶部。最后用竹签的尖头在楔形糖膏上扎出几个洞作为装饰。

18. 在制作头盔上的角时，先将深棕色的糖花膏揉成两个长8厘米的圆锥形。用尖头塑形工具在圆锥体中间的位置压住一道凹痕，然后将糖膏弯折成将近90°。将角的尖端向外弯折，然后用尖头塑形工具的边缘在角上压出数道纹路线。最后在两个角的粗的一端分别插入一根牙签后将它们放置一旁晾干。

19. 将角插入到头盔的两侧并用经软化的深棕色糖花膏将它们粘牢。在深黄铜色珠光色粉中滴入几滴无色透明酒精后混合均匀，然后用细笔刷蘸取混合色液为头盔上色。用黄铜

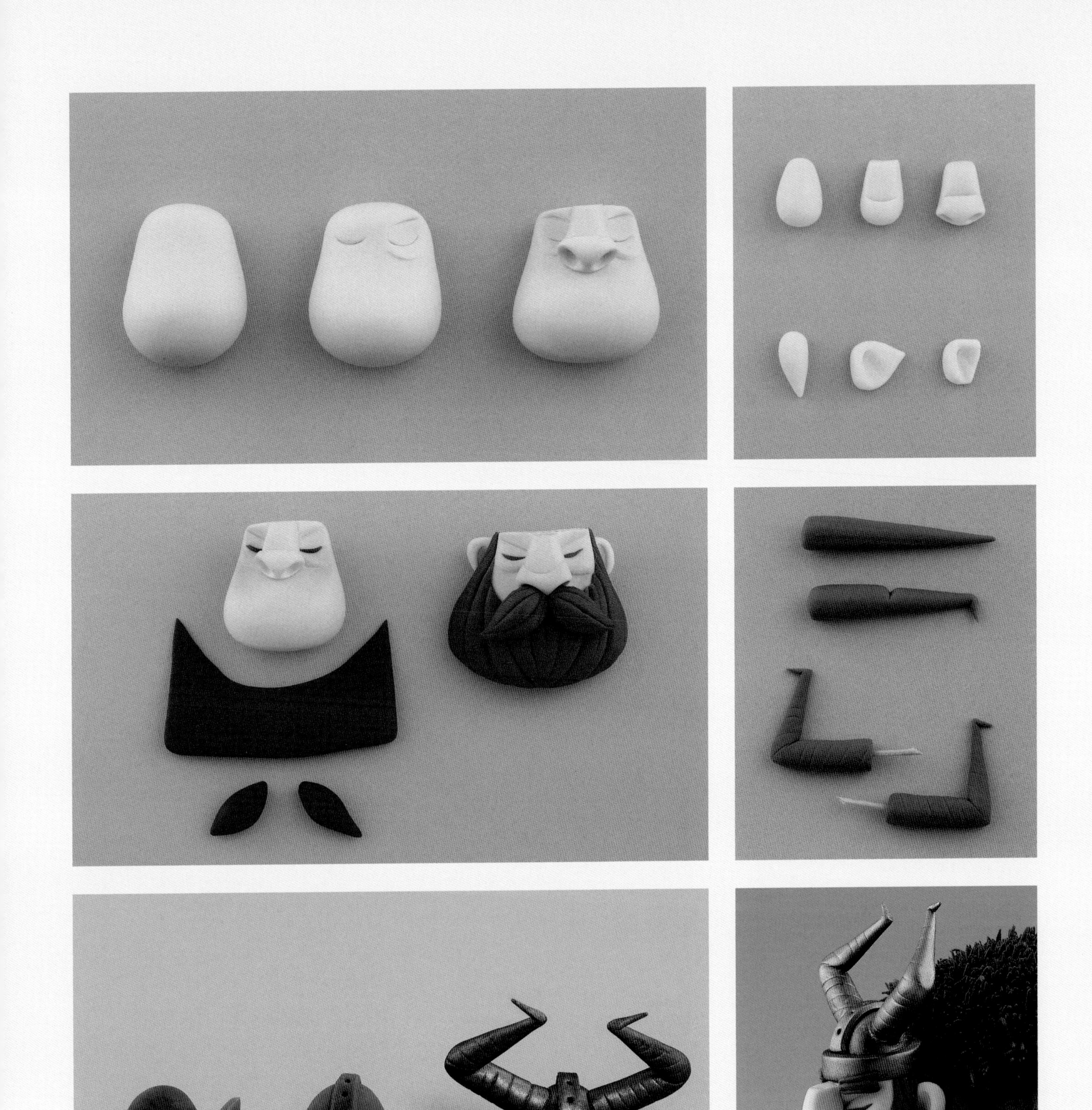

色粉与无色透明酒精的混合色液为角上第二层颜色并为其增加高光。将头部插入到颈部位置的蛋糕支撑杆的上面，然后用经软化的肤色糖花膏加以固定。

胳膊

20. 将150克的肤色糖花膏揉成一个鸡腿的形状。用手的侧面在鸡腿形糖膏中间的位置上轻轻擀压，以区分出大臂和小臂。在手肘处做出一个标记，将手肘的内侧略微润湿后将它弯折成直角。将胳膊黏合在身体的右侧，轻压肩膀，在固定胳膊位置的同时进行进一步地塑形。将一块海绵垫在胳膊和手的下面作为支撑直到彻底干燥定形。

21. 采用同样的方法做出左臂，将它固定在身体的另外一侧，并将左手搭在右手的上面。用尖头塑形工具在手部划出手指的纹路。

22. 将板栗棕色翻糖膏擀成薄片，然后用崭新的硬毛刷的刷头在糖膏上戳出纹理。用毛刷将糖膏的边缘撕扯成不规则的形状。用直径为8厘米的圆形切模在糖膏上切出两个半圆形，然后将它们分别黏合在肩膀处作为装饰。

头发

23. 将少许橙色糖花膏揉成一个鸡腿的形状，然后将它稍稍按平。用尖头塑形工具在糖膏上划出数条直线，然后用剪刀在糖膏细的一端剪出松散的发丝。采用相同的方法制作出另外一个与它对称的发辫。

24. 将板栗棕色翻糖膏擀薄后切出两个细长条的形状，将细长条形的糖膏分别围裹在辫子中间的凹陷处当作发带。将橙色糖花膏揉成一个细长条的形状，然后将它黏合在头顶的位置，用尖头塑形工具在糖膏上划出平行的线条为它增添纹理。最后用经软化的橙色糖花膏将两条猪尾辫固定在头部的两侧。

毛皮披肩

25. 将100克的赤陶色糖膏擀薄后徒手切出一个一端为直边的叶片的形状。将叶片形糖膏黏合在身体的顶部，注意直边的一端朝向颈部。

26. 在一个大号裱花袋中装入草丛裱花嘴，然后在袋中填入100克的深赤陶色高硬度皇家糖霜。在赤陶色糖膏上裱满矮簇的糖霜以达到皮毛的装饰效果。最后用深赤陶色皇家糖霜将头盔黏合固定在头顶处。

> **大师建议**
>
> 当你希望调染出较深的颜色时，建议提前几小时对糖霜进行染色，这样可以使其更加显色。在使用前记得再次将糖霜搅打到适合的使用状态。

钓鱼竿的制作方法

27. 将一根18号花艺铁丝剪为12.5厘米的长度，然后在上面涂抹一层可食用胶水。将一个深棕色糖花膏小球穿在铁丝上，然后用手掌将它擀成一个一头细的圆锥形，注意在粗的一端留出一段铁丝。将糖膏放置一旁彻底晾干。

组装

28. 用浅蓝色皇家糖霜或是经软化的糖膏将小木船固定在蛋糕托板正中间的位置。将人物摆放在小木船里并采用同样的方法将它固定好位置。将从鱼竿中穿出的铁丝插入到海盗的手中，并用经软化的肤色糖花膏将它粘牢。

29. 将少许黑色糖花膏擀薄，然后从中切出一根非常细的长条的形状，将长条形糖膏摆成一条弯曲的弧线侧放晾干。待干燥后，用经软化的棕色糖花膏将这条鱼线黏合在钓鱼竿的顶端。

> **大师建议**
>
> 因为鱼线非常细，我建议多做出一根备用，以防在组装时折断。你也可以选择使用一根细的甘草根来代替糖膏，甘草根更有弹性且不易在运输途中折断。

30. 在纸质裱花袋中装填入浅蓝色的流动糖霜，并在裱花袋的尖端剪出一个小口，然后在小木船的周围和鱼线入水的位置裱出几道涟漪。

特别注意：请确保在食用蛋糕前移去所有内部支撑（包括蛋糕支撑杆和牙签）和鱼竿。

> **大师建议**
>
> 如果希望用可食用材料制作鱼竿，你可以用Mikado品牌的巧克力饼干作为替代。

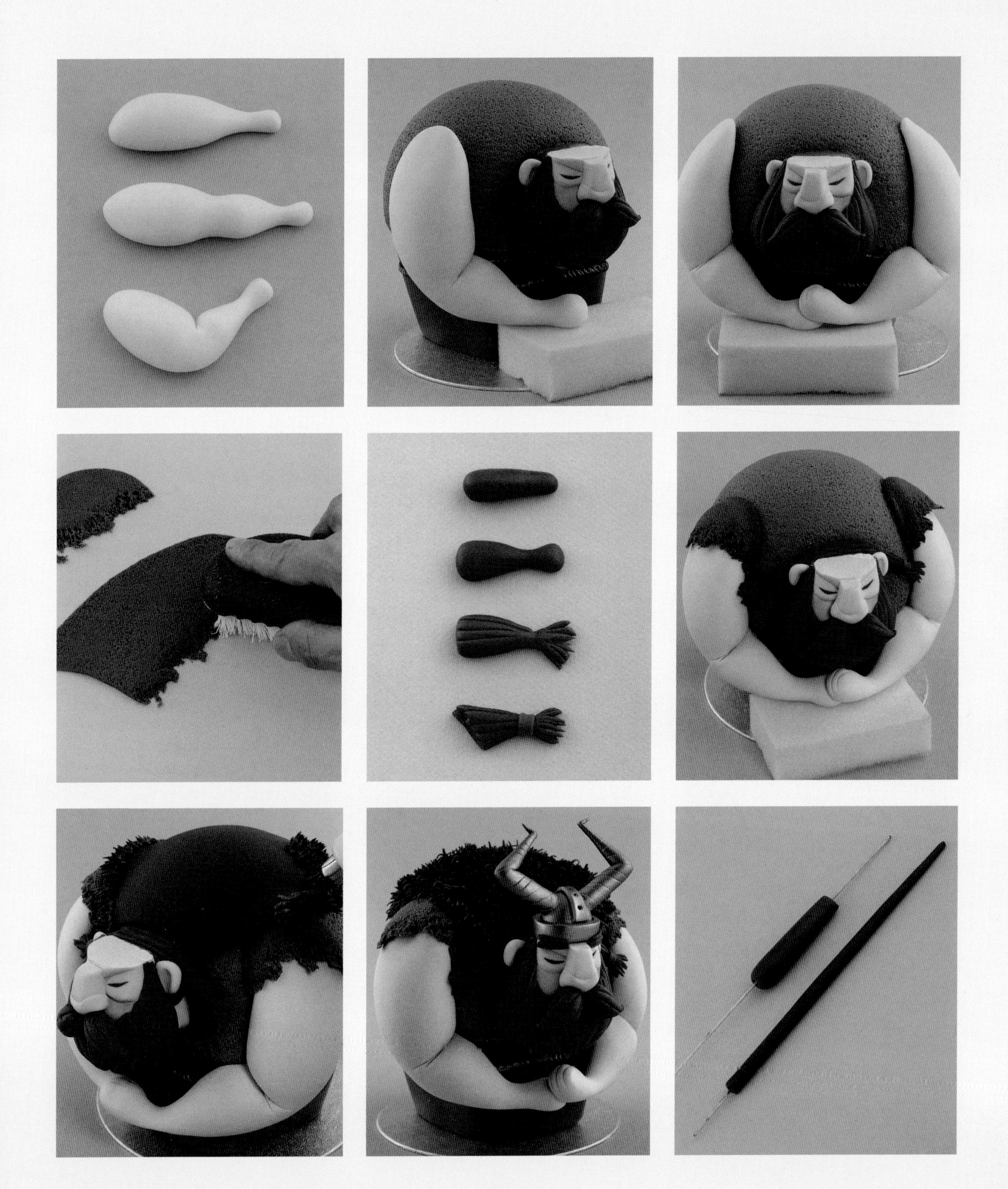

鱼形饼干

用白色皇家糖霜和鱼眼的模板在一张食品级透明玻璃纸上裱出数枚鱼的眼睛（见第30页），并将它们晾干。

根据第18页的配方做出饼干面团，然后根据第256页的模板切出25个圆形或35个半圆形的鱼形饼干，并将它们烤制成熟。

制作圆形鱼饼干时，先将少量的软硬度适中的皇家糖霜调染成泰迪棕的颜色。在裱花袋中装入1号裱花嘴，在袋中填入棕色皇家糖霜后在饼干上裱出外轮廓线。将糖霜稀释至流动状态。在裱花袋中装入2号裱花嘴后灌入流动糖霜，然后用流动糖霜填充饼干的表面（见第30页）。将饼干放置一旁晾干。

用棕色流动糖霜和1号裱花嘴在饼干上裱出波浪线和斑点作为鳞片，然后将它们彻底晾干。在银色、古董金色和紫铜色金属珠光色粉中滴入几滴无色透明酒精后混合均匀，用软毛刷蘸取混合色液为饼干上色，使它们呈现出亮闪闪的装饰效果。用皇家糖霜将鱼的眼睛黏合在饼干上，最后用雪绒花（白色）色膏在瞳孔上点出高光。

将棕色皇家糖霜替换成罂粟花（红色），然后采用相同的方法装饰半圆形的鱼饼干。在金色和紫铜色金属珠光色粉中滴入几滴无色透明酒精后混合均匀，然后将混合色液喷溅在饼干上作为装饰。

亡灵之夜

这款令人毛骨悚然的蛋糕造型不仅是万圣节的首选，也是送给每一个恐怖电影超级粉丝的完美生日礼物！这个设计中的色彩与阴影的运用技法复杂而微妙，明暗区域的强烈对比使僵尸看起来像是被月光笼罩一样的阴森恐怖。

可食用材料

边长15厘米，高7厘米的正方形蛋糕，已经填充好馅料并封好蛋糕坯（见第34页）

Squires Kitchen糖膏：

- 350克深蓝色（在白色的糖膏中添加少许紫藤色膏进行调色）
- 1千克浅蓝色（在白色的糖膏中添加少许冰蓝色膏进行调色）

Squires Kitchen糖花膏（干佩斯）：

- 50克黑色
- 20克森林绿色（在白色的糖花膏中添加少许深森林色膏进行调色）
- 5克冰蓝色（在白色的糖花膏中添加少许冰蓝色膏进行调色）
- 100克非常浅的蓝绿色（在白色的糖花膏中添加微量蓝草色膏进行调色）
- 5克浅黄色（在白色的糖花膏中添加微量向日葵色膏进行调色）
- 5克圣诞红色（或是在白色的糖花膏中添加圣诞红色膏进行调色）
- 5克淡米黄色（在白色的糖花膏中添加少许板栗棕色膏进行调色）
- 55克白色
- 50克黄绿色（在冬青绿糖花膏中添加微量向日葵色膏进行调色）

Squires Kitchen高强度塑形粉：

- 50克森林绿色（在白色的高强度塑形膏中添加少许深森林色膏进行调色）
- 300克浅蓝色（在白色的高强度塑形膏中添加微量冰蓝色膏进行调色）
- 100克浅绿色（在白色的高强度塑形膏中添加微量阳光青柠色膏进行调色）
- 50克白色（未染色）

Squires Kitchen皇家糖霜粉：

- 100克浅蓝色（在白色的皇家糖霜中添加微量冰蓝色膏进行调色）

Squires Kitchen可食用专业复配着色膏：蓝草、冰蓝、圣诞红、向日葵、深森林、乌黑和阳光青柠

Squires Kitchen可食用专业复配着色色粉：蓝草、雪绒花（白色）、浅绿色和砖红色

Squires Kitchen可食用专业复配着色液体色素：绣球花和紫藤

Squires Kitchen专业级食用色素笔：黑色

Squires Kitchen品牌CMC粉

工器具

基础工具（见第6~7页）

边长10厘米，高5厘米的正方形聚苯乙烯泡沫假体

边长23厘米的方形蛋糕托板

边长15厘米的方形蛋糕卡纸托

比萨滚轮切刀

备用的聚苯乙烯泡沫假体

24号花艺铁丝：白色

平头的一端细的造型工具

圆形切模：直径1.5厘米

小号叶子切模

带纹理的不粘擀棒，如莫代尔塔夫绸

深蓝色丝带：60厘米×15毫米（宽）

模板（见第257~258页）

聚苯乙烯泡沫基底的装饰方法

1. 在工作台面上轻轻撒上一层玉米淀粉，将50克的浅蓝色高强度塑形膏擀成薄片，然后将它晾放几分钟直到表面形成一层硬壳。

2. 将200克的浅蓝色糖膏擀至1厘米的厚度，在糖膏的表面刷上一层冷却后的开水，然后将高强度塑形膏薄片黏合在糖膏的上面。将两层糖膏一起擀至4毫米的厚度直到表面呈现皲裂的效果。注意将两片糖膏作为一个整体向各个方向擀开，这样可以使裂纹看起来更加不规则，从而体现出更为自然的装饰效果。

3. 用少许可食用胶水润湿正方形聚苯乙烯泡沫假体，然后用皲裂的糖膏进行包面（见第42～43页）。用滚轮切刀切下底部多余的糖膏。将切下来的糖膏塑造成数个小块岩石的形状，然后将它们黏合在泡沫假体的边缘处。将泡沫基底放置几个小时晾干。

4. 在为基底上色时，你既可以使用喷枪，也可以采用第54页介绍的喷溅的上色技巧。将绣球花液体色素均匀地喷涂在基底上作为底色。然后在蛋糕假体的底边上喷涂薄薄的一层紫藤色液体色素，注意颜色由下向上逐渐变浅。将上好颜色的基底放置一旁晾干。

大师建议

如果你没有喷枪设备或是缺少使用喷枪的信心，你仍然可以通过喷溅的上色方法达到满意的装饰效果。如果你愿意尝试，也可以把喷枪和喷溅技巧结合在一起为基底上色。

树根的制作方法

5. 将几块白色高强度塑形膏分别揉成粗的香肠的形状，然后再将一端揉细。将较细的一头塑造成卷曲的树根的形态。待树根干燥后，用喷枪或喷溅技巧在表面喷涂薄薄的一层紫藤色液体色素。将树根放置一旁晾干。

僵尸的塑造方法

腿部

6. 将25克的森林绿色高强度塑形膏揉成一个粗的香肠的形状，然后将它平分成两半。用可食用胶水将一根竹签蘸湿，然后将它竖着穿入到其中的一个香肠形糖膏中。用手掌将香肠形糖膏沿着竹签擀长，并将其中的一端逐渐擀细，直到长度和腿部模板的尺寸一致。用锋利的小刀在粗的一端切出一个斜角。采用同样的方法制作出另一条腿，然后将它们竖直地插入到备用的聚苯乙烯泡沫假体上晾干（这样可以避免将腿部的侧面压平）。

躯干

7. 将80～85克的浅绿色高强度塑形膏揉成一个一端略细的粗的香肠的形状。将香肠形糖膏的一侧在台面上稍微压平，然后用小刀把底面削平。将躯干部放置隔夜晾干。

鞋子

8. 将10克的黑色糖花膏揉成香肠形后平分成两半。按照模板的形状将两段糖膏分别揉成长的圆锥形，然后用蛋糕抹平器或手掌的底部将圆锥形糖膏稍稍按平。用竹签在鞋子粗端的顶部戳出一个洞以便稍后插入腿部。将鞋子放置一旁晾干。

9. 将从腿底部穿出的竹签插入到鞋子中，然后用经软化的森林绿色高强度塑形膏将它们黏合固定在一起。去除多余的糖膏使成品看起来更加整洁。将两条腿分别插入到备用的聚苯乙烯泡沫假体上干燥定形，注意要将两只脚岔开一定的距离，并将鞋尖向内摆出内八字的姿态。

骨盆

10. 根据模板将15克的森林绿色高强度塑形膏塑造成骨盆的形状，并确保它与躯干的厚度一致。将骨盆插入到从腿部顶端穿出的竹签上，并用可食用胶水固定好位置。将骨盆放置隔夜或直到彻底晾干。

大师建议

你可能需要修剪从左腿顶部穿出的竹签的长度，以便于安放盆骨的位置。然而，你还需确保在右腿的顶端留出足够长的竹签以支撑躯干部。

11. 将躯干插入到从骨盆上穿出的竹签上，并用经软化的森林绿色高硬度塑形膏加以固定。

大师建议

躯干部经过隔夜干燥，外层已经干燥定形，但内部应该依旧保持柔软，可以轻松地插入竹签。

腰带

12. 将黑色糖花膏擀薄，然后切出一根细长条的形状，用可食用胶水将长条形糖膏黏合在上身和骨盆的连接处作为腰带。在制作腰带扣时，先在黑色糖花膏上切出一个小而薄的长方形，然后再在浅米黄色糖花膏上切出一个更小的长方形，将小的长方形糖膏黏合在大的长方形糖膏的上面。用可食用胶水将腰带扣固定在腰带的正前方。然后将身体造型放置隔夜晾干。

左臂

13. 将15克极浅的蓝绿色糖花膏揉成一个香肠的形状。将一根24号花艺铁丝剪成16.5厘米的长度，然后在上面涂抹一层可食用胶水。在香肠形糖膏中穿入铁丝，然后用手掌沿着铁丝将糖膏擀开。将一端的糖膏擀得略细，并超过铁丝的长度，直到与模板的长度大致相同。确保末端的糖膏里不含铁丝用以制作左手的形状：将糖膏按平后在一侧切出一个V字形作为大拇指，然后用小刀在手上切出其余的手指的形状。

14. 用尖头塑形工具在手腕处做出一个标记，然后将手向下弯折并使拇指向上翘起，如图所示。在手指上做出标记，然后将手指向内弯折成90°。最后用蛋糕抹平器将胳膊压方。

特别注意：由于该人物造型的胳膊又长又细，因此需要使用花艺铁丝作为内部支撑。鉴于铁丝为非食用材料且有造成窒息的危险，因此要确保在食用蛋糕前先去除蛋糕顶部的所有装饰物。

右臂

15. 采用与左臂相同的制作方法，将24号花艺铁丝插入到极浅的蓝绿色的香肠形糖花膏中，然后用手掌沿着铁丝将糖膏擀开。将靠近手腕的一端擀得略细，并确保有一段铁丝从糖膏的末端穿出。在距离手腕1/3长度的位置用手指将糖膏揉得略细做出肘部。用蛋糕抹平器将胳膊压方。用剪刀钳住手肘内侧的铁丝，然后用另外一只手将小臂弯折为45°。

16. 用双手的食指将手肘处的糖膏捏合在一起，并抹平剪刀留下的痕迹，然后将胳膊侧放晾干。采用与左手相同的制作方法，用极浅的蓝绿色的糖花膏制作出右手的形状，然后将它放置一旁晾干。

头部

17. 将少许浅黄色的糖花膏擀薄，然后用锋利的小刀切出3颗大小不同的长牙齿的形状，将它们放置一旁晾干。稍后会将这3颗牙齿固定在下颌处。

18. 将40～45克的极浅的蓝绿色糖花膏揉成一个梨形。将梨形糖膏较宽的一端稍微按平，然后按压糖膏的两侧将它塑造成模板中头部的形状。

19. 制作嘴巴时，用手固定住头的两侧，然后用一个平头的、一端粗的塑形工具向下按压脸部下半部分的糖膏，在塑造出嘴巴的形状的同时也突出了下颌。

20. 用一个小号球形塑形工具在脸的中线处压出两个眼窝。用手指捏住两眼之间的糖膏的同时用另一个手指将糖膏向上推，从而做出鼻子的形状。用小号球形塑形工具在鼻子底部按压出鼻孔。用尖头塑形工具较为圆润的一端在鼻孔周围轻轻地按压，从而做出鼻翼的形状。然后用尖头塑形工具在鼻子两侧分别划出一道线以突出凹陷的脸颊，并在眼睛下面划出两条曲线作为眼袋。最后在眼睛上面划出一条水平线，并在上嘴唇上划出几道竖线作为皱纹。将头部放置一旁干燥定形。

21. 采用第51页的方法制作出两只耳朵，然后用可食用胶水将它们固定在头的两侧。

22. 在右眼窝处填入一个用极浅的蓝绿色糖花膏揉成的小圆球，然后用直径为1.5厘米的圆形切模在眼球上压出一条曲线。在左眼窝处填入一个用浅黄色的糖花膏揉成的小圆球。制作虹膜时，将少许圣诞红色糖花膏揉成一个小圆球，将它黏合在眼球上后用手指尖将它按平。制作瞳孔时，将微量的黑色糖花膏揉成一个小圆球，将它黏合在虹膜中央的位置后将它按平。

大师建议

虽然我在制作其他造型时通常会将眼球按平，我认为僵尸的眼睛应该凸出，从而进一步突出它面容的憔悴。

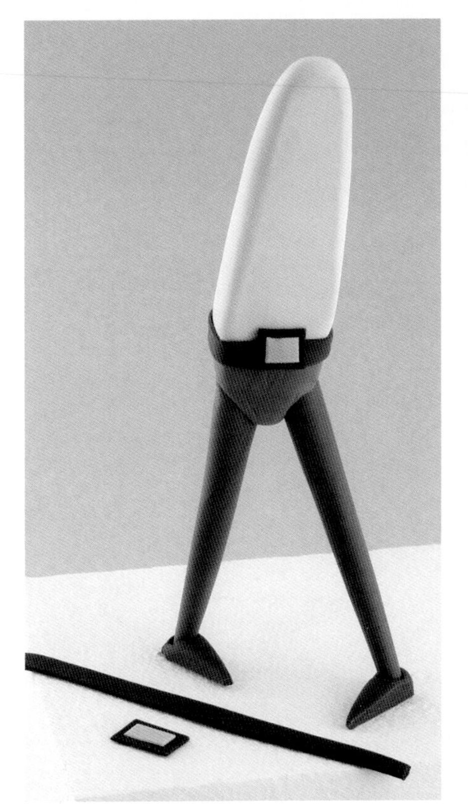
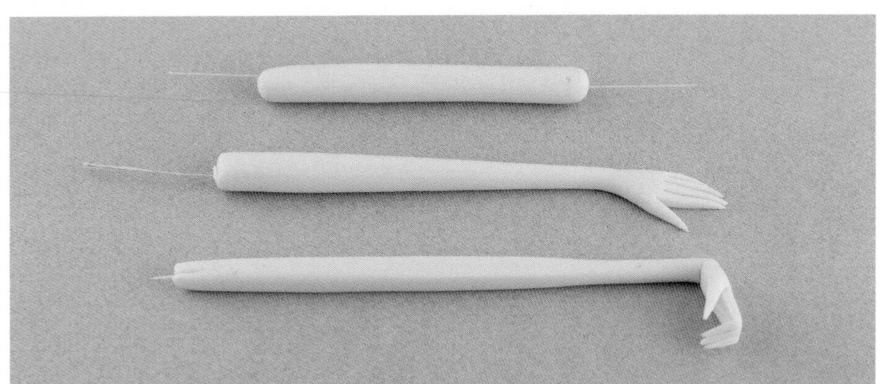
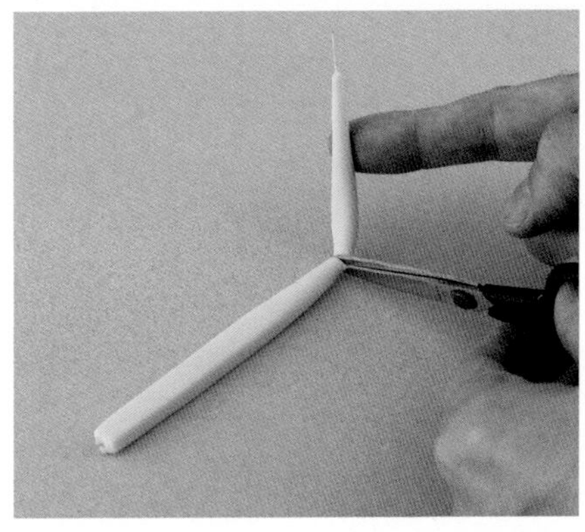
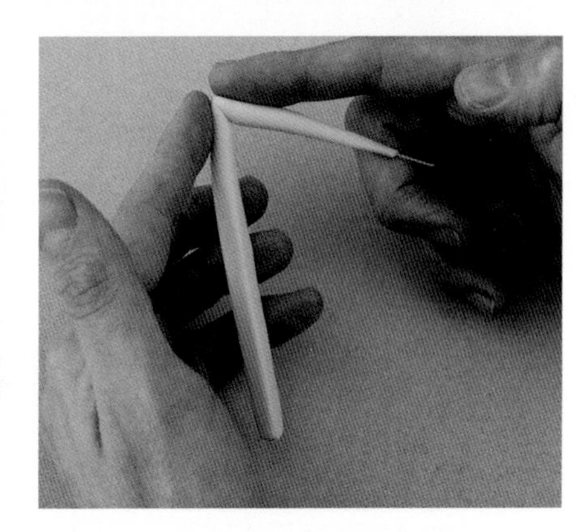
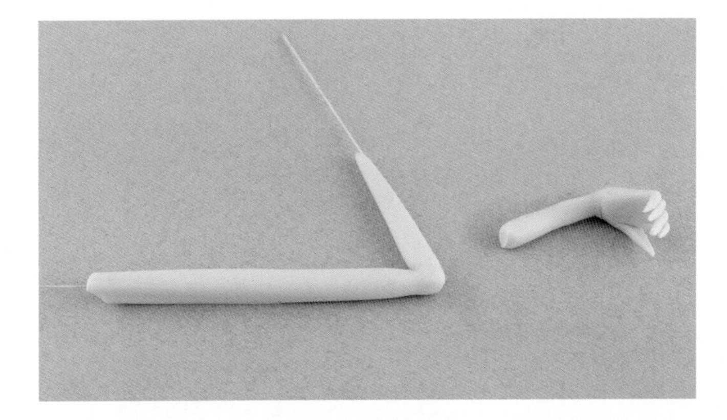
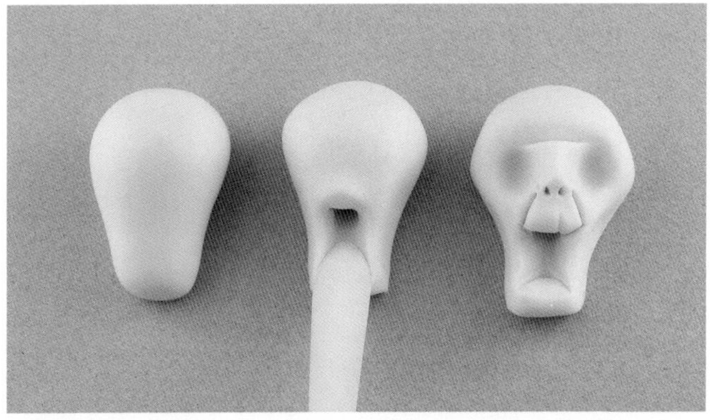
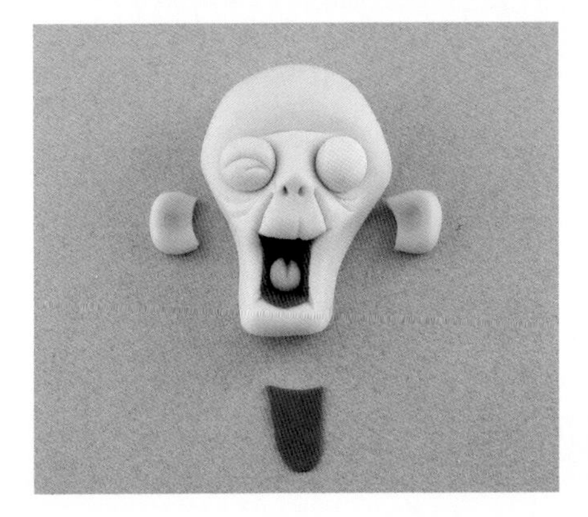
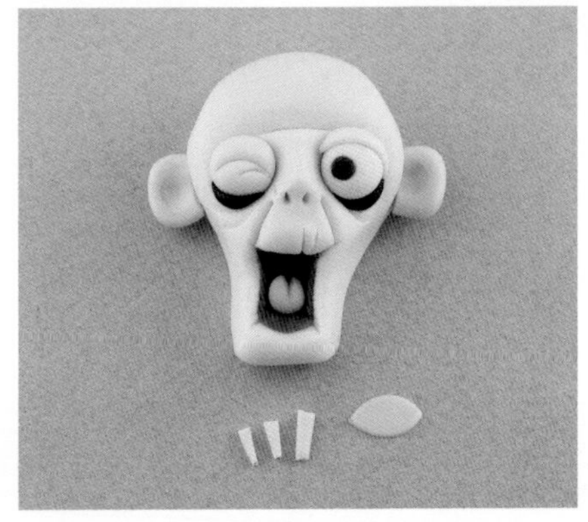
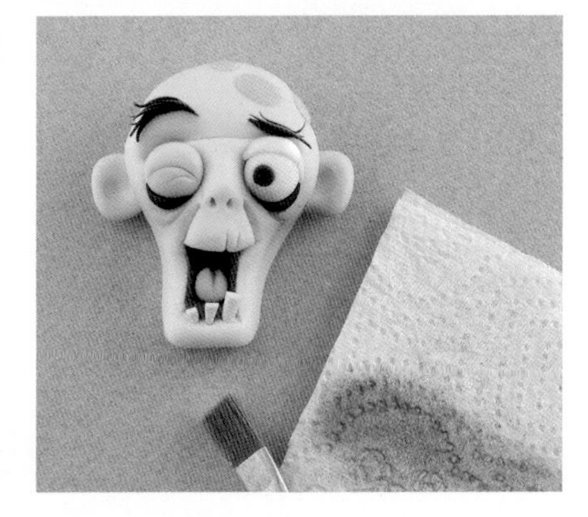

23. 为了使嘴部看起来更有深度，将少许冰蓝色糖花膏和微量的黑色糖花膏揉和在一起形成深蓝色。将深蓝色糖膏擀至非常薄，然后切出口腔的形状并将它黏合固定在嘴的内部。将少许冰蓝色糖花膏揉成一个椭圆形，用可食用胶水将它黏合在嘴里当作舌头，最后用尖头塑形工具在舌头的中间压出一条竖线。

24. 在制作左眼皮时，将少许极浅的蓝绿色糖花膏擀薄，用叶子切模切出一个小叶片的形状，然后将它黏合在左眼靠上的位置上。为了突出眼袋，将黑色糖花膏揉成两个两头尖的小的香肠形，然后将它们黏合固定在眼睛的下方。

25. 将三颗牙摆成一排，用可食用胶水将它们黏合固定在底部的牙床上。

26. 制作额头上的斑点时，将黄绿色的糖花膏揉成大小各异的3个小圆球的形状，分别将圆球形糖膏在台面上按平，然后用可食用胶水将它们黏合在头顶左侧的位置上。

27. 用软毛刷蘸取少许蓝草色食用色粉为脸颊、耳朵内侧和眼皮上方上色。然后用浅绿色色粉为额头、鼻尖和鼻子下方的区域上色。

28. 制作眉毛时，将黑色糖花膏揉成数个两头尖的细小的香肠形。先将一根细小的香肠形糖膏贴在眼睛上方的位置，注意右眼上方的眉毛要高于左眼上方的眉毛。然后将细小的香肠形糖膏陆续叠加组合在一起形成眉毛的形状。

29. 将15克的极浅的蓝绿色糖花膏揉成一个半球形，然后将它黏合在后脑处使头部的轮廓变得完整。在头部的底部插入一根竹签，然后将它竖直地插入到备用的聚苯乙烯泡沫假体中彻底晾干。

衬衫

30. 将少许黄绿色的糖花膏擀成一个薄片，然后按照模板切出衬衫的形状。用尖头塑形工具圆润的一端向下撕扯衬衫的底部，从而呈现出撕裂的效果。然后用小号叶子切模或小刀在衬衫上切出一个破洞以加强装饰效果。

31. 将衬衫覆盖在躯干部并用可食用胶水加以固定。将多余的糖膏集中在顶部后将它们小心地修剪掉，要确保糖膏将僵尸的驼背平整地包裹住。在制作颈部时，将15克的森林绿色糖花膏揉成一个水滴形，然后用可食用胶水将它黏合在躯干顶部正前方的位置。注意要将颈部固定在低于肩膀的位置以突出它的驼背。

袖子

32. 将少许黄绿色的糖花膏擀至非常薄，然后切出一个宽度足以包裹住胳膊的长条形。用尖头塑形工具圆润的一端将条形糖膏的底部扯碎。将糖膏围裹在胳膊的顶部并用可食用胶水将它粘牢，并确保将接缝处隐藏在胳膊的内侧。

33. 用经软化的黄绿色糖花膏将胳膊分别固定在身体的两侧，用一根竹签支撑弯折的胳膊直到它彻底干燥定形。在竹签和胳膊之间垫上一小块海绵以提供额外的支撑。

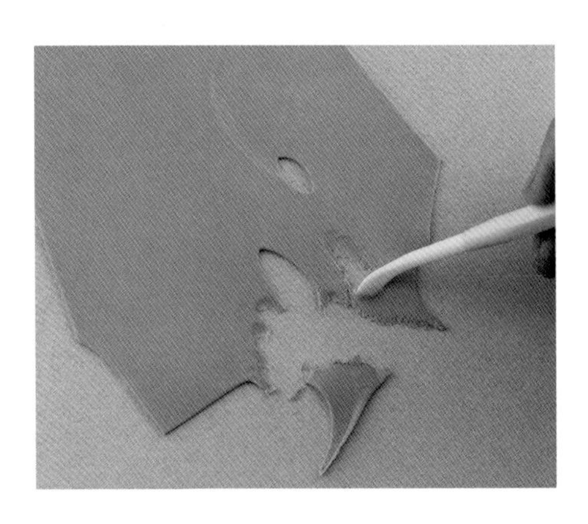

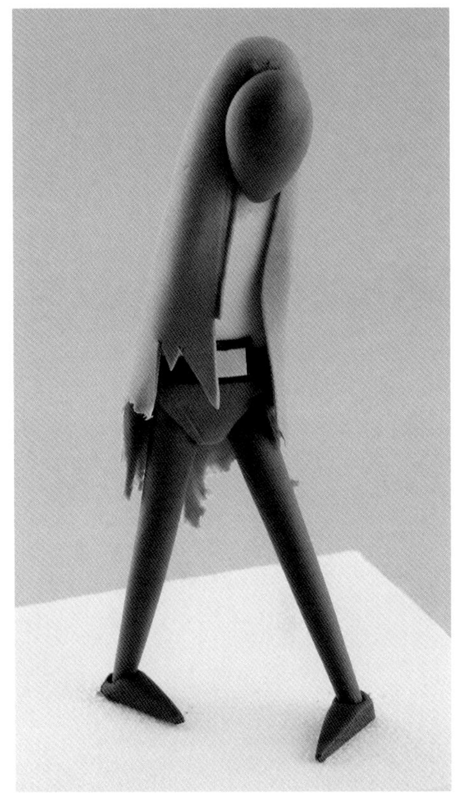

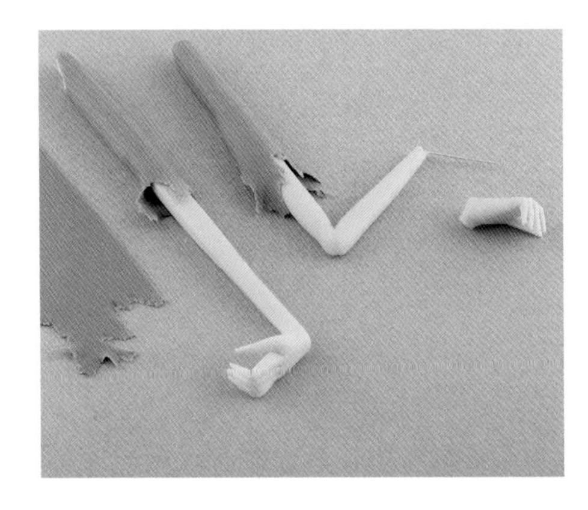

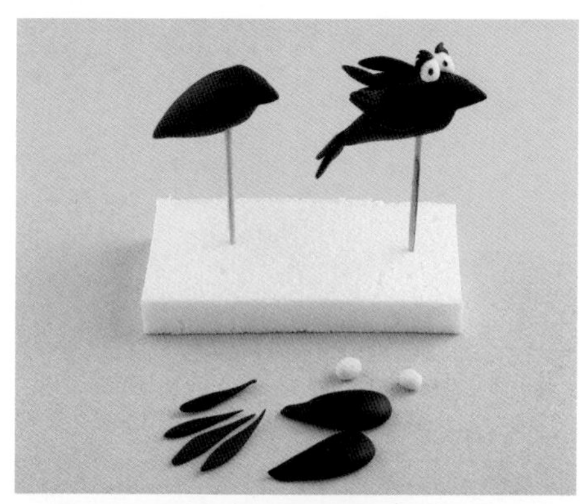

34. 将从右手腕中穿出的铁丝向下弯折，然后将右手小心地固定在铁丝上。用经软化的浅蓝绿色糖花膏将其粘牢并去除手腕处多余的糖膏。

35. 将一根牙签从颈部穿入躯干部。将森林绿色糖花膏搓出一个两头尖的细长条形，将细长条形糖膏围在颈部并将它黏合在衬衫的正面作为领子。将头部插在牙签上，然后用经软化的森林绿色糖花膏加以固定。用两根竹签支撑住头部直到彻底干燥定形：在竹签的顶端和下巴之间垫一小块干燥的糖膏，以防在下巴处留下印痕。

36. 用软毛刷蘸取少许砖红色色粉为衬衫和袖子的破碎的边缘上色。在鞋底涂抹少许经软化后的黑色糖花膏，然后将人物造型插入并固定在包好面的聚苯乙烯蛋糕假体上。在必要的情况下，可以将从鞋底穿出的竹签剪为与蛋糕假体相同的高度。

乌鸦的制作方法

37. 制作乌鸦的身体时，将15克的黑色糖花膏揉成一个两头尖的香肠形，将其中的一端向下弯折作为鸟嘴。将糖膏的顶部削平做出乌鸦的后背。将乌鸦的身体插入到一根牙签上，然后将牙签插入到备用的聚苯乙烯蛋糕假体上。最后用尖头塑形工具的尖端戳出鼻孔并在嘴的两边划出直线。

38. 制作翅膀时，将黑色糖花膏揉成两个长的水滴形，然后将它们略微按平。用尖头塑形工具在糖膏的一侧划出几条羽毛的纹路线。另取少许黑色糖花膏，然后将它揉成数个长而扁的水滴形作为零散的羽毛。将制作好的羽毛放置一旁晾干。将一根羽毛固定在翅膀的上方，然后用可食用胶水将另外的几根羽毛黏合在尾巴的位置上。

39. 制作眼睛时，将白色的糖花膏揉成两个小圆球的形状，然后将它们分别黏合在鸟嘴上方的位置上。用黑色食用色素笔在眼睛上点出瞳孔。将少许黑色糖花膏揉成两个小的水滴形，然后用可食用胶水将它们分别黏合在眼睛上方的位置，并用小剪刀将糖膏剪碎作为眉毛。最后用少许经软化的深绿色糖花膏将乌鸦黏合固定在僵尸的驼背上。

蛋糕和蛋糕托板的装饰方法

40. 用深蓝色的糖膏覆盖蛋糕托板（见第41页），然后用带纹理的不粘擀棒在糖膏上面压出布艺纹理，或是用尖头塑形工具的尖端在糖膏上划出数条平行的线条作为装饰。用海军蓝色丝带装饰托板的侧边，然后它放置一旁晾干。

41. 采用第32页的方法，用100克的高强度塑形膏制作出数块岩石的形状，确保每次只用微波炉加热大约20克的塑形糖膏。

42. 采用与包裹聚苯乙烯蛋糕假体相同的方法，使用100克的浅蓝色高强度塑形膏和700克的淡蓝色糖膏为蛋糕包面。用尖头塑形工具的侧边在糖膏的表面按压出裂缝，然后采用与装饰聚苯乙烯泡沫假体相同的方法为蛋糕喷色。用细画笔在糖膏的裂缝处涂抹紫藤液体色素，使颜色更有深度。

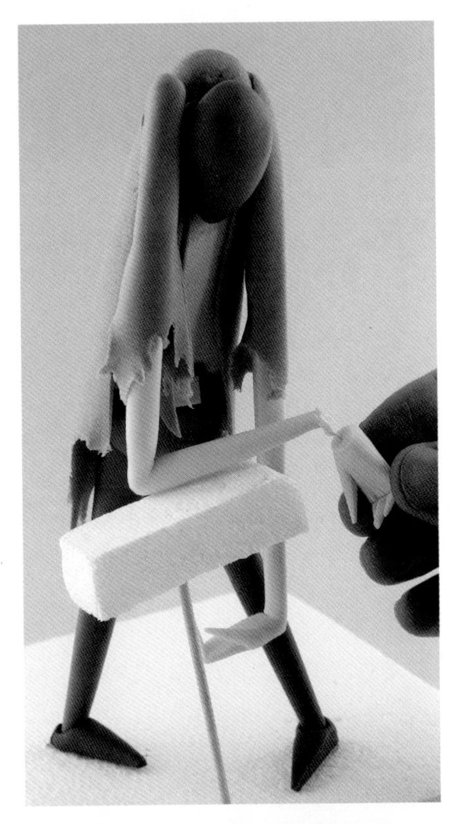

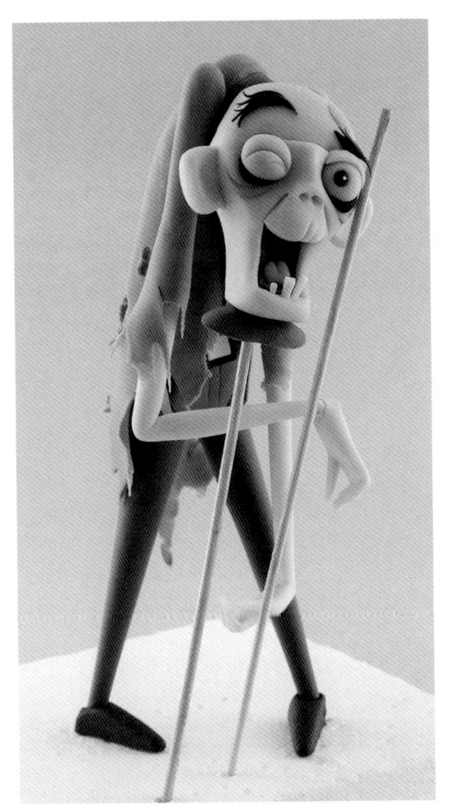

43. 将蛋糕侧转90° 摆放在蛋糕托板上，然后用少许皇家糖霜固定好位置。将聚苯乙烯蛋糕假体摆放在蛋糕正中心的位置，然后用皇家糖霜加以固定。

44. 用浅蓝色皇家糖霜将高强度塑形膏制作的岩石固定在蛋糕的四周和顶部。然后用经软化的淡蓝色糖膏将几根树根固定在蛋糕背面边角的位置上。用牙刷在蛋糕和石头上喷溅少许紫藤液体色素和用无色透明酒精稀释后的白色色粉。

大师建议

参照第55页上的方法，将僵尸造型连同聚苯乙烯蛋糕假体一同运输，并在到达目的地后再进行组装。

特别注意：由于人物造型内部藏有不可食用的支撑物，如花艺铁丝和竹签，一定要确保在食用蛋糕之前，将人偶造型及泡沫假体从蛋糕上一并移除。

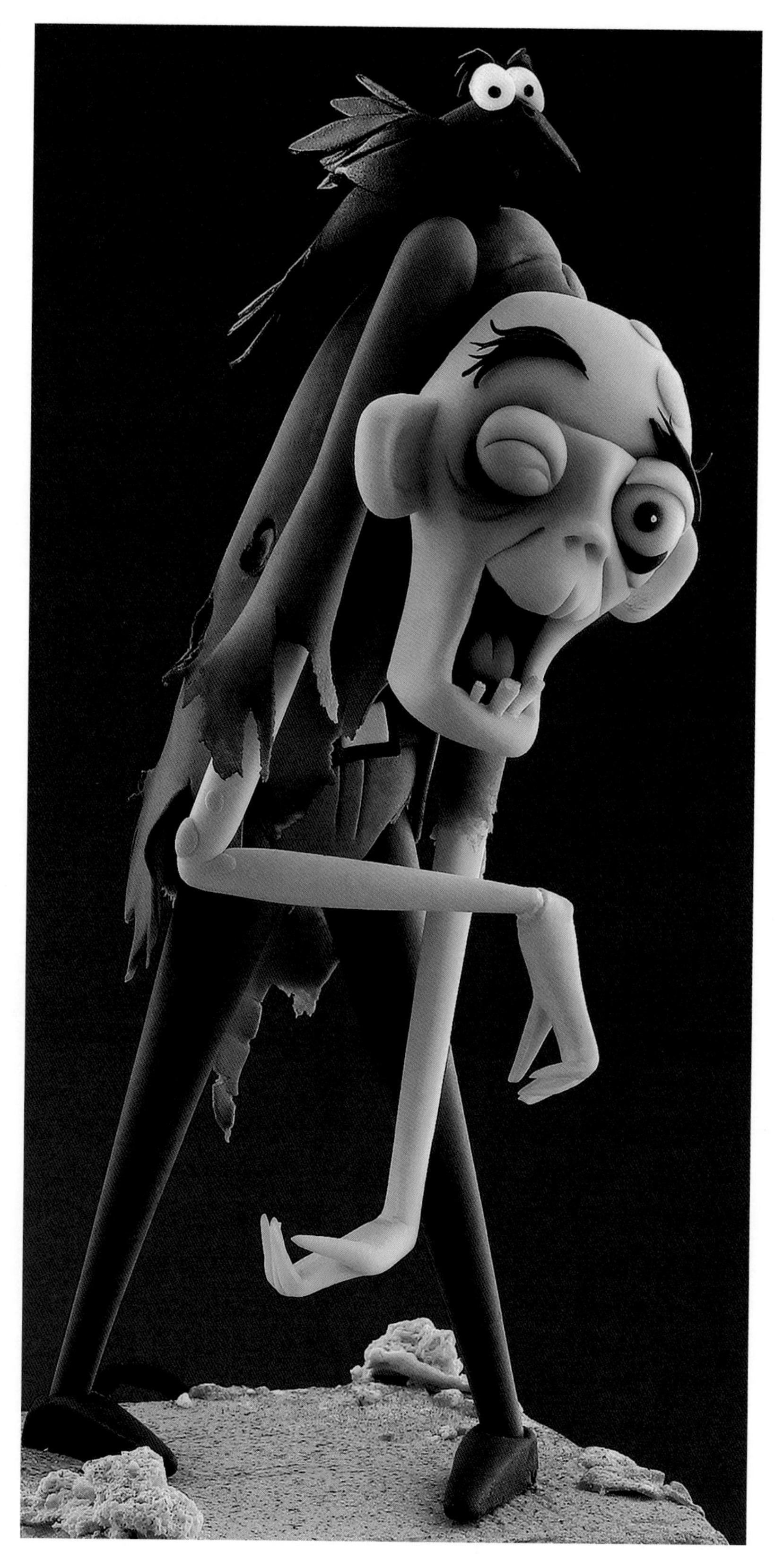

僵尸饼干

在流动糖霜中加入水仙花、圣诞红、黑色、紫藤和小檗梗色膏，将它们分别调染为浅黄色、红色、黑色、蓝紫色和浅橙色。将僵尸眼睛的模板放在食品级透明玻璃纸的下面，然后用浅黄色流动糖霜挤出眼球的形状（见第30页）。在眼球上滴入一滴圣诞红色流动糖霜作为虹膜，再在虹膜上滴入一滴黑色流动糖霜作为瞳孔。将眼睛放置一旁晾干。采用第54页的上色方法，将小檗梗液体色素弹溅到眼球上，然后用雪绒花（白色）色膏在瞳孔上点出高光。再次将眼睛放置一旁晾干。

按照第18页的配方做出饼干面团，然后根据第257页的模板的形状切出25个僵尸头饼干，并将它们烤制成熟。

在软硬度适中的皇家糖霜中添加少许蓝草色膏将它调染为蓝绿色。在裱花袋中装入1号裱花嘴，并在袋中填入蓝绿色皇家糖霜，然后在饼干上裱出外轮廓线。将糖霜稀释至流动状态。在裱花袋中装入2号裱花嘴后灌入蓝绿色的流动糖霜，然后用流动糖霜填充饼干的表面（见第30页）。在糖霜干燥前，用蓝紫色的流动糖霜裱出嘴巴的形状。在台面上轻磕饼干使两种颜色融合，而且糖霜的表面变得光滑平整。将饼干放置一旁晾干。

在紫藤液体色素中滴入几滴冷开水，然后将稀释后的色液喷溅在饼干上。采用第176页的方法制作出微闭的眼睛，然后用皇家糖霜将睁开和闭上的眼睛分别黏合到饼干上。在装有1号裱花嘴的袋中填入蓝紫色的流动糖霜，然后在饼干上裱出一个倒置的心形作为鼻子。用黑色食用色素笔在饼干上画出眉毛和眼袋。最后用浅橙色的流动糖霜在嘴部裱出几条细线作为牙齿。将饼干放置一旁彻底晾干。

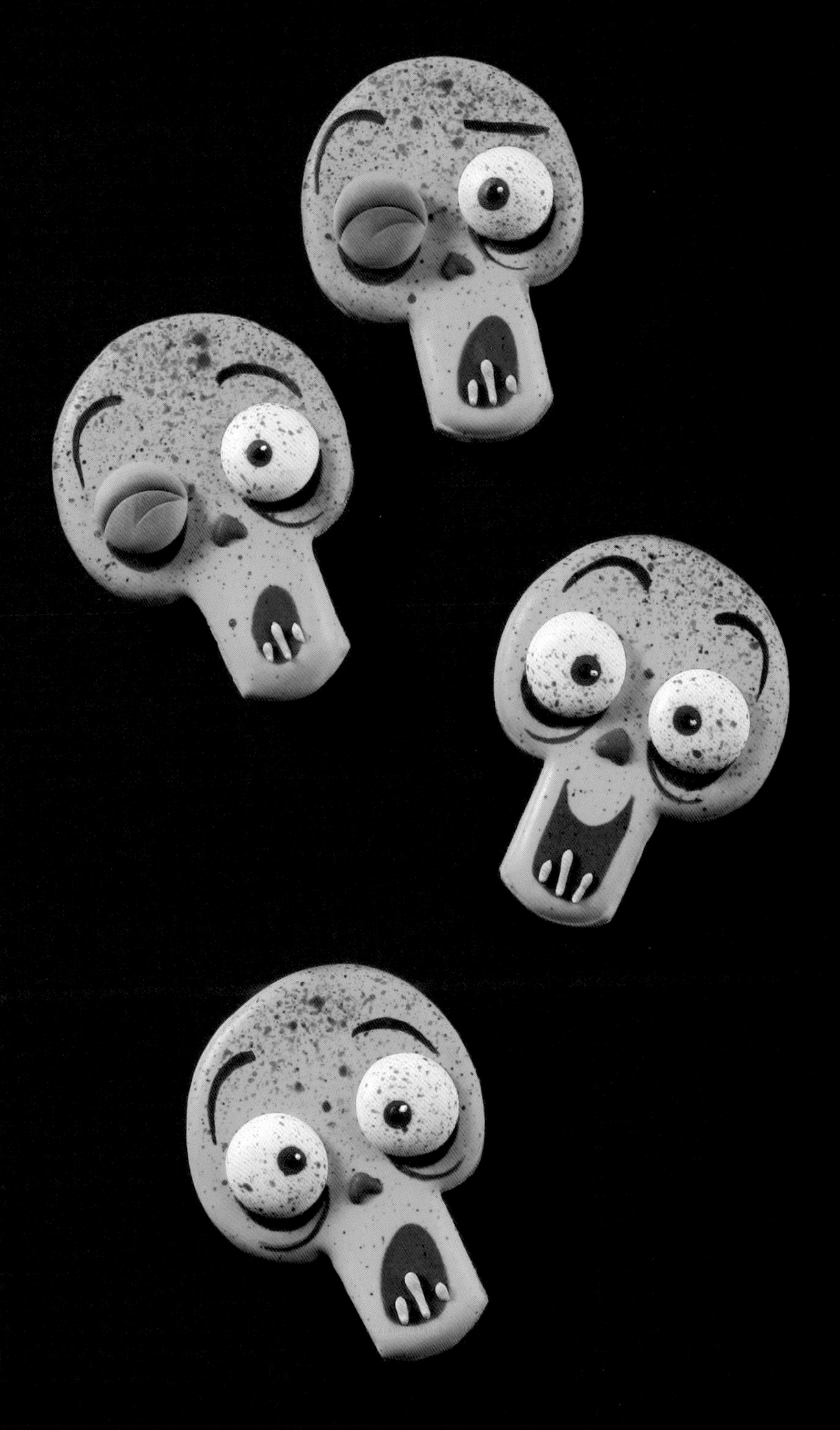

茶　　道

茶文化历史悠久，深受来自于不同文化背景的各国人民的喜爱。茶道自9世纪被引入日本之后，备茶和饮茶的过程也逐渐演变成一种独特的具有代表性的传统礼仪仪式。在这里我们不妨用颇具日本特色的艺伎来装饰蛋糕，并一起庆祝这项传统文化。

可食用材料

Squires Kitchen糖膏：

200克浅蓝绿色（在白色的糖膏中添加少许绣球花色膏进行调色）

Squires Kitchen糖花膏（干佩斯）：

- 150克黑色
- 10克浅蓝色（在白色的糖花膏中添加少许蓝草色膏进行调色）
- 10克浅棕色（在白色的糖花膏中添加少许泰迪棕色膏进行调色）
- 200克圣诞红色（或是在白色的糖花膏中添加圣诞红色膏进行调色）
- 50克肤色（在白色的糖花膏中添加少许泰迪棕和微量玫瑰色膏进行调色）
- 10克赤陶色（在白色的糖花膏中添加少许赤陶色膏进行调色）
- 100克白色
- 10克黄色（在白色的糖花膏中添加少许万寿菊色膏进行调色）

Squires Kitchen高强度塑形粉：

- 50克红色（在白色的高强度塑形膏中添加少许圣诞红色膏进行调色）
- 10克白色（未染色）

Squires Kitchen可食用专业复配着色膏：黑色、蓝草色、雪绒花（白色）、绣球花、圣诞红、万寿菊、泰迪棕、玫瑰和赤陶色

Squires Kitchen可食用专业复配着色液体色素：黑色和罂粟花

Squires Kitchen可食用专业复配着色色粉：浅粉色

Squires Kitchen可食用金属珠光色粉：深黄铜色

Squires Kitchen专业级食用色素笔：黑色（选用）和红色

Squires Kitchen品牌CMC粉

工器具

基础工具（见第6～7页）

直径8厘米高5厘米的圆形聚苯乙烯泡沫假体

备用的聚苯乙烯泡沫假体

食品级海绵块

圆形切模：直径2厘米和7厘米

灰色丝带：26厘米×5毫米（宽）

无毒胶水

白色人造花蕊

模板（见第259页）

聚苯乙烯泡沫基底的装饰方法

1. 用浅蓝绿色翻糖膏为圆形聚苯乙烯泡沫假体包面（见第42~43页）。在蛋糕假体的底边涂抹少许可食用胶水，然后将灰色丝带围在上面作为装饰。将蛋糕假体放置几天晾干。

身体主干的制作方法

2. 将50克的圣诞红色高强度塑形膏和50克的圣诞红色糖花膏揉和在一起，在里面添加少许CMC粉，然后将它们混合成硬度更强的塑形糖膏。将塑形糖膏揉成和模板的尺寸相同的香肠形。用手的侧面将糖膏3/4高度的位置擀细做出腰部。将香肠形糖膏的顶部擀细，在糖膏上部塑造出胸部，然后在顶部切出一个V字形的领口。使用一对蛋糕抹平器将糖膏顶部和四周压方做出裙子的形状。最后用锋利的小刀将底部削平。

3. 将身体主干侧放在台面上，并根据模板的形状弯折膝盖和腰部。在腰部下方垫一小块泡沫，以避免腰部变平失去曲线。将一根竹签插入至膝盖的高度，然后将它放置几天干燥定形。待彻底干燥后，将身体主干插入到备用的泡沫假体中。

大师建议

尽管身体主干部分已经晾置几天，但是糖膏内部可能还较为柔软，因此我建议先在蛋糕假体上戳出一个洞，然后再将身体小心地插入到假体中。

脚和木屐的制作方法

4. 将少许白色糖花膏揉成一个保龄球瓶的形状，然后采用第51页的方法做出脚部。将踝关节弯折成直角，然后用尖头塑形工具在脚尖处标记出大脚趾的形状。将脚部直立晾干。采用同样的方法做出第二只脚。

5. 制作木屐时，将少量浅棕色的糖花膏擀成1厘米的厚度。将一只脚放在糖膏上，然后竖直切出长方形的木屐的形状。重复同样的方法做出第二只木屐。

颈部的制作方法

6. 将少许白色糖花膏揉成一个保龄球瓶的形状，然后将它稍稍按平。将圆润的一端切成一个V字形，然后用可食用胶水将它黏合在胸部上方的位置。在颈部插入一根牙签并直达腰部的位置。将身体放置一旁晾干。

底裙及太鼓结的制作方法

7. 在圣诞红色糖花膏中加入少许黑色糖花膏将它调成深红色。将一小块深红色糖花膏擀至5毫米的厚度，然后切出一个和裙子底部大小相同的正方形，用手指将正方形的4个角揉圆。将正方形糖膏穿入竹签，然后用可食用胶水将它黏合固定在身体主干底部的位置。

8. 制作太鼓结时，将深红色糖花膏擀薄后切出一根细长的条形。把条形糖膏缠裹在腰间直到胸部的高度，然后用可食用胶水固定好位置。将一根黑色的细长条形糖花膏围在太鼓结的下面进行修饰。然后将身体

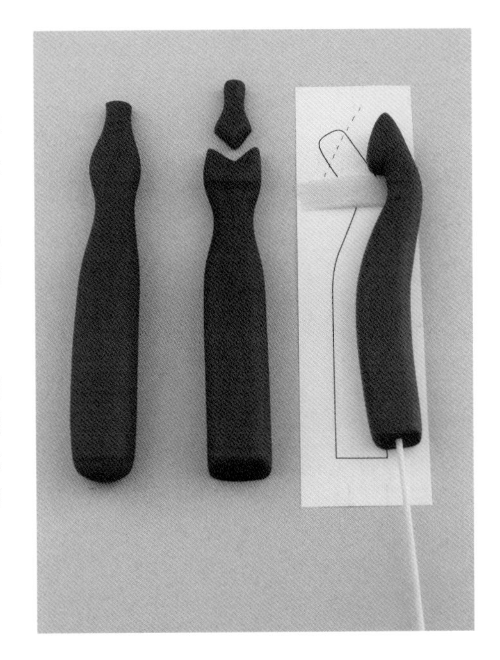

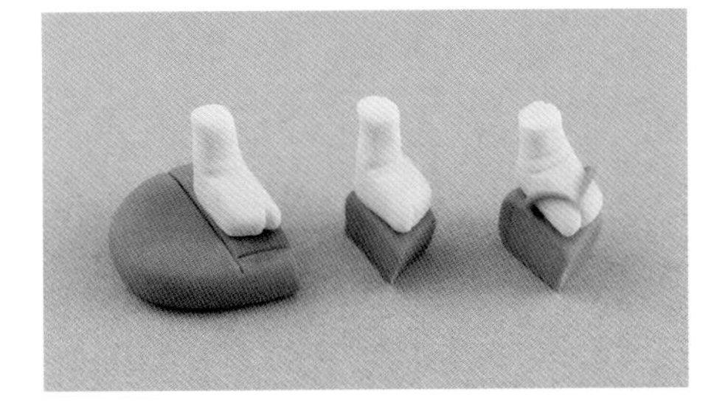

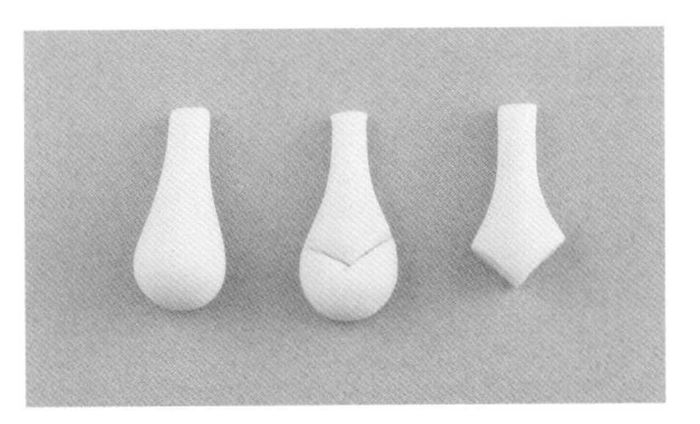

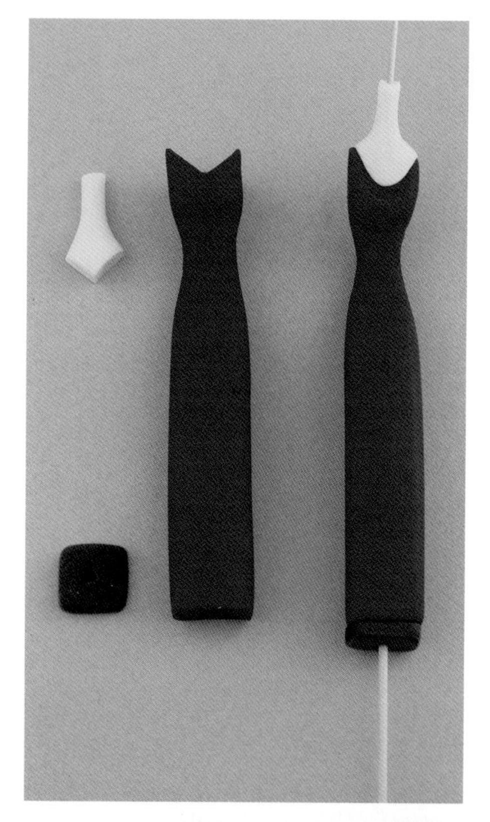

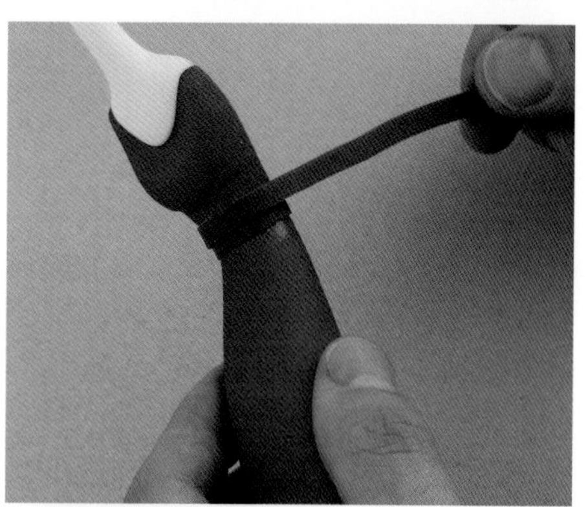

主体部分的竹签重新插回到备用的泡沫假体上。

头部的制作方法

9.将20克的白色糖花膏揉成一个水滴形，然后用手掌将它略微按平，确保头部的大小与模板的尺寸保持一致。用尖头塑形工具的边缘在脸部中线稍微靠下的位置上做出眼皮的标记。注意眼睛要位于脸的下半部分。将头部放置一旁晾干。

10. 制作鼻子时，将少许白色糖花膏揉成一个小的水滴形，然后将它黏合在脸部中间眼睛下方的位置上。用一把小刀的刀刃将鼻子按成一个平直的楔形，然后将两侧和底部削成梯形。

11. 用细的笔刷蘸取少许黑色液体色素在脸上画出睫毛、眉毛和瞳孔。然后用罂粟花液体色素画出一个三叶草形的唇部。将浅粉色色粉与少许玉米淀粉混合均匀，然后用软毛刷蘸取混合色粉为双颊上色。

12. 采用第51页的方法用白色糖花膏制作出两只耳朵的形状，然后将它们分别黏合在头部的两侧，注意耳朵应刚好位于眼睛和鼻子中间的高度。参照第253页的图示，确保鼻子和嘴巴位于双眼下方正中间的位置。将头部放置隔夜晾干，然后再添加头发。

13. 将少许黑色糖花膏擀至3毫米的厚度，用直径为7厘米的圆形切模切出一个圆片，然后将它切成两半作为假发。用直径为2厘米的圆形切模在半圆形糖膏的直边上切出2个小的半圆形，并在中间留出一个尖角。将尖角对准额头正中的位置，然后将两侧的糖膏围在头的顶部。用剪刀从后脑处剪去多余的糖膏，然后用刀刃在假发上划出数条竖直的纹路线。脸部朝上将头部放置一旁晾干。

14. 待头部干燥定形后，将黑色糖花膏揉成一个水滴形，然后将它贴在后脑处使头部的轮廓变得完整而圆润。用刀刃在头发上划出数条纹路线。在头底部插入一根竹签，然后将它竖直地插入到备用的泡沫假体上晾干，从而避免头发被压平。

15. 制作其他部分的假发时，先将黑色糖花膏揉成两个水滴形，将它们略微按平后黏合在头的两侧。将一小块黑色糖花膏塑造成一个圆润的梯形，然后将它黏合在头顶以增加一些高度。再次将头部放置一旁晾干。

16. 在制作发簪装饰时，先用无毒胶水将数根白色花蕊黏合成一簇。分别用白色和黄色的糖花膏制作出数枚小花。将少许白色糖花膏塑造成一个发卡的形状，并用竹签在发卡的两侧戳出数个小洞。在深黄铜色的金属珠光色粉中滴入几滴无色透明酒精后混合均匀，然后用笔刷蘸取混合色液为它上色。将发簪装饰黏合固定在假发的前面。

大师建议

如果你不具备用笔刷直接描画面部细节的自信，也可以用食用色素笔来代替。

茶壶的制作方法

17. 将少许肤色糖花膏揉成一个椭圆形，用小号球形塑形工具在顶部轻轻地按压出一个凹痕以安放茶壶盖。将微量的肤色糖花膏揉成一个非常小的椭圆形，用手指将它按平后将它固定在壶顶的凹痕处。用牙签在茶壶盖上扎一个洞，然后填入一个非常小的糖花膏小球作为壶盖的提手。

18. 在制作壶嘴时，将少许肤色糖花膏揉成一个保龄球瓶的形状，然后将它略微按平。将保龄球瓶形状糖膏黏合在壶身的一侧，然后用笔刷的末端在壶嘴处按压出开口。在肤色糖膏上切出一个细长条，然后将它弯成一个C字形作为把手。待干燥后，用经软化的糖花膏将把手的两端黏合固定在茶壶上。待茶壶彻底干燥后，用笔刷蘸取深黄铜色金属珠光色粉和无色透明酒精混合色液为它上色。

胳膊的制作方法

19. 采用第48页的方法，用肤色糖花膏制作出两只胳膊。分别将两只胳膊的肘部弯折为90° 直角。将右臂侧放，并将右手搭在不粘擀板的边缘上，注意大拇指朝上，直到晾干。因为左臂要用来支撑茶壶，因此将其平放，左手呈水平状态，大拇指朝上，直到晾干。

左袖的制作方法

20. 将圣诞红糖花膏在不粘擀板上擀薄，然后根据模板切出左袖的形状。将左臂的顶端对准袖子的上沿后将它们黏合在一起。按照胳膊的形状，用一把滚轮切刀将糖膏裁剪成型，然后将袖子右侧的糖膏向后折叠。

大师建议

最为简单方便的袖子的制作方法是：先制作并固定好袖子的内侧，待它彻底干燥后，再将袖子外侧黏合在它的上面。

21. 用经软化的圣诞红色糖花膏将左臂黏合固定到身体的左侧，并用一根竹签作为支撑直到干燥定形。用可食用胶水将袖子折起的部分黏合到腿部：袖子折叠的部分将起到进一步支撑胳膊的作用。待彻底干燥后，再将袖子的外侧黏合在上面。

22. 在圣诞红色糖花膏上切出外侧的袖子的形状，然后将它黏合在左臂的外侧。用一把小刀削去肩膀附近和胳膊接缝处的多余的糖膏。最后在袖口处添加一条细长的黑色糖花膏作为装饰。

大师建议

富有经验的糖艺塑形师也可以使用另一种比较节省时间的方法来制作袖子。按照另外一个模板在圣诞红色糖花膏上裁出袖子的形状。如图所示，先将胳膊固定在袖子上，然后将袖子的一侧翻过来覆盖在胳膊上。将胳膊固定在身体上，调整袖子的造型为其增添一些动感，然后将它彻底晾干。

衣领的制作方法

23. 将少许赤陶色糖花膏和黄色糖花膏分别擀薄，然后按照模板在两种颜色的糖膏上分别切下一个衣领的形状。将赤陶色的衣领错落地黏合在黄色衣领的上面，并确保一个细长条形的黄色糖膏仍然清晰可见。将衣领围在颈部，并将糖膏在正面交叉重叠，然后将它固定在胸前的位置。最后将一个细长的黑色糖花膏黏合在衣领底部的边缘处作为装饰。

手绢的制作方法

24. 将浅蓝色糖花膏擀薄后切出一个小的长方形。将它松松地折起后用可食用胶水黏合在左手的位置上。随后立即用经软化的糖花膏将茶壶黏合在手绢的上面。放置直到彻底干燥。

大师建议

在安装右胳膊前就要将茶壶固定在它最终的摆放位置上，使右臂能够刚好搭在茶壶盖的上面。茶壶盖将同时为右手和右臂提供一定的支撑的作用。

右袖的制作方法

25. 采用与左袖相同的制作方法做出右袖的内侧，将右臂黏合在袖子上面，然后用经软化的糖膏将右臂固定在身体上，并确保右手正好搭在茶壶盖的上面。放置直到彻底晾干。制作袖子的外侧并将它黏合在右臂上。在袖子上做出褶皱使它看上去更具动感。最后在袖口上镶一条黑色的糖花膏作为装饰。

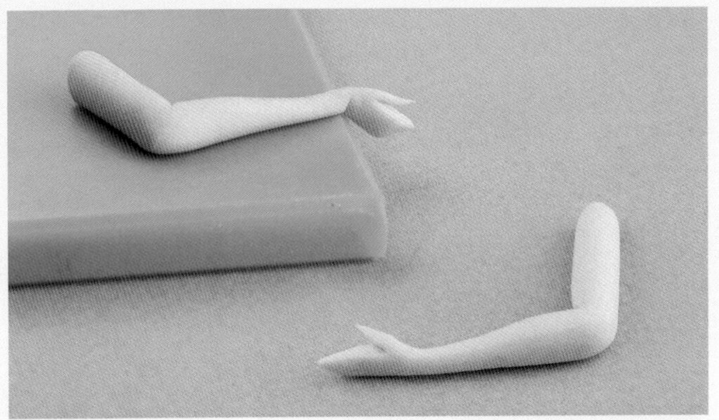

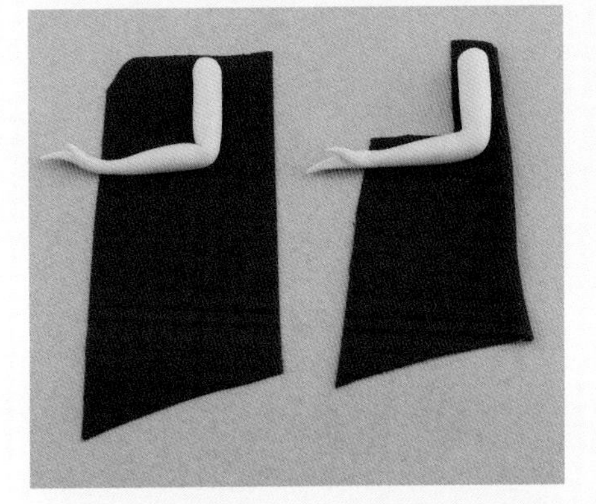

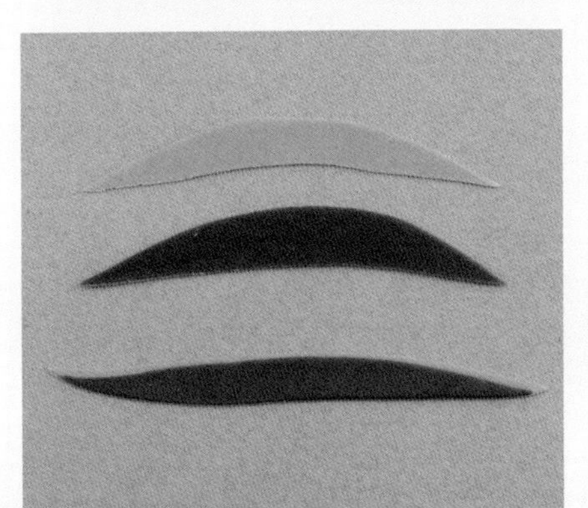

大师建议：

适用于富有经验的糖艺塑形师

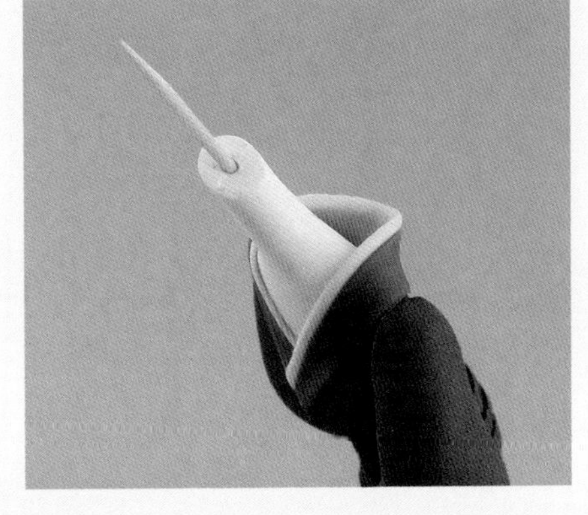

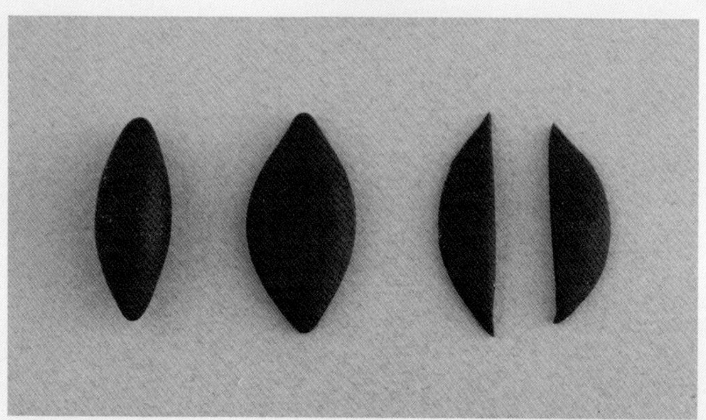
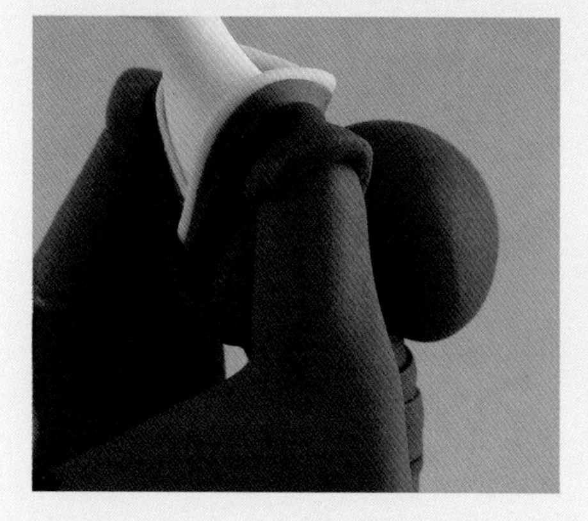
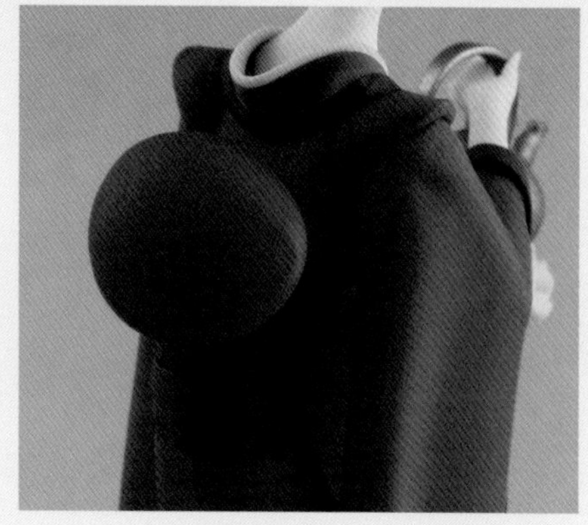

太鼓结及垫肩的制作方法

26. 在制作太鼓结背部的时候，先将圣诞红色的糖花膏揉成一个椭圆形，然后将其中的一面略微按平。用可食用胶水将糖膏较为扁平的一面黏合在艺伎的背部。

27. 在制作垫肩时，将少许深红色的糖膏揉成一个两头尖的香肠形，将它按平后沿长边平分成两半。将两片糖膏分别黏合固定在肩膀的上方，较圆润的一侧朝外：注意用垫肩盖住胳膊和身体的接缝处，使作品看起来更加整洁完美。

组装

28. 将头部轻轻地插入到从颈部穿出的牙签上，然后用经软化的白色糖花膏固定好位置。如有必要可以裁去假发的底部，从而在头部和颈部之间形成一条直线。将头部略微倾斜，使艺伎呈现出向下望向自己的左肩的姿态。用一根竹签暂时支撑住艺妓的头部直到彻底干燥定形。

29. 将圣诞红糖花膏揉成一个细长的香肠形，然后将它粘在右臂内外侧袖子的接缝处。用手指将糖膏抹平使作品看起来更加整洁完美。

30. 确定好艺妓造型在蛋糕上的摆放位置，然后用竹签在包好面的聚苯乙烯泡沫基底上扎一个洞。在木屐底下涂抹少许经软化的白色高强度塑形膏，然后将它们分别黏合在洞的两侧。最后将从艺妓造型底部穿出的竹签插入到泡沫基底上的洞中。

装饰与润色

31. 将深红色的糖花膏擀成一个薄片，然后根据模板切出和服背后布料的形状。将条形糖膏搭在太鼓结的后面并加以固定，然后将它晾干。

32. 用红色食用色素笔在每只袖子的底部画出数枚花朵的形状。用牙签头蘸取雪绒花（白色）食用色膏在底裙上点出一些白色的圆点作为装饰。

大师建议

建议将艺伎这种又高又瘦的人偶造型与蛋糕或蛋糕假体分开运输（见第55页上关于运输人偶的相关内容）。另外在运输艺妓造型之前，先不要将底裙黏合在木屐上。

这个温柔圆润的艺伎与前面那个高挑修长的艺伎相得益彰，共同演绎了这个经典的茶道场景。

可食用材料

Squires Kitchen糖膏：
- 200克象牙色（在白色的糖膏中添加少许奶油色色膏进行调色）

Squires Kitchen糖花膏（干佩斯）：
- 100克黑色
- 30克冬青/常春藤色糖花膏
- 100克翡翠绿色（在白色的糖花膏中添加少许仙人掌色膏进行调色）
- 30克苔藓绿色（在白色的糖花膏中添加少许深森林色膏进行调色）
- 30克浅黄色（在白色的糖花膏中添加少许万寿菊色膏进行调色）
- 250克豌豆绿色（在白色的糖花膏中添加少许葡萄藤色膏进行调色）
- 50克圣诞红色（或是在白色的糖花膏中添加圣诞红色膏进行调色）
- 50克肤色（在白色的糖花膏中添加少许泰迪棕和微量玫瑰色膏进行调色）
- 100克白色

Squires Kitchen高强度塑形粉：
- 50克白色

Squires Kitchen可食用专业复配着色膏：黑色、仙人掌、雪绒花（白色）、风信子、奶油色、圣诞红、万寿菊（橙色）、泰迪棕、葡萄藤、玫瑰、深森林和橄榄绿

Squires Kitchen可食用专业复配着色液体色素：黑色和罂粟花

Squires Kitchen可食用专业复配着色色粉：浅粉色、仙人掌和金莲花（杏色）

Squires Kitchen可食用金属珠光色粉：黄铜色

Squires Kitchen品牌CMC粉

工器具

- 基础工具（见第6~7页）
- 直径8厘米高5厘米的圆形聚苯乙烯泡沫假体
- 直径7厘米的聚苯乙烯泡沫圆球
- 备用的聚苯乙烯泡沫假体
- 圆形切模：直径2厘米
- 铃兰切模套装（TT品牌）
- 泡沫垫
- 崭新的砂纸
- 纹理不沾擀棒（任选）
- 黑色丝带：26厘米×5毫米（宽）
- 可食用胶水
- 白色人造花蕊
- 模板（见第260页）

泡沫基底的制作方法

1. 用象牙色翻糖膏为圆形聚苯乙烯泡沫假体包面（见第42～43页）。在底部边缘处涂抹少许可食用胶水，然后将黑色缎带围裹在上面作为装饰，将蛋糕假体放置几天直到彻底干燥。

身体主干的制作方法

2. 用一张砂纸将直径为7厘米的聚苯乙烯泡沫圆球打磨成一个鸡蛋的形状：确保打磨时要远离任何食物制作区域，以避免细小的泡沫颗粒污染蛋糕。将少许高强度塑形膏揉成一个小的圆柱体，然后用可食用胶水将它固定在鸡蛋形假体较尖的一端的底部。将一根竹签穿入高强度塑形糖膏并直插到泡沫假体中，然后将它放置一旁彻底晾干。

3. 将大约120克的豌豆绿色糖花膏揉成一个球形，然后将泡沫假体做成的身躯包裹起来（见第42～43页）。用画笔杆在身体较细的一端按压出和服底部的褶皱。然后将身体晾干定形。

4. 在制作底裙时，在圣诞红色糖花膏中加入少许CMC粉后将它擀至1厘米的厚度。用直径为2厘米的圆形切模在糖膏上切出一个小的圆柱体，然后用可食用胶水将它固定在身体的底部。在底部插入一根竹签，然后将身体主干插入到备用的聚苯乙烯泡沫假体上。

大师建议

在糖花膏中加入CMC粉不仅可以使糖膏更加强韧，还可以缩短干燥的时间。

腰带的制作方法

5. 将少许翡翠绿色的糖花膏擀至3毫米的厚度，然后切出一个与身体周长等长且宽度约为3厘米的长条形。用尖头塑形工具的边缘在糖膏上划出数条平行的线条，然后将糖膏固定在身体最宽的位置上，并将接缝留在背后。用一把小剪刀裁去多余的糖膏。

头部的制作方法

6. 参考模板的尺寸，将50克的白色糖花膏塑造成一个梨形。用直径为2厘米的圆形切模较圆润的一面在下巴处按压出一个凹痕。用手指在凹痕下方轻轻打磨以突出双下巴。

7. 在制作鼻子时，将微量的白色糖花膏揉成一个小的椭圆形，然后将它黏合在脸的中线处。用尖头塑形工具的边缘在鼻子两侧标记出眼皮的位置，并使它们略微向上倾斜。

8. 用尖头塑形工具的边缘在鼻子下方画出嘴部的曲线，然后用一个小号球形塑形工具在嘴角处按压出笑容并带出脸颊的形状。用食指将嘴角处由球形塑形工具留下的印痕打磨平滑，然后用尖头塑形工具较圆润的一端在嘴巴下方划出一道浅浅的纹路以突出下嘴唇的形状。

9. 用极细的画笔蘸取黑色液体色素在面部画出睫毛和眉毛，用风信子和雪绒花混合色膏在眼皮上画出眼影，然后用罂粟花液体色素画出三叶草形状的嘴唇。将浅粉色色粉和少许玉米淀粉混合均匀，然后用软毛刷蘸取混合色粉为双颊上色。将头部放置一旁直到干燥定形。

大师建议

根据头部的图示找准面部细节的位置。由于这个人物比较“丰满”，她的五官都应集中在面部中央的位置。

10. 将大约20克的黑色糖花膏揉成一个水滴形，然后将它固定在脑后使头部的轮廓变得完整而圆润。用尖头塑形工具的边缘在水滴形糖膏上划出数条垂直的纹理线条。将头部插入到从身体中穿出的竹签上，调整头部的角度使它稍向后倾。最后用可食用胶水将头部固定好位置。

11. 将黑色糖花膏揉成两个大小相同的水滴形，然后将它们尖端朝上黏合在头部的两侧。用尖头塑形工具在糖膏上划出数条头发的纹理线条。再次用黑色糖花膏揉出第三个水滴形，然后用拇指在尖端捏出一个尖角。将尖角对准额头的正中心，然后将水滴形糖膏黏合固定在头顶上。最后将糖膏的背面略微按平。

领子的制作方法

12. 将圣诞红色、翡翠绿色和豌豆绿色的糖花膏分别擀薄，然后按照模板的形状在3个颜色的糖膏上各切出一个领子。如图所示，将3片糖膏错落地重叠在一起并将它们粘牢。将领子围在头部的周围，将两端在稍高于腰带的位置相互交叉在一起。将领子裁剪成型，然后将领子轻轻向后拉，使其更为宽松。

袖子的制作方法

13. 将35克的豌豆绿色糖花膏揉成一个长的鸭梨形，然后用手掌底部将粗的一端按得扁而宽，做出袖子的形状。将梨形糖膏较细的一端向上弯折，做出肘部的同时也带出肩膀的形状。用锋利的小刀将袖口处削平，然后用尖头塑形工具在肘部内侧压出几条褶皱，最后用滚轮切刀将袖子的底部切圆。

14. 重复第13步的步骤做出另一个袖子，然后用可食用胶水将它们分别黏合固定在身体的两侧。将人物造型放置一旁晾干。

手部的制作方法

15. 用肤色糖花膏制作出两只手的形状（见第48页），在手腕处标出标记，然后将双手分别向后弯折，从而使手掌掌心朝上。将手部放置一旁干燥定形。待干燥后，切除手腕上部多余的糖膏。

16. 用少许经软化的肤色糖花膏将左手黏合在袖口处。将一个小的香肠形糖膏放在一根竹签的顶部，用它们作为支撑直到手部彻底干燥定形：糖膏球可以防止竹签在手上留下痕迹。采用同样的方法将右手黏合到右侧的袖口处，并将右手搭在左手的上面。

17. 将少许冬青绿色的糖花膏擀薄后切出两根细的长条形，然后将它们分别黏合在两个袖口上作为装饰。

太鼓结的制作方法

18. 将大约30克的豌豆绿色糖花膏揉成一个椭圆形，将一面稍微按平后用可食用胶水将它黏合在艺伎的背后。

脚和木屐的制作方法

19. 采用第189页的方法用白色糖花膏做出双脚，并用苔藓绿色糖花膏制作出木屐。

发簪的制作方法

20. 将少许白色糖花膏擀薄后用带纹路的不粘擀棒在糖膏上印上花纹。按照模板的形状切出头顶的装饰物，将它搭在不粘擀棒的顶部晾干，从而形成一定的弧度。在黄铜色金属珠光色粉中滴入几滴无色透明酒精后将它们混合均匀，然后用笔刷蘸取混合色液为发簪上色。

21. 将少许浅黄色的糖花膏擀至非常纤薄，然后用不同大小的铃兰切模切出数枚花朵。将花朵放在泡沫垫上，然后用球形塑形工具在花瓣的边缘处前后滚动，并柔化切痕。将花朵放置一旁晾干。用一根花蕊穿起数枚花朵，然后用可食用胶水将它们黏合在一起。采用同样的方法共制作出几组花簇。待花朵彻底干燥后，用金莲花色粉为花芯上色。

22. 将雪绒花（白色）色膏涂抹在两根牙签为其上色，然后将它们放置一旁晾干。

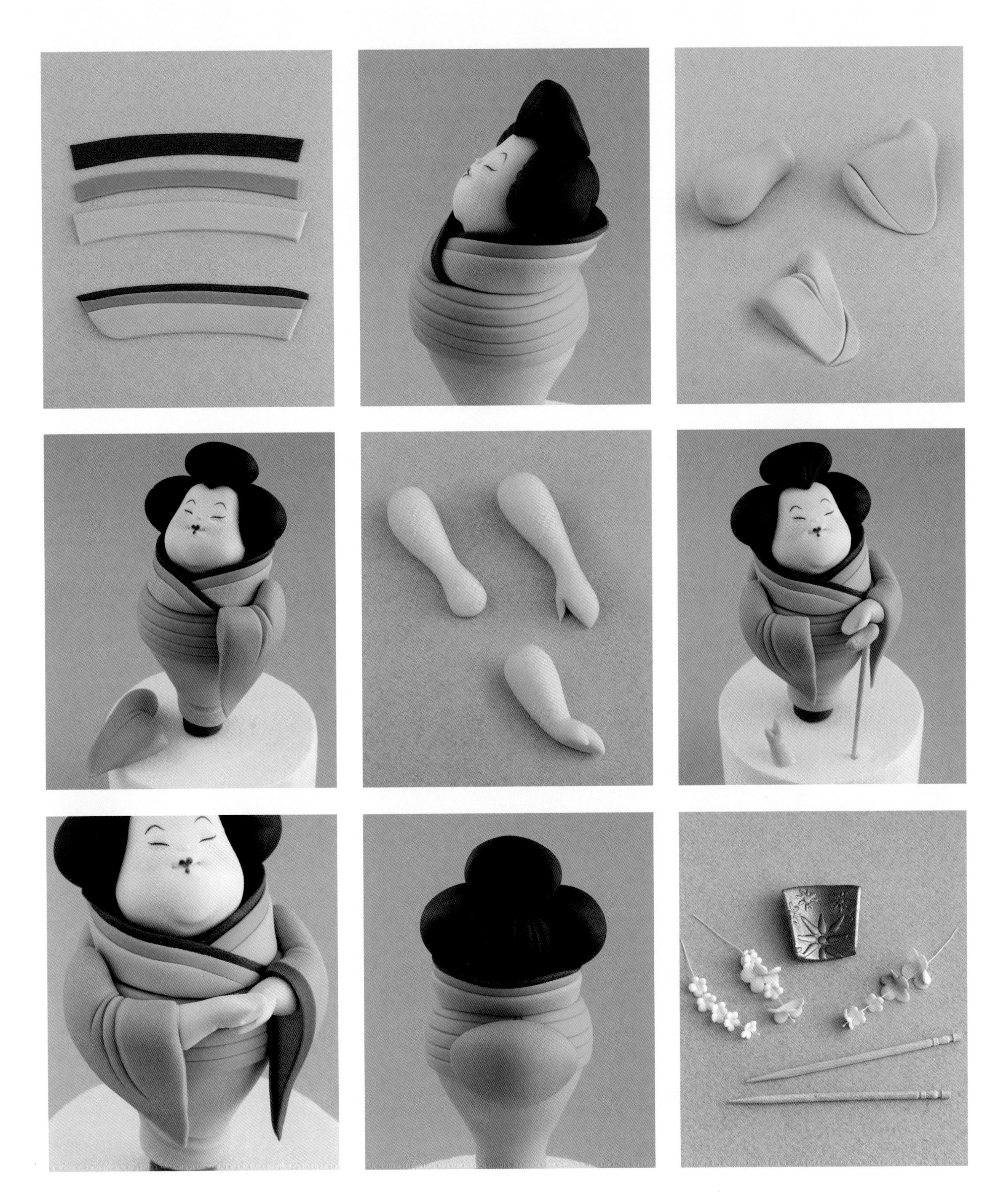

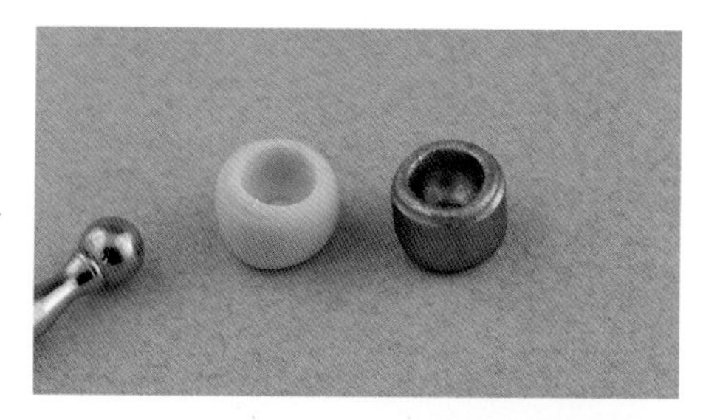

茶杯的制作方法

23. 将少许肤色糖花膏塑造成一个小的圆柱体，然后用小号球形塑形工具在顶部按压出一个略深的凹痕。待干燥后，用黄铜色金属珠光色粉和无色透明酒精的混合色液为其上色。

修饰润色

24. 用经软化的条形黑色糖花膏将黄铜色的头饰和白色的牙签固定在假发的后面。然后用牙签蘸取雪绒花（白色）色膏在底裙上点出数个白色的圆点作为装饰。

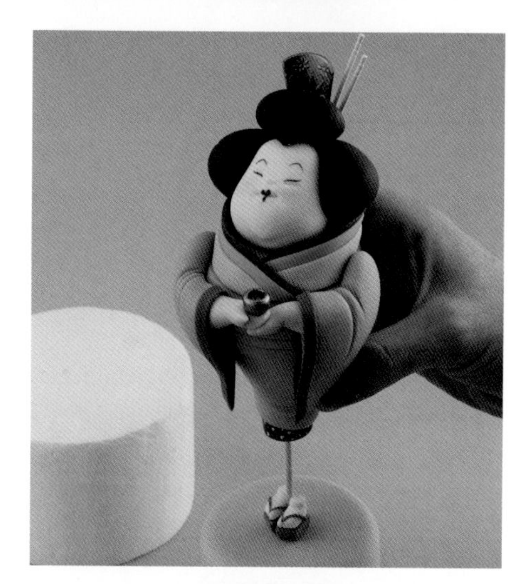

25. 确定好艺妓造型在蛋糕上的摆放位置，然后用竹签在包好面的聚苯乙烯泡沫基底上扎一个洞。在木屐底下涂抹少许经软化的白色高强度塑形膏，然后将它们分别黏合在洞的两侧。最后将从艺妓造型底部穿出的竹签插入到泡沫基底上的洞中。

26. 将冬青绿色的糖花膏擀成一个薄片，然后根据模板切出太鼓结后面布料的形状。将糖膏搭在太鼓结的后面，并将它粘牢后晾干。

27. 用经软化的黑色糖花膏将花朵装饰物固定在假发上。最后用仙人掌色粉为袖子的底部上色。

大师建议

不建议将人偶造型插在蛋糕底座上进行运输，这样做的话，人偶会很容易倾斜或是翻倒；建议按照第55页的方法将人偶放在蛋糕盒中运输，在到达目的地后再进行组装。

如果你无法确定更偏爱哪一个艺伎的形象，不妨把她们两个都塑造出来，然后将她们摆放在同一个蛋糕上完美地再现一个完整的茶道场景。

可食用材料

直径23厘米高7厘米的圆形蛋糕，已经填充好馅料并封好蛋糕坯（见第34页）

Squires Kitchen糖膏:

- 1千克浅蓝色（在白色的糖膏中添加少许绣球花色膏进行调色）
- 300克极浅的蓝色（在白色的糖膏中添加微量绣球花色膏进行调色）

Squires Kitchen糖花膏（干佩斯）:

- 100克白色

Squires Kitchen皇家糖霜粉:

- 100克极浅的蓝色（在白色的皇家糖霜中添加微量绣球花色膏进行调色）

工器具

基础工具（见第6~7页）

直径30.5厘米的圆形蛋糕托板

直径15厘米高5厘米的聚苯乙烯泡沫假体

小号樱草花切模（TT品牌）

中号铃兰切模（TT品牌）

30号花艺铁丝：白色

黑色花蕊（或用黑色液体食用色素将白色花蕊调染成黑色）

无毒手工胶水

花艺胶带：白色

海绵垫

裱花嘴：3号

樱花图案镂空模板

糖花花托

白色丝带：长1.95米宽15毫米

泡沫基底的装饰方法

1. 用300克浅蓝色翻糖膏为聚苯乙烯泡沫假体包面（见第42~43页）。然后将糖膏放置一旁晾干。

蛋糕托板的装饰方法

2. 用300克极浅的蓝色糖膏覆盖蛋糕托板（见第41页）。然后将白色丝带固定在托板的侧边作为装饰。将蛋糕托板放置一旁晾干。

花束的制作方法

3. 制作花蕊时，将数根30号花艺铁丝剪成小段。在每段铁丝的顶部涂抹少许无毒手工胶水，然后将两根黑色的花蕊黏合在上面。将铁丝连同花蕊一起放置一旁晾干。

4. 将白色糖花膏在不粘擀板上擀至非常纤薄，用小号樱草花切模切出数枚花朵的形状，然后按照第200页的方法为它们造型。将花朵放置一旁晾干。

5. 待花朵干燥后，将带黑色花蕊的铁丝穿入樱草花的花芯，然后用无毒手工胶水将它们粘牢。将花朵放置一旁晾干。

6.另取少许白色糖花膏在不粘擀板上擀至非常纤薄，用铃兰切模切出数枚花朵的形状。将花朵放在海绵垫上并用中号球形塑形工具柔化花瓣的边缘，然后在花芯处轻轻按压使花朵形成半球形。将花朵放置一旁晾干。

7.用针形塑形工具在花芯处扎一个小洞，然后将5~7朵铃兰穿在一根30号花艺铁丝上做成一个花簇，并用无毒手工胶水将它们粘牢。采用同样的方法共制作出数个花簇。将花簇放置一旁晾干。

8.制作小的花苞时，将少许白色糖花膏揉成一个非常小的水滴形。在一根30号花艺铁丝的顶端涂抹少许可食用胶水，然后将花艺铁丝插入到水滴形糖膏的尖的一端。将花苞插在备用的聚苯乙烯泡沫假体中晾干。

9.用白色花艺胶带将几个花苞、几朵铃兰和几朵樱草花缠裹固定在一起组成一个小的花束。然后采样同样的方法制作出另外一个与之大小相同的花束。

蛋糕的装饰方法

10. 用700克的浅蓝色翻糖膏为蛋糕包面（见第34页）。然后将蛋糕放置隔夜晾干。

11. 采用第159页中的方法，用极浅的蓝色皇家糖霜和樱花图案的镂空模板在蛋糕的侧面和聚苯乙烯泡沫基底上印制出花纹。

组装

12. 用少许皇家糖霜将蛋糕固定在托板正中央的位置，然后在蛋糕中插入蛋糕支撑杆（见第42页）。用皇家糖霜将包好面的聚苯乙烯泡沫基底黏合固定在蛋糕的正中间的位置。

13. 在裱花袋中装入3号裱花嘴，并在袋中填入软硬度适中的极浅的蓝色皇家糖霜。然后在每层蛋糕的底边裱出一圈珠串作为装饰。

14. 将花束插入到糖花花托中，然后再将花托插入到蛋糕中进行装饰。

特别注意：因为花束中带有不可食用的胶水、花艺铁丝以及花蕊，所以在食用蛋糕前务必将其去除。

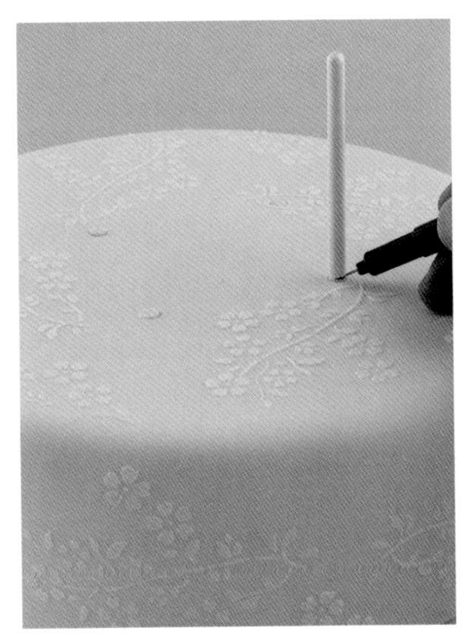

樱花饼干

按照第18页的配方烤制30个直径为6厘米的圆形饼干。

在软硬度适中的皇家糖霜中添加微量的绣球花色膏将它调染为浅蓝色。在裱花袋中装入1号裱花嘴，并在袋中填入浅蓝色皇家糖霜，然后在饼干上裱出外轮廓线。将糖霜稀释至流动状态。在裱花袋中装入2号裱花嘴后灌入浅蓝色的流动糖霜，然后用流动糖霜填充饼干的表面（见第30页）。将饼干放置一旁晾干。

采用主蛋糕的装饰方法，用高硬度的浅蓝色皇家糖霜和樱花图案的镂空模板在饼干上印制出花纹。用软硬度适中的黑色皇家糖霜在每朵花的中心处裱出一个圆点作为花芯。将装饰好的饼干放置一旁彻底晾干。

魔 术 师

这个沮丧的魔术师被喜爱恶作剧的小兔子们戏弄的场景适用于各种派对，能同时取悦老人和小孩子们。这个造型设计证实了借助糖艺来讲述一个小故事是多么的轻而易举。你可以通过简单地调整魔术师嘴巴的形状和眉毛的位置来逼真地再现他气愤、惊讶或是困惑的神情。

可食用材料

直径12.5厘米高6厘米的圆形蛋糕，已经填充好馅料并封好蛋糕坯（见第34页）

Squires Kitchen糖膏：

- 350克淡紫色（在白色的糖膏中添加少许甜李色膏进行调色）
- 150克深李子色（在白色的糖膏中添加少许甜李和仙客来色膏进行调色）

Squires Kitchen糖花膏（干佩斯）：

- 200克黑色
- 30克仙客来色（在白色的糖花膏中添加仙客来色膏进行调色）
- 30克浅灰色（在白色的糖花膏中添加微量黑色色膏进行调色）
- 10克浅粉色（在白色的糖花膏中添加微量仙客来色膏进行调色）
- 5克紫色（在白色的糖花膏中添加紫罗兰色膏进行调色）
- 100克肤色（在白色的糖花膏中添加少许金莲花和泰迪棕色膏进行调色）
- 5克赤陶色（在白色的糖花膏中添加赤陶色膏进行调色）
- 200克白色

Squires Kitchen高强度塑形粉：

- 100克浅灰色（在白色的高强度塑形膏中添加微量黑色色膏进行调色）

Squires Kitchen可食用专业复配着色膏：黑色、仙客来（红宝石色）、雪绒花（白色）、金莲花（杏色）、泰迪棕、赤陶色、甜李和紫罗兰

Squires Kitchen可食用专业复配着色液体色素：黑色

Squires Kitchen可食用专业复配着色色粉：灯笼海棠（艳粉）和浅粉色

Squires Kitchen可食用金属珠光色粉：银色

Squires Kitchen专业级食用色素笔：黑色

Squires Kitchen品牌CMC粉（选用）

工器具

基础工具（见第6~7页）

直径20.5厘米的圆形蛋糕托板

备用的聚苯乙烯泡沫假体

圆形切模：直径1厘米、2.5厘米、4.5厘米、6厘米和7厘米

24号花艺铁丝：白色

小号铃兰切模套装（TT品牌）

黑色丝带：1.05米×15毫米（宽）

模板（见第262页）

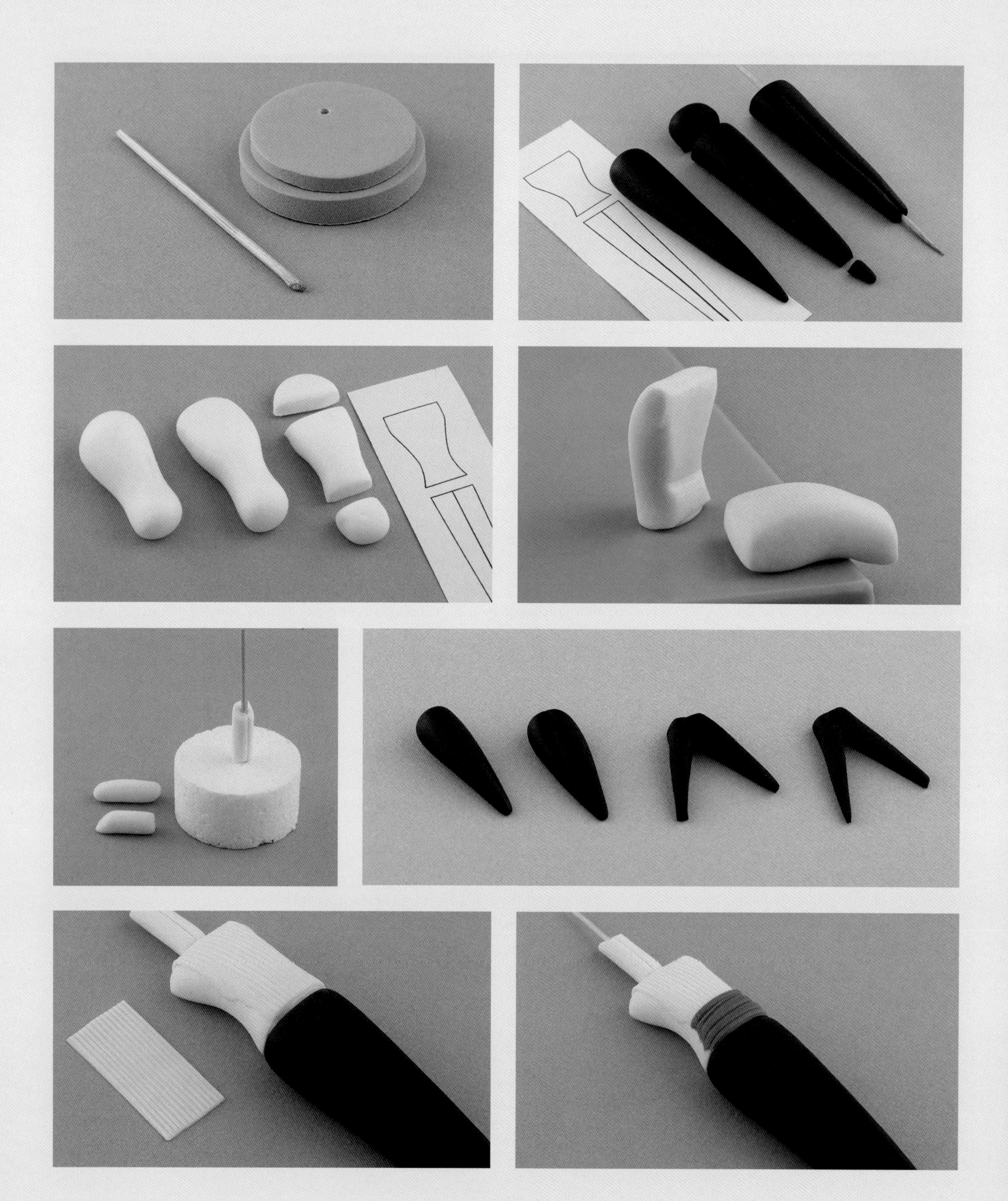

高强度塑形膏底托

1. 将浅灰色高强度塑形膏擀至1厘米的厚度，然后用圆形切模切出一个直径为7厘米的圆片。将剩余的塑形糖膏擀至5毫米的厚度，然后切出一个直径为6厘米的圆片。用可食用胶水将小圆片固定在大圆片正中间的位置。用一根竹签在糖膏上稍微偏离中心的位置上戳一个洞：这将成为人偶造型最终摆放的位置。将底托放置一旁彻底晾干。

魔术师的塑造方法

裤子

2. 将75克的黑色糖花膏揉成一个与模板宽度相同的长圆锥形。用手掌将长圆锥形糖膏略微压平。用蛋糕抹平器将糖膏的侧面按方，并塑造成与模板相同的形状。用锋利的小刀将糖膏的顶部和底部削平，然后用手工刀片在糖膏的正反两面的中线处划出一条竖线以区分出左右腿的位置。从裤子底部插入一根竹签并将它从腿部的顶端穿出。将裤形糖膏放置在平面上隔夜晾干。

大师建议

为了加快干燥时间，在制作裤子前，可以在糖花膏里加入少许CMC粉。

躯干

3. 将35克的白色糖花膏揉成一个梨形。用手掌的底部将梨形糖膏粗的一端轻轻向下按压从而塑造出胸部和肩膀的轮廓，然后将糖膏的另一端按至与裤腰相同的厚度。按照模板的长度用锋利的小刀将糖膏的上下两端削平。用一根竹签在躯干的底部戳出一个洞，然后将它摆放在不粘擀板的边缘处晾干定形，从而为背部增添一些曲线。

颈部

4. 将少许白色糖花膏揉成一个小的香肠形。用刀将香肠形糖膏的一端削平，并将另一端切出一个斜角。将一根竹签竖直地穿入颈部，并在两端各留出一定的长度。在颈部的中线处划出一道竖线，然后将它插在备用的聚苯乙烯泡沫假体上晾干。

鞋子

5. 将少许黑色糖花膏揉成一个细长的圆锥形，然后用蛋糕抹平器将它按压成一个楔形。用锋利的小刀沿着长边将糖膏从中间对半切开，然后用可食用胶水将较粗的一端黏合在一起形成一个V字形。用一根竹签在糖膏的连接处戳出一个小洞，然后将鞋子形状的糖膏固定在高强度塑形膏底托上，并确保将鞋上的洞和底托上的洞彼此对齐。

衬衫和腰带

6. 将少许白色糖花膏擀成一个纤薄的薄片，用尺子的边缘在糖膏上面印出数条竖直的线条，然后切出一个大约6厘米×2.5厘米的长方形。用可食用胶水将长方形糖膏黏合在躯体的正面。

7. 接下来，将躯干小心地插入到从腿部顶端穿出的竹签上，并用经软化的白色糖花膏将它们固定在一起。将颈部的竹签插入躯干，同样用经软化的白色糖花膏加以固定。去除颈部与腰部多余的糖膏使作品更加整洁完美。

8. 将浅灰色的糖花膏擀至非常纤薄，然后切出一个大约2厘米×1.5厘米的长方形。用尖头塑形工具的侧边沿着长边在糖膏上划出数条平行的线条，然后将它黏合到衬衫的底部作为腰带：注意在这里没有必要将腰带环绕腰部一周，以避免使将要被黏合在身体上的上衣变形。用手指抚平腰带和上衣的接缝处，然后将躯干平放隔夜晾干。

头部

9. 参考头部图纸的尺寸，将大约20克的肤色糖花膏揉成一个水滴形。用双手的食指尖在脸部中线处按压出眼窝，并塑造出鼻梁的形状。用一只手的拇指和食指捏住鼻梁，用另一只手的食指将糖膏向上推出鼻尖的形状。用食指在鼻子两侧来回滑动将糖膏打磨平滑的同时使鼻子更加立体。

10. 用球形塑形工具在眼窝处按压出凹痕，然后用手指轻柔地将球形工具留下的痕迹打磨平滑，如有必要也可以进一步修饰鼻梁的形状。用小号球形塑形工具在鼻子底端按压出鼻孔，然后用尖头塑形工具圆润的一端轻压鼻孔周围的糖膏，使鼻翼更加立体。

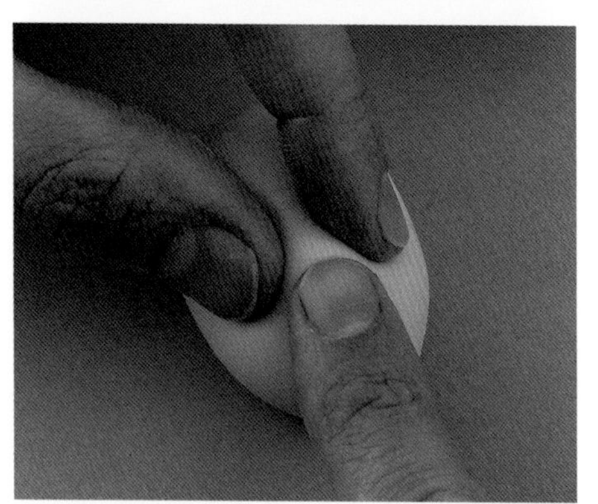

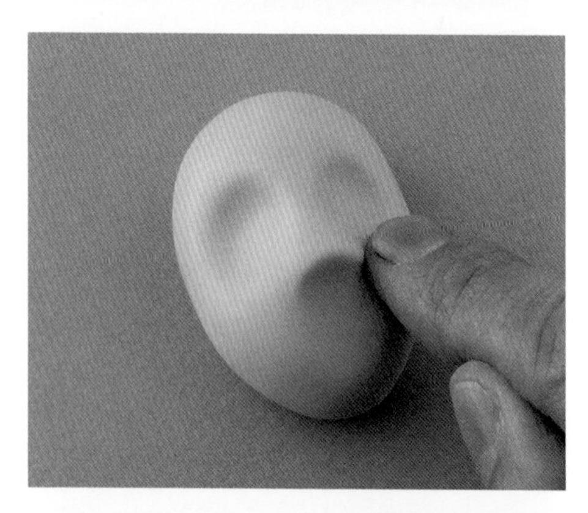

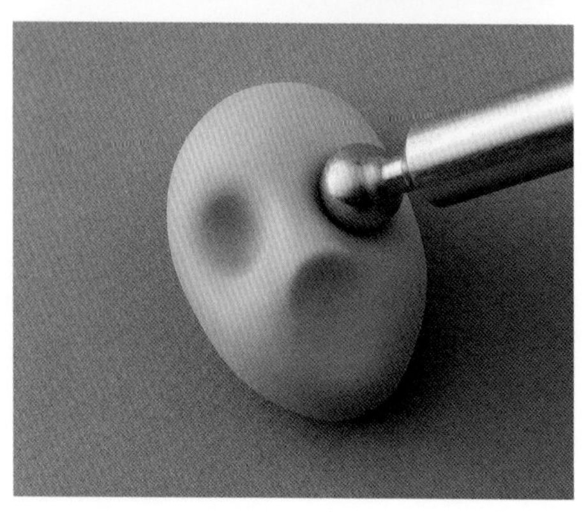

11. 先用尖头塑形工具圆润的一端在鼻子下方的位置按压出嘴形，然后再用它的尖端从嘴的下方的位置向上推出下嘴唇的形状。最后用尖头塑形工具圆润的一端在嘴的两侧和眼睛下方划出皱纹的纹路线条。

12. 将头部平放在台面上，并在下巴底下垫上一块楔形糖膏，从而使它在干燥定形后呈现出一定的斜角：这样可以使人物的脸部轮廓更加逼真。

13. 将白色糖花膏揉成两个小的圆球的形状，用可食用胶水将它们分别黏合在眼窝的位置上，然后用手指将眼球略微按平，避免使眼珠从眼窝中凸出来。

14. 在制作小胡子时，将少许黑色糖花膏揉成一个两头尖的细长的香肠形，然后用可食用胶水将它黏合在鼻子下方的位置。另取少许黑色糖花膏并揉成一个两头尖的香肠形，将香肠形糖膏两头朝上地黏合固定在下巴处，用尖头塑形工具的尖端将中间的糖膏向上推，从而做出山羊胡的形状。

15. 将赤陶色糖花膏揉成两个非常小的水滴形作为眼睫毛，然后将它们分别黏合在眼球上方的位置，注意尖的一端朝外。在制作眉毛时，将黑色糖花膏揉成两个细长的水滴形后分别黏合在眼睛上方的位置，注意眉毛的高低和角度略有不同，从而做出困惑的表情。用软毛刷蘸取少许浅粉色色粉为双颊上色。将黑色糖花膏揉成两个微小的圆球，然后将它们分别黏合在稍微偏离眼球中心的位置上作为瞳孔。

16. 采用第51页的方法做出耳朵的形状，然后将它们分别黏合在头部的两侧。待头部干燥后再添加头发。

17. 将大约20克的黑色糖花膏揉成一个水滴形，然后将其中的一面按平。将糖膏水平的一面黏合固定在脑后使头部的轮廓变得完整和圆润，然后用笔杆在头发上按压出数条纹路线。在头部的底部插入一根竹签，然后将它插入到备用的聚苯乙烯泡沫假体上以便在上面继续添加头发。

18. 制作发际线时，先将黑色糖花膏揉成一个两头尖的香肠形，然后用手指将它按平。将糖膏黏合在头顶，并将尖的两端贴在耳朵的前面作为鬓角。用尖头塑形工具的侧边反复按压糖膏使其看起来更像头发。将头部放置一旁晾干。

上衣

19. 将从躯干中穿出的竹签插到一个备用的聚苯乙烯泡沫假体上。将黑色糖花膏擀成薄片，然后根据模板切出上衣的形状。先将上衣从背部围裹过来并搭在腰部和肩膀上，然后用可食用胶水将它固定在躯干上，注意上衣的正面保持敞开的状态。将糖膏在肩膀的顶部捏紧，然后用剪刀裁去多余的部分，使肩膀的接缝处更加平整。

20. 在制作翻领时，先将黑色糖花膏擀薄，然后按照模板的形状切出一个细长条作为领子。在银色金属珠光色粉中添加几滴无色透明酒精后混合均匀，然后用笔刷蘸取混合色液为翻领上色。用可食用胶水将翻领黏合在颈部与上衣上。使用铃兰切模在紫色糖花膏上切出一朵小花，然后将它黏合在翻领上作为装饰。

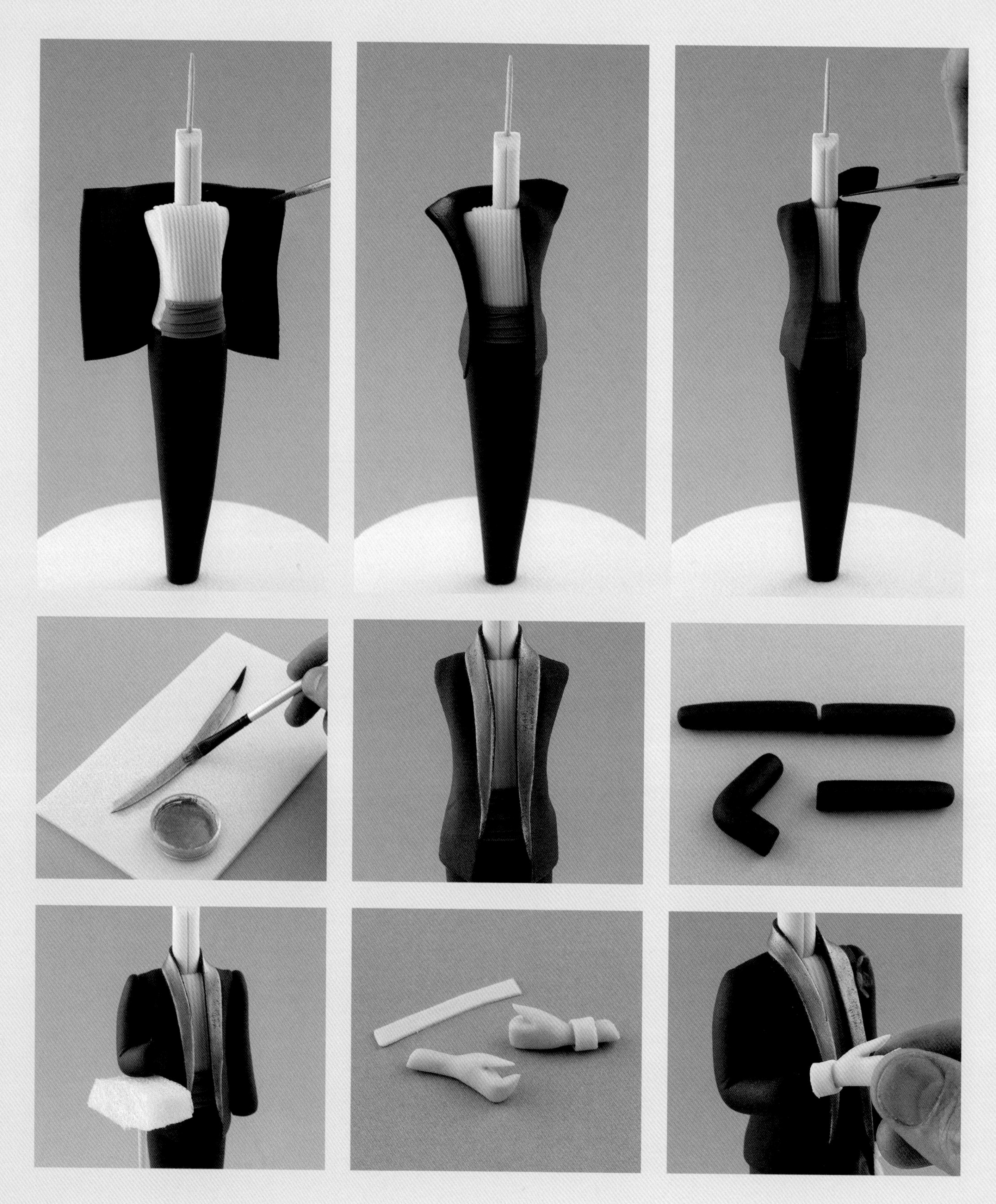

胳膊

21. 将大约20克的黑色糖花膏揉成一根香肠的形状，然后将它对半切开作为胳膊。将其中一半糖膏保持竖直，将另一半在肘部弯折为90° 。将胳膊分别黏合在身体两侧，并用一根竹签支撑住弯曲的胳膊直到它彻底干燥定形。注意在竹签和胳膊之间夹入一小块海绵以防在糖膏上留下印记。在每只袖子的外侧贴上一个用黑色糖花膏做出的扣子。将人物造型放置一旁晾干。

手部及袖口

22. 采用第48页的方法用肤色糖花膏做出两只手，但不需要按压出手指的形状。将手部进行弯折，使一只手呈现出握拳的姿势，另一只手则张开准备握住魔杖。将手部放置一旁晾干。

23. 待双手干燥定形后，将白色糖花膏擀薄后切出两根细长条，将条形糖膏围裹在手腕处作为袖口。待双手和袖口彻底干燥后，用一把锋利的小刀沿着袖口将多余的糖膏切除。在袖口处涂抹少许经软化的白色糖花膏，然后将手部黏合固定在胳膊上。

帽子

24. 将30克的黑色糖花膏揉成一个粗的香肠形，然后在不粘擀板上将糖膏的两端分别按平。

25. 将少许黑色糖花膏擀薄后切出一根宽1厘米的长条形，用笔刷蘸取银色金属珠光色粉和无色透明酒精的混合色液为其上色。将长条形糖膏围在香肠形糖膏的一端，用剪子剪去接缝处多余的糖膏后将它放置一旁晾干。

26. 制作帽檐时，将黑色糖花膏擀薄后用圆形切模切出一个直径为4.5厘米的圆片。将圆形糖膏沿着一个方向擀成椭圆形，然后用切模在椭圆形的中心切出一个直径为2.5厘米的圆形。将帽子上下翻转，然后用可食用胶水将帽檐黏合在帽子的底部。将帽子放置一旁晾干。

魔杖

27. 在一根长6厘米的24号花艺铁丝上涂抹少许可食用胶水，然后将一个小的黑色糖花膏圆球穿到铁丝上。用手指擀动糖膏直到将铁丝彻底包裹住。将铁丝两端多余的糖膏去除，然后将它放置一旁晾干。最后将一个细长条的白色糖花膏围裹在魔杖的顶端作为装饰。

兔子的塑造方法

头部

28. 将大约10克的白色糖花膏揉成一个圆的水滴形，在粗的一端插入一根牙签以使头部保持直立，避免被压平。

29. 用一个直径为1厘米的圆形切模在脸的下半部分按压出一条曲线。用尖头塑形工具圆润的一端将曲线下方的糖膏向下按压，从而做出嘴巴的形状。用小号球形塑形工具在嘴角处分别按压出一个酒窝，然后用指尖将糖膏上的印迹轻轻打磨平滑。为了使嘴部更有层次感，将少许仙客来糖花膏擀至非常薄，用滚轮切刀切出嘴的形状，然后用可食用胶水将糖膏黏合在嘴的内部。

30. 在制作鼻子时，将少许白色糖花膏揉成一个椭圆形，然后将它黏合固定在嘴的上方的位置。用手工刀的刀刃在鼻子的中间压出一道竖纹，从而将其分成两半。先将浅粉色糖花膏揉成一个小的圆球形，再将它按成椭圆形，将椭圆形糖膏黏合在鼻子的中间作为鼻头。最后用软毛刷蘸取少许浅粉色色粉为脸颊上色。

31. 在制作舌头时，在仙客来糖花膏中添加少许白色糖花膏将它调成稍浅的颜色。将浅色的糖膏揉成一个小的椭圆形，然后将它黏合在嘴的底部作为舌头。将舌头略微按平，然后用尖头塑形工具在舌头中间压出一条竖线。

32. 用黑色食用色素笔在鼻子上方的位置画出两个小的椭圆形当作眼睛。然后用细的画笔蘸取黑色液体色素在眼睛上面分别画出一条曲线当作眉毛。

33. 将白色糖花膏揉成一个小的水滴形作为牙齿，然后用可食用胶水将它黏合在鼻子的下方。待固定好位置后，用小剪刀将牙齿的底部剪平，再将它剪成两颗牙齿。用一根牙签在头顶处戳出两个小洞用来安装耳朵。

耳朵

34. 制作耳朵时，先将白色糖花膏揉成两个长的水滴形，然后将一根白色花艺铁丝插入到水滴形糖膏较细的一端，注意在外面留出一小段铁丝。用手指将水滴形糖膏稍稍按平，然后用中号球形塑形工具按压糖膏中间的位置对其进行塑形。将耳朵弯折为适合的角度，然后将它们放置一旁彻底晾干。待耳朵干燥后，将铁丝插入到头部顶端预留的小孔中，再用可食用胶水固定好位置。

特别注意： 虽然在通常情况下我们不建议在糖艺造型中使用花艺铁丝，但为了将耳朵弯折到位，花艺铁丝在这里起到了不可替代的作用。请确保在食用蛋糕前兔子和魔杖等装饰物已被安全地取下。

35. 重复第28～34的步骤制作出另外3只兔子的头部。并通过改变嘴巴、眼睛的形状和眉毛的位置等方式制作出不同的面部表情。待头部彻底干燥后再将它们分别固定在身体上。

身体、腿和尾巴

36. 将10克白色糖花膏揉成一个小的梨形，然后用工具刀将梨形糖膏较细的一端剪成两半以区分出两条前腿。将两条前腿略微向内扭转以隐藏工具刀留下的切痕。用尖头塑形工具在身体两侧划出后腿的形状，再在前腿较圆的一端按出两道印记作为爪子。将白色糖花膏揉成一个小的圆球形，然后用可食用胶水将它黏合在身后当作尾巴。将白色糖花膏揉成两个水滴形，然后将它们分别黏合在身体两侧后腿底部的位置，在每个水滴形糖膏较圆的一端按出两道印记作为后爪。最后在前腿的顶部插入一根牙签用于安装头部。

组装

37. 在兔子身体依旧柔软的时候，用可食用胶水将它黏合在魔术师的头部。将一根牙签穿入兔子的脖颈并一直插入到魔术师的头部。将魔术师的头部放置一旁晾干。将黑色糖花膏揉成数根细长的香肠形，然后将它们黏合在兔子的两只爪子间，使兔子看起来像是陷进了魔术师的头发里。

38. 将从魔术师身体底部穿出的竹签穿入双脚间的洞和高强度塑形膏底托，并一直插入到聚苯乙烯泡沫假体中。用少许经软化的黑色糖花膏将裤子黏合固定在鞋的上方的位置。将魔术师的头部插入到从颈部穿出的牙签上，然后用经软化的白色糖花膏将它粘牢。最后用细笔刷蘸取雪绒花（白色）色膏在魔术师的瞳孔上点出高光。

39. 将兔子的头部插在从身体里穿出的牙签上，然后用经软化的白色糖花膏将它们黏合在一起。用经软化的肤色糖花膏将魔杖黏合固定在魔术师的右手中。

40. 重复第36的步骤制作出第二只兔子的身体。将兔子摆放在高强度塑形膏底托上，并使它直站着躲在魔术师裤子的后面。注意将它同时黏合固定在底座和裤子上以获得最大程度的支撑。在兔子的脖颈处插入一根牙签后让身体干燥定形。待干燥后，将一个兔子的头部倾斜地插在竹签的上面，然后将整个造型彻底晾干。

蛋糕及蛋糕托板的装饰方法

41. 使用淡紫色的糖膏为蛋糕包面（见第34页），然后用深李色的翻糖膏覆盖蛋糕托板（见第41页）。将蛋糕固定在稍微偏离托板中心的位置。最后将黑色丝带固定在托板的侧边上作为装饰。

42. 在制作手绢时，先将少许仙客来糖花膏擀成薄片，然后用灯笼海棠色粉为其上色。将糖膏松松地折起，然后用可食用胶水将它固定在托板的上面。将帽子黏合在手绢上，然后将一个兔子的头部黏合在帽子的顶部。采用同样的方法为小兔子做出两个前爪，然后将它们分别黏合在帽檐上。

43. 按照第36的步骤做出另一只兔子的身体，然后将它固定在蛋糕的边缘处，并使它呈现出正在努力地往上爬的姿态。在兔子的身体里插入一根牙签，待身体干燥后将兔子的头部插入到身体之中。

44. 当展示蛋糕之前，用经软化的高强度塑形膏或皇家糖霜将人物造型黏合固定在蛋糕上。由于高强度塑形膏底托可以有效地防止人物造型陷入蛋糕，另外竹签也为人物造型提供了额外的支撑，因此不需要再在蛋糕中插入蛋糕支撑杆。

大师建议

不建议将人偶造型插在蛋糕底座上进行运输，这样人偶会很容易倾斜或是翻倒；建议按照第55页的方法将人偶放在蛋糕盒中运输，在到达目的地后再进行组装。

特别注意：请确保在食用蛋糕前移除藏有不可食用的支撑物的人偶和兔子的造型。

兔子饼干

按照第18页的配方做出饼干面团，然后按照第262页的模板的形状切出25个兔子头部的饼干并将它们烤制成熟。

在裱花袋中装入1号裱花嘴并填入软硬度适中的白色皇家糖霜，然后在饼干上裱出外轮廓线。将糖霜稀释至流动状态。在裱花袋中装入2号裱花嘴后灌入流动糖霜，然后用流动糖霜填充饼干的表面（见第30页）。在糖霜仍然湿润时，用灯笼海棠和少许黄水仙色膏为流动糖霜调色，然后在耳朵上裱出长水滴形，并在双颊上裱出圆点。用仙客来色的流动糖霜裱出张开的嘴巴，再用更浅的仙客来色流动糖霜裱出舌头的形状。最后在嘴部滴入一滴白色流动糖霜作为门牙。将装饰好的饼干放置一旁晾干。

用1号裱花嘴和仙客来色的流动糖霜在饼干的正中央的位置上点出一个圆点，然后用牙签拉动糖霜将圆点调整为一个三角形的鼻子。在制作合上的嘴巴的形状时，用仙客来色的流动糖霜在饼干上分别裱出圆点、短线或曲线即可。用黑色的流动糖霜裱出椭圆形的眼睛，再用白色填流动糖霜为眼睛加上高光。用细笔刷蘸取黑色液体色素在饼干上画出眉毛和闭上的眼睛，最后用灯笼海棠液体色素在口鼻之间画出一条细线作为装饰。

不给糖就捣蛋

每逢万圣节，孩子们都会穿上他们最喜欢的服饰挨家挨户地要糖吃或者出去捣蛋。这个穿着巫女服装的小女孩造型无疑是万圣节庆祝蛋糕的完美选择。

可食用材料

Squires Kitchen糖花膏（干佩斯）：

- 150克黑色
- 10克深棕色（在白色的糖花膏中添加少许宽叶香蒲色膏进行调色）
- 30克浅紫丁香色（在白色的糖花膏中添加紫藤色膏进行调色）
- 30克圣诞红色（在白色的糖花膏中添加圣诞红色膏进行调色）
- 200克紫色（在白色的糖花膏中添加紫罗兰色膏进行调色）
- 100克肤色（在白色的糖花膏中添加少许泰迪棕和微量的玫瑰色膏进行调色）
- 10克蓝色（在白色的糖花膏中添加少许冰蓝色膏进行调色）
- 50克黄色（在白色的糖花膏中添加少许万寿菊色膏进行调色）
- 50克白色

Squires Kitchen高强度塑形粉：

- 50克浅棕色（在白色的高强度塑形膏中添加少许泰迪棕色膏进行调色）
- 100克白色（未染色）

Squires Kitchen皇家糖霜粉：

- 20克黑色
- 50克浅粉色（在白色的皇家糖霜中添加少许玫瑰色膏进行调色）
- 50克深粉色（在白色的糖花膏中添加少许仙客来色膏进行调色）

Squires Kitchen可食用专业复配着色膏：黑色、仙客来（红宝石色）、雪绒花（白色）、龙胆（冰蓝色）、万寿菊（橙色）、圣诞红、玫瑰、泰迪棕、紫藤和紫罗兰

Squires Kitchen可食用专业复配着色液体色素：黑色和板栗棕

Squires Kitchen可食用专业复配着色色粉：浅粉色

Squires Kitchen可食用金属珠光色粉：银色

Squires Kitchen专业级食用色素笔：黑色

Squires Kitchen品牌CMC粉

工器具

基础工具（见第6～7页）

直径3厘米的聚苯乙烯泡沫半球

备用的聚苯乙烯泡沫假体

圆形切模：直径3.5厘米或4厘米

棉花垫

小片的薄卡纸，如谷物盒子或蛋糕盒子

裱花嘴：2个3号和1个7号

烘焙用透明玻璃纸

模板（见第260～262页）

身体的制作方法

1. 将100克的白色高强度塑形膏在不粘擀板上擀至5毫米的厚度，然后根据模板切出身体的形状。将糖膏塑造成一个圆锥形，并将两端相重叠。将圆锥形糖膏粗的一端朝下直立着隔夜晾干。

大师建议

如果你没有足够的时间将糖膏放置隔夜晾干，不妨将薄薄的一层高强度塑形膏围裹在冰淇淋威化筒的外层加以代替，这样可以帮助糖膏快速定形。待高强度塑形膏基本定形后，即可继续进行人物的造型。

巫师帽的制作方法

2. 在制作帽檐时，在50克的黑色糖花膏中加入少许CMC粉并将它们揉和均匀，将糖花膏擀至3毫米的厚度，然后用直径为8.5厘米的圆形切模切出一个圆片。将圆片沿着一个方向擀成一个椭圆形作为帽檐。将帽檐放置在一个平面上晾干定形，注意在帽檐一侧的下面垫上一小块棉花垫，从而使帽檐呈现出波浪形。

3. 在制作帽顶时，在30克的黑色糖花膏中加入少许CMC粉并将它们揉和均匀，按照模板的形状将糖花膏揉成一个细长的圆锥形。用尖头塑形工具的边缘在圆锥形糖膏上按压出3条标记线，然后按照模板的形状，在标记处将帽子弯成钩子的形状。将帽子放置一旁晾干。

4. 用冷却后的开水软化一小块黑色糖花膏，并用它作为胶水将帽子和帽檐黏合固定在一起。

5. 在制作帽子上的绑带时，将20克的紫色糖花膏擀薄后切出一个宽2厘米的长方形。用可食用胶水将长方形糖膏围裹在圆锥形的底部。然后用小剪刀剪去接缝处多余的糖膏。

6. 在制作帽子扣时，将少许浅紫丁香色的糖花膏擀薄后按照模板切出帽子扣的形状。然后用可食用胶水将它黏合在帽子的前面。

篮子的制作方法

7. 将30克的浅棕色高强度塑形膏擀薄，然后用尺子的边缘在糖膏上压出平行交叉的网状纹理。将糖膏覆盖在一个直径为3厘米的半球形聚苯乙烯泡沫假体上，然后用一个直径为3.5厘米或4厘米的圆形切模切去多余的糖膏。将篮子放置一旁晾干。

颈部的制作方法

8. 将少许肤色糖花膏揉成一个与模板尺寸大小相仿的圆锥形作为颈部。在颈部穿入一根竹签后将它放置一旁晾干。

巫女服饰的制作方法

9. 在制作底裙时，将少许黑色糖花膏在不粘擀板上擀薄，然后切出一个与高强度塑形膏圆锥体等高的三角形。用尺子的边缘沿着长边在三角形糖膏上按压出数条褶皱，然后用可食用胶水将它黏合在高强度塑形膏圆锥体的正面。

10. 将150克的紫色糖花膏在不粘擀板上擀得非常薄，然后按照模板切出外衣的形状。将外衣的侧边向内折出褶边，然后在外衣上做出几个悬垂的褶皱。将外衣黏合固定在高强度塑形膏圆锥体的外面，并露出前侧的底裙。在身后的裙摆上做出松散的褶皱。最后用剪刀裁去圆锥体顶部多余的糖膏。

11. 用经软化的肤色糖花膏将颈部固定在外衣的顶端。将紫色糖花膏擀薄后按照模板裁出领子的形状。将领子黏合在颈部的底端，注意领子较窄的一端朝下。将少许黑色糖花膏擀薄后切出一个1.5厘米宽的长条形，将条形糖膏黏合在领子的底部。最后用一副小剪刀从背面剪去多余的糖膏。

头部的制作方法

12. 在35～40克的肤色糖花膏中加入少许CMC粉后将它们揉和均匀，将糖膏揉成一个圆润的水滴形（参见模板的尺寸）。用中号球形塑形工具在脸部中线的位置上按压出眼窝，以便稍后安装眼睛。

13. 制作嘴巴时，用一小片卡纸在脸的下半部分按压出一个凹痕，然后将卡片向下拉动，从而做出一个张开的嘴型（见第115页）。

14. 在制作鼻子时，将少许肤色糖花膏揉成一个圆润的三角形，将三角形糖膏黏合在两眼之间的位置上。然后用笔杆在鼻子的底部戳出两个鼻孔。

15. 在制作眼睛时，将少许白色糖花膏揉成两个小的椭圆形，然后用可食用胶水将它们分别黏合在眼窝处。用指尖将眼睛轻轻地按平，以避免眼睛凸出眼眶。用小号球形塑形工具在眼珠的下半部分按压出一个小的凹痕，以便稍后添加虹膜。将微量的蓝色糖花膏揉成两个小的圆球，然后用可食用胶水将它们分别黏合在眼睛里作为虹膜。用手指将虹膜按平，并确保它和眼球处于同一平面。用黑色食用色素笔在虹膜上画出瞳孔。最后用一根细笔刷蘸取少许雪绒花（白色）色膏为瞳孔点出高光。

大师建议

当你制作眼睛时，一定要确保将眼球、虹膜和瞳孔按平，以避免使人物的眼睛凸出眼眶。

16. 在制作睫毛时，将少许黑色糖花膏揉成两个两头尖的细长的香肠形，用可食用胶水将睫毛沿着眼睛的轮廓线黏合在眼睛的顶部。用细笔刷蘸取少许黑色液体色素在糖膏的外侧画出几根单根的睫毛。最后用细笔刷蘸取少许板栗棕液体色素在每只眼睛的上方的位置画出眉毛。

17. 在浅粉色色粉中添加少许玉米淀粉后将它们混合均匀，然后用软毛刷蘸取少许混合色粉为双颊和嘴巴的内部上色。

18. 在制作舌头时，将少许圣诞红色糖花膏揉成一个小的圆球的形状。将球形糖膏黏合在嘴的下半部分，并将它轻轻按平。

19. 制作牙齿时，将少许白色糖花膏揉成一个两头尖的香肠形并将它略微按平，用可食用胶水将糖膏黏合在嘴的上半部分。用小刀在糖膏中间的位置上划出一个缺口，做出门牙上的缝隙。

20. 用牙签的尖端蘸取板栗棕液体色素在脸颊和鼻子上点出雀斑。

21. 按照第51页的方法制作出耳朵，并将它们分别黏合在头部的两侧。

22. 将少许黄色糖花膏揉成两个大小不同的水滴形，然后将它们分别略微按平。在额头处涂抹少许可食用胶水，将两个水滴形糖膏黏合在前额上作为刘海，并将糖膏的两端轻柔地拢到耳朵的后面。用尖头塑形工具的边缘在头发上划出数道纹理线条，然后在刘海和脸的侧面加上几缕零散的头发。将头部放置一旁晾干。

23. 待头发干燥定形后，将头部插入到从颈部顶端穿出的竹签上，并用经软化的糖花膏固定好位置。

大师建议

你不需要将这个人物造型的头部垂直地插入到颈部中，将它略微偏向一侧将看起来更为自然。

24. 用经软化的黑色糖花膏将帽子固定在头顶，然后将篮子固定在身体前侧腰带下方的位置上，并用几根竹签作为支撑。将人物造型隔夜晾干。

胳膊的制作方法

25. 将紫色糖花膏揉成一个两端稍尖的香肠形，然后将它平分成两半，每段糖膏大约6厘米长。将每只胳膊在肘部弯折为一定角度后平放晾干。

26. 将紫色糖花膏在不粘擀板上擀薄后按照模板切出袖子的形状。在糖膏依旧柔软的时候将胳膊黏合在袖子的上面，在袖子上折出几个褶皱使它呈现出一些动态。用可食用胶水将胳膊和袖子分别黏合固定在躯干两侧以及篮筐下方的位置。将人物造型放置一旁晾干。

27. 采用第48页的方法制作出双手并将它们黏合在袖口处。

假发的制作方法

28. 在两个小号塑料裱花袋中分别装入一个3号裱花嘴，然后在袋中分别填入50克的浅粉色和50克深粉色的高硬度皇家糖霜。将一张烘焙用透明玻璃纸平放在台面上，然后用两种颜色的糖霜在上面分别裱出多条曲线。将裱好的线条放置隔夜晾干。

大师建议

你需要向裱花袋施加较大的压力，从而使裱出的线条弯曲成型。

29. 将紫色糖花膏揉成两个香肠形，将其中一个香肠形糖膏黏合在衣领子处用来填补帽子下面的空隙，并将另一个香肠形糖膏黏合在后背的顶部。这两个香肠形糖膏将不仅可以帮助支撑卷发，还可以增加假发的体积。

30. 待糖霜卷发彻底干燥后，用皇家糖霜将第一排卷发黏合在香肠形糖膏的底部，并将第二排卷发黏合在第一排卷发上方的位置，采用同样的方法，将卷发从底部一直黏合到头顶处，从而完成假发的整体造型。先用卷发将香肠形糖膏彻底覆盖住，然后再用卷发填补头部正面和侧面的空隙。

扫帚的制作方法

31. 在制作扫帚把手时，将浅棕色的高强度塑形膏揉成一个长度大约为11.5厘米的细长的香肠形，然后将香肠形糖膏的一端削平。

32. 在制作扫帚头时，将少许黄色糖花膏擀薄后切出一个长11.5厘米宽5厘米的长条形。用锋利的小刀沿着短边在长条形糖膏上切出多条垂直的线条，但注意不要将顶部切断。将切好的糖膏卷成一卷作为扫帚的头部。用可食用胶水将扫帚头黏合固定到把手被削平的一端。将少许深棕色糖花膏揉成一根细长的香肠形，然后将它黏合在扫帚头和把手之间作为装饰。

糖果的制作方法

33. 将圣诞红色的糖花膏在不粘擀板上擀开后切成数个小的立方体。待糖膏干燥后，将它们分别黏合固定在篮筐里。

猫的制作方法

34. 制作猫的身体时，先将10克的黑色糖花膏揉成一个玻璃瓶的形状，然后将糖膏的一侧按压至竖直的形状。在颈部插入一根牙签后放置几个小时晾干定形。

35. 将10克的黑色糖花膏揉成一个椭圆形作为头部，然后将它固定在颈部的牙签上。用牙签的尖端在脸部中线的位置上戳出两个小孔作为眼睛。将黑色糖花膏揉成两个扁平的水滴形作为耳朵，然后用圆锥形塑形工具按压出耳朵的形状后将它们分别固定在头顶。将黑色糖花膏揉成一个小的椭圆

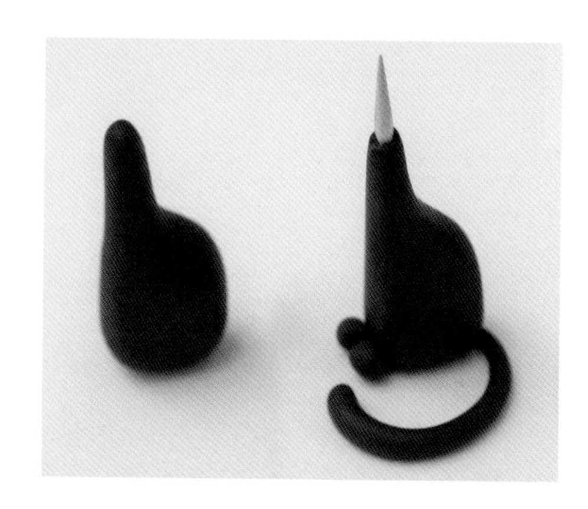

形作为鼻子，然后用尖头塑形工具在椭圆形糖膏的正中间划出一条竖线。将鼻子贴合在眼睛下方的位置，最后用一个圣诞红色糖花膏揉成的小圆球黏合在鼻子的顶部作为装饰。

36. 将少许黑色糖花膏揉成一个细长的一端略尖的香肠形，然后将香肠形糖膏黏合在猫的背面作为尾巴。最后将黑色糖花膏揉成两个小的圆球形，然后将它们黏合在猫的身体的正面作为猫爪。

修饰润色

37. 在制作补丁时，将少许浅紫丁香色的糖花膏擀薄后切成几个大小不同的正方形。用尖头塑形工具在正方形的边缘处轻轻拉拽以呈现出撕裂的装饰效果。将补丁随机地黏合在外衣上进行装饰。

38. 将少许浅紫丁香色糖花膏塑造成一个胸针的形状，然后将它黏合在裙子的正面作为装饰。再用少许同色的糖膏做出一个扣子的形状，然后将它固定在领口处。

39. 将黑色糖花膏擀薄后切出一个细长条的形状作为袖子的围边，然后用一个7号裱花嘴在细长条形糖膏的一侧切出一圈半圆形作为装饰，将黑色装饰围边黏合在袖子上。最后用黑色皇家糖霜在外衣底部的褶边上裱出一圈装饰性的圆点。

40. 将黑色糖花膏揉成一个纤细的香肠形，然后将它黏合在颈部作为项链。最后将一个黑色糖花膏揉成的小圆球黏合在项链正中间的位置作为项链坠。

巫女的猫咪糖霜饼干

按照第260页的模板的形状与尺寸在一张烘焙用透明玻璃纸上裱出猫咪的眼睛（见第30页）。先用黑色的流动糖霜在每只眼睛的上方裱出一条弧线，然后在黑色线条的下方填入白色流动糖霜，并用牙签将糖霜拉动到眼角处。在白色糖霜仍然湿润的时候在上面裱出黑色的瞳孔，再用白色流动糖霜在瞳孔上点出高光。将猫眼放置一旁晾干。

按照第18页的配方做出饼干面团，然后按照第260页的模板的形状切出25个猫咪头部形状的饼干并将它们烤制成熟。

在软硬度适中的皇家糖霜中添加少许海石竹红色的色膏进行调色。在裱花袋中装入1号裱花嘴并填入调好颜色的皇家糖霜，然后在饼干及猫的内耳处裱出外轮廓线。制作少许流动状态的皇家糖霜，然后将它们分别调染为浅海石竹红色和深海石竹红色。在猫的内耳处填充浅海石竹红的流动糖霜，然后用深海石竹红色的流动糖霜填充饼干的其他区域（见第30页）。将饼干在工作台面上轻磕几下，使糖霜自然地融合在一起，表面变得平整而光滑。用仙客来（红宝石色）的流动糖霜裱出嘴巴的形状，在糖霜依旧湿润时，用浅的仙客来（红宝石色）的流动糖霜在嘴部裱出舌头。将装饰好的饼干放置一旁晾干。

用罂粟红色的流动糖霜在鼻子的位置上裱出一个圆点，并在糖霜依旧湿润的时候用牙签将它勾画成一个圆润的三角形鼻头的形状。用1号裱花嘴和软硬度适中的黑色糖霜裱出猫咪的胡须。最后用黑色食用色素笔画出猫耳朵里面的毛发、口鼻处的纹路线和合拢的嘴巴的形状。

圣诞老人的小帮手

这些快乐的小精灵们正在圣诞老人的雪橇上堆放平安夜要送出的礼物。这个作品将为你创造一个尝试在同一个头部造型上展现不同面部表情的绝妙的机会。你可以通过为小精灵加上鬓角、山羊胡或者刘海等方式将他们每一个都做得与众不同。因此尽情地释放你的创造力，在实践中创新吧!

可食用材料

直径15厘米高5厘米的方形蛋糕，已经填充好馅料并封好蛋糕坯（见第34页）

Squires Kitchen糖膏：

- 500克白色
- 50克深棕色（在白色的糖膏中添加少许宽叶香蒲色膏进行调色）
- 400克浅橄榄色（在白色的糖膏中添加少许橄榄绿色膏进行调色）
- 50克淡米黄色（在白色的糖膏中添加少许板栗棕色膏进行调色）

Squires Kitchen糖花膏（干佩斯）：

- 5克黑色
- 50克艳绿色（在白色的糖花膏中添加少许薄荷色膏进行调色）
- 150克深绿色（或是在白色的糖花膏中添加冬青/常春藤色膏进行调色）
- 20克橄榄绿色（在白色的糖花膏中添加少许橄榄绿色膏进行调色）
- 50克橙色（在白色的糖花膏中添加少许小檗梗色膏进行调色）
- 5克圣诞红色（或是在白色的糖花膏中添加圣诞红色膏进行调色）
- 100克肤色（在白色的糖花膏中添加少许金莲花和泰迪棕色膏进行调色）
- 5克赤陶色（在白色的糖花膏中添加少许赤陶色膏进行调色）
- 100克白色

Squires Kitchen皇家糖霜粉：

- 5克黑色
- 20克白色（未染色）

Squires Kitchen高强度塑形粉：

- 300克白色（未染色）

Squires Kitchen可食用专业复配着色膏：黑色、小檗梗、宽叶香蒲、板栗棕、雪绒花（白色）、冬青/常春藤（深绿色）、薄荷、圣诞红、金莲花色（杏色）、泰迪棕、橄榄绿和赤陶

Squires Kitchen可食用专业复配着色液体色素：板栗棕和冬青/常春藤（深绿色）

Squires Kitchen可食用专业复配着色色粉：雪绒花（白色）和金莲花色（杏色）

工器具

基础工具（见第6～7页）

边长28厘米的方形蛋糕托板

边长5厘米、6厘米和8厘米的方形蛋糕卡纸托，或者将一个边长15厘米的卡纸托裁剪为5厘米、6厘米和8厘米的正方形

备用的聚苯乙烯泡沫假体

小片的薄卡纸，如谷物盒子或蛋糕盒子

工具刀

圆形切模：直径5毫米

裱花嘴：2号

千金子藤切模：3枚套装中的大号（TT品牌）

烘焙用透明玻璃纸

象牙色丝带：1.15米×15毫米（宽）

模板（见第255页）

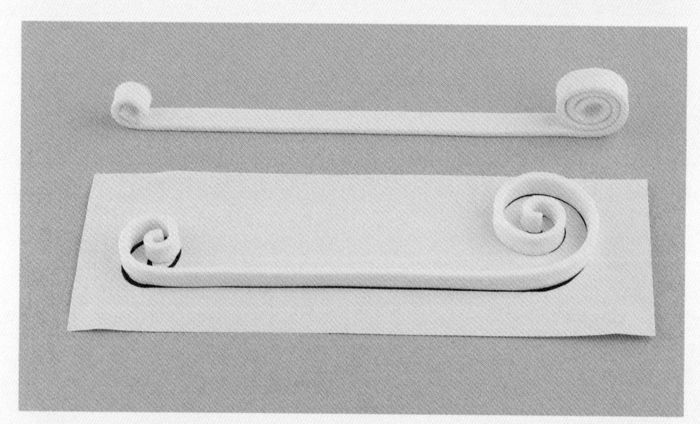

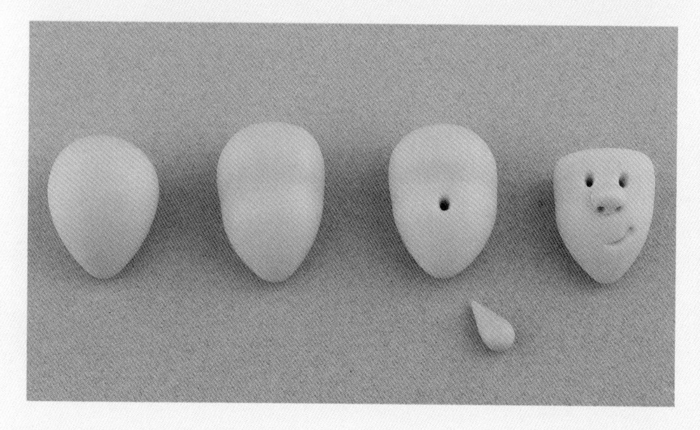

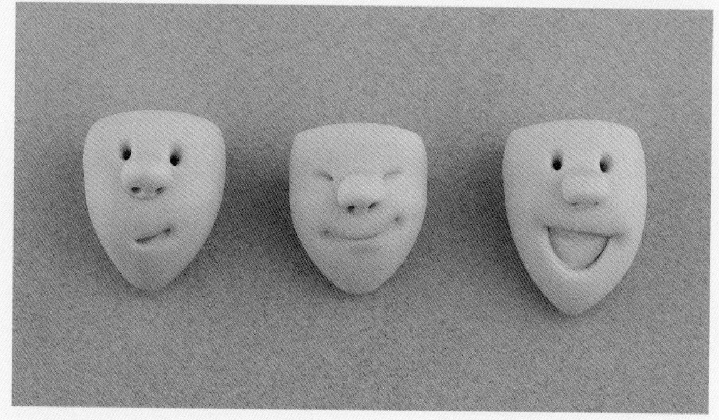

雪橇的制作方法

1. 按照模板在薄卡纸上描摹出雪橇的形状，然后用剪刀剪出轮廓。

2. 将50克的深棕色糖膏和50克的淡米黄色的糖膏混合在一起调成象牙色。将少许象牙色的糖膏和200克的白色高强度塑形膏混合在一起调成奶白色。将高强度塑形膏擀至4毫米的厚度，然后用工具刀按照模板切出雪橇侧面的形状。采用同样的方法切出雪橇的另外一个侧面。将雪橇形糖膏放置一旁晾干。

大师建议

由于暴露在空气中的高强度塑形膏非常容易变得干燥，因此建议每次只制作出雪橇的一面，以免糖膏在切割成型之前就已经干燥。

3. 在制作雪橇侧面的扶手时，先将30克的白色糖花膏揉成一个香肠形，然后将它切为两半，再将两段糖膏分别揉成一个长32厘米的细长的香肠形。将香肠形糖膏的两端分别卷起，然后用可食用胶水将它们分别黏合固定在雪橇侧面顶部的边缘处。

4. 在制作雪花形状的装饰时，将少许白色糖花膏擀薄后用平刃小刀或小号切模切出16个小的菱形。参考图示，将菱形糖膏成对地黏合在雪橇的侧面上。在纸质裱花袋中填入软硬度适中的白色皇家糖霜，然后在袋子的尖端剪出一个小口，用皇家糖霜在雪橇上裱出直线、圆点和水滴形作为装饰。

5. 在制作雪橇下面的滑板时，将50克的白色糖花膏和50克的高强度塑形膏揉和均匀。将50克的混合糖膏擀至4毫米的厚度，然后切出一条长42厘米×1厘米的条形。将长条形糖膏侧放，然后按照模板塑造出滑板的形状。重复同样的步骤制作出另一侧的滑板，然后将它们放置一旁晾干。

大师建议

由于滑板纤薄易碎，为了以防万一，建议多做出几片备用。

相对于单独使用高强度塑形膏，将糖花膏与高强度塑形膏混合使用可以延缓糖膏干燥的时间，从而给你提供更长的操作时间。

小精灵的塑造方法

头部和面部表情

6. 将10～15克的肤色糖花膏揉成一个水滴形。用手指在水滴形糖膏的中线处打磨并按压出脸颊的形状。将少许肤色糖花膏揉成一个小的水滴形作为鼻子。用牙签的尖端在面部的中央扎一个洞，然后将小水滴形糖膏的尖端插入洞中，并用可食用胶水固定好位置。最后用牙签的尖端在鼻子底部戳出两个鼻孔。重复同样的步骤再制作出另外两个头部的形状。

7. 在制作微笑的嘴巴时，用尖头塑形工具的边缘在鼻子下面画出一条曲线。用小号球形塑形工具在嘴角处按压出酒窝，然后用手指将球形塑形工具留下的印痕打磨平滑。用尖头塑形工具圆润的一端在嘴巴下方的位置轻轻按压，从而突出下嘴唇

的形状。如果有必要，可以用尖头塑形工具的尖端按压嘴部，使其略微张开。

8. 在制作张开的嘴巴时，采用第115页的方法，将一小块卡纸裁剪成嘴巴的形状，然后用它在脸的下半部分按压出一个印痕。用小号球形塑形工具在嘴角处按压出酒窝，然后用手指将球形塑形工具留下的印痕打磨平滑。将少许赤陶色糖花膏擀至非常纤薄后切出一个嘴部的形状，然后将它黏合到嘴里为嘴巴增加一定的深度。在制作上牙时，将少许白色糖花膏揉成一个两头尖的香肠形，然后将香肠形糖膏在台面上按平。用一个切割工具在牙齿的中间切出一道牙缝后将它黏合在嘴巴的顶部。

9. 在制作睁开的眼睛时，用牙签的尖端在鼻子上方的位置戳出眼窝。在裱花袋中填入少许黑色流动皇家糖霜，然后在袋子的尖端剪一个小口。用黑色皇家糖霜填充眼窝，注意不要填得过满以免眼睛凸出眼眶。待糖霜干燥后，用细画笔蘸取雪绒花（白色）色膏在眼睛上点出高光。

大师建议

你也可以用黑色食用色素笔在面部画出黑眼球，再在上面点出白色的高光。

10. 在制作微闭的眼睛时，用尖头塑形工具在鼻子上方的位置分别按压出两条短的斜线。然后用细画笔蘸取宽叶香蒲色液体色素在眼睛上部画出曲线作为睫毛。

11. 用工具刀将头部的顶端削平以便安装帽子。将头部放置隔夜晾干。

颈部

12. 将少许肤色糖花膏揉成一个小的圆球形，然后将它穿入到一根涂有可食用胶水的牙签中。用手指将牙签上的糖膏擀至比需要的长度略长，然后再裁至合适的长度用以支撑头部。在颈部的两端各留出一段牙签，然后将它插在一块聚苯乙烯泡沫假体上晾干。

耳朵

13. 将少许肤色糖花膏揉成两个两头尖的香肠形，然后用手指将它们分别略微按平。用圆锥形塑形工具顺着长边将糖膏按压成耳朵的形状，然后将它们放置一旁干燥定形。

帽子

14. 将头部插入到聚苯乙烯泡沫底托上以方便塑造其他的装饰细节。

15. 将15~20克的深绿色糖花膏揉成一个一端扁平的圆锥形。用少许可食用胶水将圆锥形糖膏固定在头顶作为帽子。将帽子的顶部向一侧弯折，然后用牙签在帽子的正面按压出几条横纹以呈现出布料的装饰效果。

16. 在制作护耳时，将深绿色的糖花膏揉成一个长的椭圆形后将它按平。将椭圆形糖膏从中间切成两半，然后将它们分别黏合在头部的两侧，注意将糖膏的直边对准帽檐。在眼睛的延长线的位置，用竹签的尖端在每片护耳上戳出一个小洞。将耳朵插入洞中，然后用经软化的肤色糖花膏固定好位置。

17. 将白色糖花膏和少许艳绿色糖花膏揉和在一起形成浅绿色。将浅绿色糖花膏揉成一个小的圆球形，然后用可食用胶水将它黏合到帽子的顶部作为装饰。

头发和眉毛

18. 在制作刘海、山羊胡或鬓角时，先将橙色糖花膏擀薄后揉成几个小的水滴形，然后用可食用胶水将它们分别黏合固定在面部，并用尖头塑形工具在糖膏上划出毛发的纹理线条。将黑色糖花膏揉成两个非常小的水滴形作为眉毛，然后将它们分别黏合在帽子的底部：你可以通过改变眉毛的角度创作出不同的面部表情。将一个一面扁平的水滴形橙色糖花膏黏合在脑后使头部的轮廓变得完整而圆润，然后用尖头塑形工具尖的一端在糖膏上划出头发的纹理。将头部放置一旁干燥定形。

19. 将金莲花食用色粉与少许玉米淀粉混合均匀，然后用软毛刷蘸取混合色粉为脸颊、鼻尖和耳尖上色。最后用细画笔蘸取板栗棕液体色素在脸颊上点出雀斑。

腿部

20. 将10克的深绿色糖花膏揉成一个香肠形，然后将它对半切开后按照第51页的方法制作出两条腿。将脚趾揉尖并将顶端卷起。用尖头塑形工具在膝盖后面压出一道痕迹后将它们弯折至适合的角度。为坐在地上的小精灵制作出一双伸直的双腿。在制作坐在礼物上的小精灵时，则将双腿弯折为90°并用手指在弯折处捏出膝盖的形状，然后将制作好的双腿搭在备用的聚苯乙烯泡沫的边缘处晾干。在制作腿部交叉的小精灵时，将两条腿分别弯折为

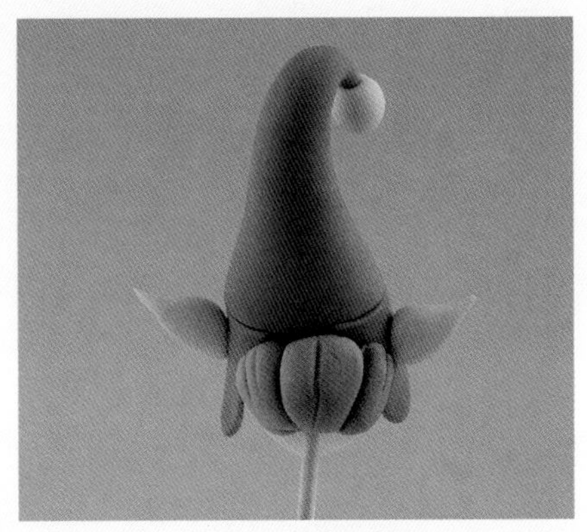

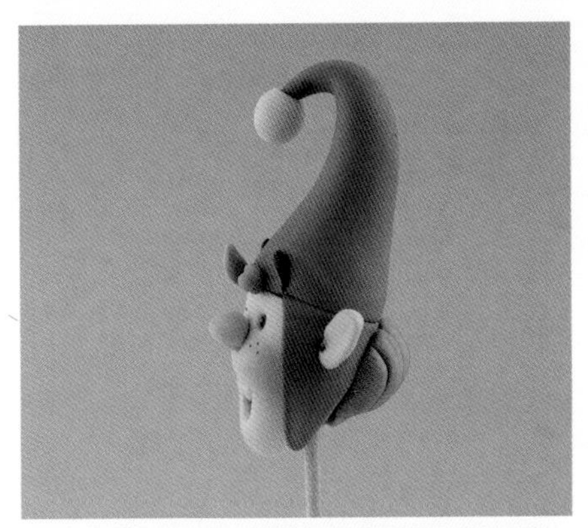

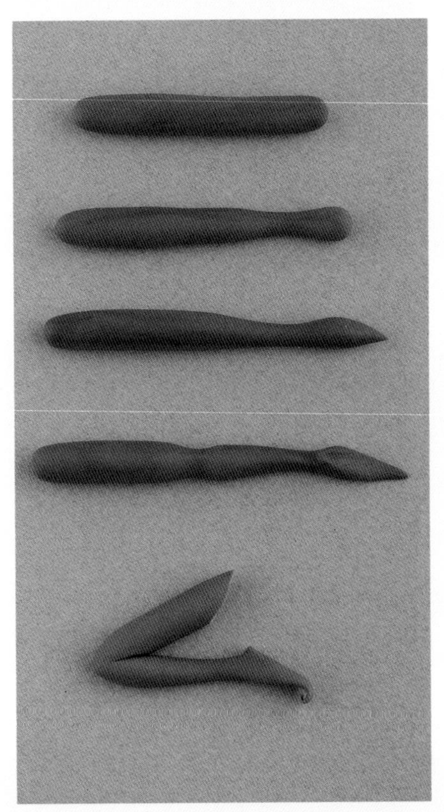

45°，用手指在弯折处捏出膝盖的形状后将腿部平放晾干。待干燥后，用经软化的深绿色糖花膏将两条大腿的顶部黏合在一起，并在膝盖的下面分别垫上一小块糖膏作为支撑以帮助定形。将交叉的双腿放置一旁彻底晾干。

21. 待腿部干燥后，将艳绿色的糖花膏揉成数个小的圆球形，略微按平后将它们分别黏合在每个小精灵的膝盖上。

躯干

22. 将10克的艳绿色糖花膏揉成一个圆锥形，然后用可食用胶水将圆锥形糖膏与腿部黏合在一起。将深绿色糖花膏擀成薄片后切出一个1厘米宽的长条形。将长条形糖膏黏合在躯干中间的位置，并将接缝处留在背后，然后用小刀裁掉多余的糖膏使接缝变得平整。将浅绿色糖花膏揉成一个细长的香肠形，然后将它黏合在身体的底部作为上衣的围边。用一个直径为5毫米的圆形切模（或裱花嘴）在艳绿色的糖花膏薄片上切出一个腰带扣的形状。将腰带扣固定在腰带中间的位置，并在上面添加一个用圣诞红色糖花膏做成的小圆片作为装饰。

大师建议

在将胳膊黏合在身体上时，要确保它们看起来自然、合理。

我一般会在小精灵被固定在蛋糕上之后才会制作他们的双手，这样手的摆放位置才会看起来更加自然。

胳膊

23. 将5克的艳绿色糖花膏揉成一个香肠形，然后将它切成两半作为胳膊。将胳膊切成与模板相同的长度，然后将它们分别黏合固定在身体两侧。

领子

24. 在制作领子时，将少许橄榄绿色的糖花膏擀薄，然后用大号的千金子藤切模切出一个花朵的形状。将花朵形糖膏黏合在躯干的顶部，然后将颈部穿入领子并直插入身体里。用可食用胶水将颈部与躯干部黏合固定在一起后放置一旁晾干。

25. 将塑造好的身体彻底晾干定形。

蛋糕托板的装饰方法

26. 用400克的浅橄榄绿色糖膏覆盖正方形的蛋糕托板（见第41页）。分别在冬青/常春藤液体色素和雪绒花色粉中滴入几滴冷开水进行稀释，然后用牙刷将两种颜色分别喷溅到糖膏上（见第54页）。将象牙色丝带固定在托板的侧边上进行装饰，然后将蛋糕托板放置一旁晾干。

小贴士

与白色色膏相比，我更倾向于使用经冷开水稀释的雪绒花色粉来进行喷溅上色，因为后者干燥速度更快。

蛋糕的装饰方法

27. 在一个边长为15厘米的正方形

大师建议

如果你找不到合适尺寸的蛋糕卡纸，就从15厘米的蛋糕卡纸上切出指定的尺寸。

蛋糕上分别切出一个边长为5厘米、6厘米和8厘米的方形蛋糕。用少许馅料将蛋糕分别固定在相同尺寸的卡纸托上。为蛋糕封坯后将它们放置在冰箱里冷却定形。

28. 将500克的白色糖膏分成3份，其中200克的白色糖膏用于为边长8厘米的蛋糕包面，另外的两份150克的白色糖膏用于为两个稍小的蛋糕包面。在3份白色糖膏中分别加入不同分量的象牙色糖膏，从而将它们混合成三个深浅不同的象牙色。用深浅各异的象牙色糖膏为3个蛋糕包面（见第34页）。

29. 分别用直径为5毫米的圆形切模和2号裱花嘴在白色糖膏上切出数个圆点，然后将它们黏合在直径为5厘米的蛋糕的上面作为装饰。在纸质裱花袋中填入软硬度适中的白色皇家糖霜，在袋子的尖端剪出一个小口，然后在蛋糕的侧面上裱出竖直的线条作为丝带。

30. 将浅象牙色的糖膏擀薄后切出一个1厘米宽的长条形，将条形糖膏围在边长为6厘米的蛋糕上作为丝带。在制作蝴蝶结时，在裱花袋中灌入白色的流动皇家糖霜后在袋子的尖端剪出一个小口，然后在一张烘焙用透明玻璃纸上裱出两个圆环的形状。将圆环形糖霜放置一旁晾干。

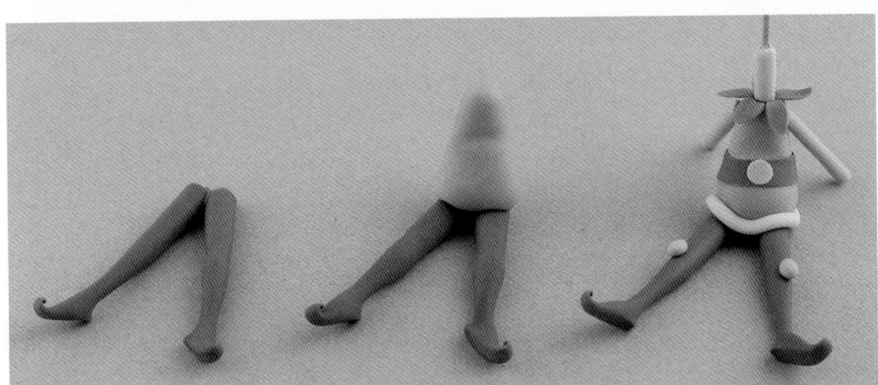

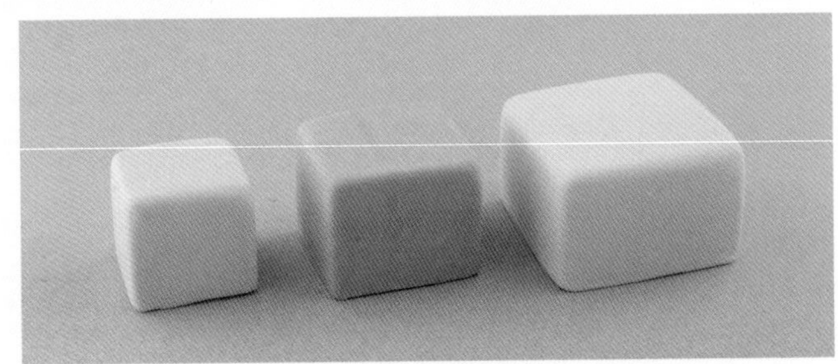

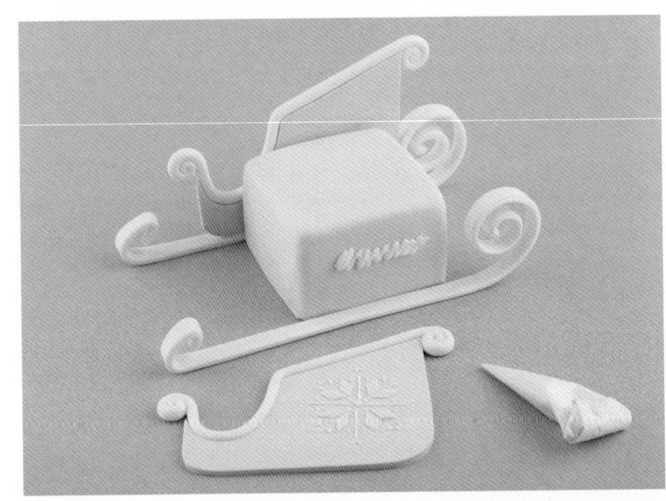

31. 待糖霜干透后，将圆环从透明玻璃纸上取下，然后用皇家糖霜将它固定到蛋糕的正面作为装饰。

组装

32. 用少许高硬度的皇家糖霜将直径为8厘米的方形蛋糕固定在托板靠后的位置上。然后用白色皇家糖霜将雪橇的滑板分别固定在蛋糕的两侧。用白色皇家糖霜将雪橇的侧面黏合在蛋糕和滑板上。如有必要，可以用切割工具刮掉多余的糖霜。

33. 将少许浅象牙色的糖膏擀至1厘米的厚度，然后切出一个8厘米×1.5厘米的长条形，将长条形糖膏黏合在雪橇的正面。最后将礼物摆放在底层蛋糕的上面并用皇家糖霜固定好位置。

34. 从备用的聚苯乙烯泡沫假体上取下小精灵的头部，抽出底部的牙签后将它们分别插入到颈部的位置上，注意调整头部的角度使它们向一侧稍微倾斜。将双腿彼此交叉的小精灵摆放在蛋糕的顶部，将坐着的小精灵摆放在底层蛋糕上，并将双腿岔开的小精灵摆放在蛋糕托板的上面。最后用少许皇家糖霜将他们固定好位置。

35. 在制作手部时，将少许肤色糖花膏揉成一个水滴形并将它按平。在水滴形糖膏的一侧切出一个V字形作为大拇指。重复同样的步骤制作出第二只手的形状，并确保大拇指的位置与第一只手相对称。用可食用胶水将双手黏合固定到小精灵的袖口处，并将它们摆放在适合的位置上。

36. 最后，将圣诞红糖花膏揉成数个小圆球的形状，将它们随机地摆放在蛋糕托板上并用食用胶水加以固定。

雪花饼干

按照第18页的配方烤制30个直径为6厘米的圆形饼干。

在软硬度适中的皇家糖霜中添加少许橄榄绿色的色膏进行调色。在裱花袋中装入1号裱花嘴并填入调好颜色的皇家糖霜，然后在饼干上裱出外轮廓线。制作少许流动状态的皇家糖霜。在裱花袋中装入2号裱花嘴后灌入流动糖霜，然后用流动糖霜填充饼干的表面（见第30页）。在糖霜依旧湿润的时候，在糖霜上撒少许冰白色的可食用闪粉，然后将饼干放置一旁晾干。

在白色糖膏上切出雪花的形状（采用与雪橇上的雪花装饰相同的制作方法），然后用可食用胶水将它们黏合在饼干上。用1号裱花嘴和软硬度适中的白色皇家糖霜在饼干上裱出直线、圆点和水滴形作为装饰。在雪花造型上撒上少许冰白色可食用闪粉后将饼干彻底晾干。

模　　板

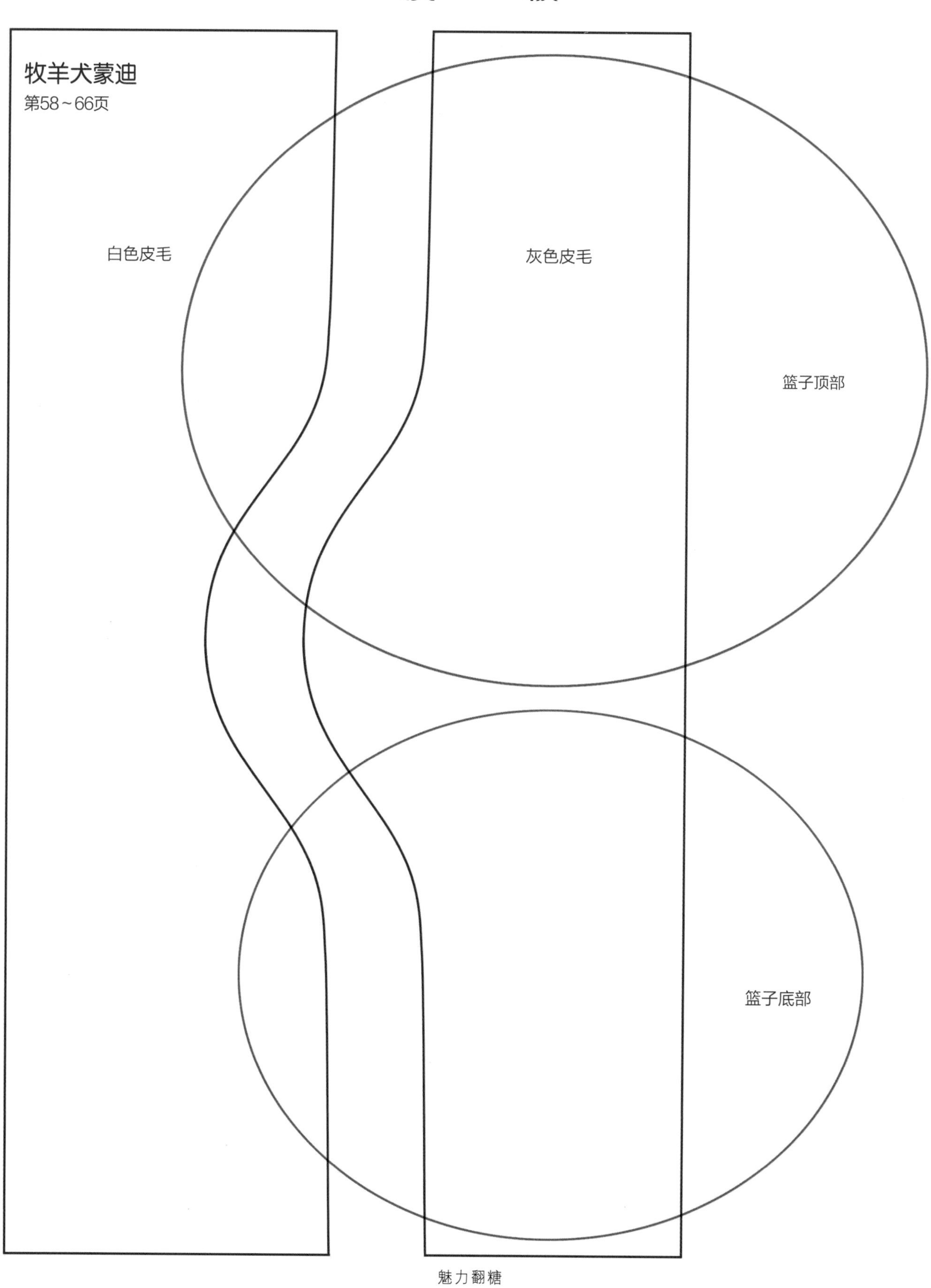

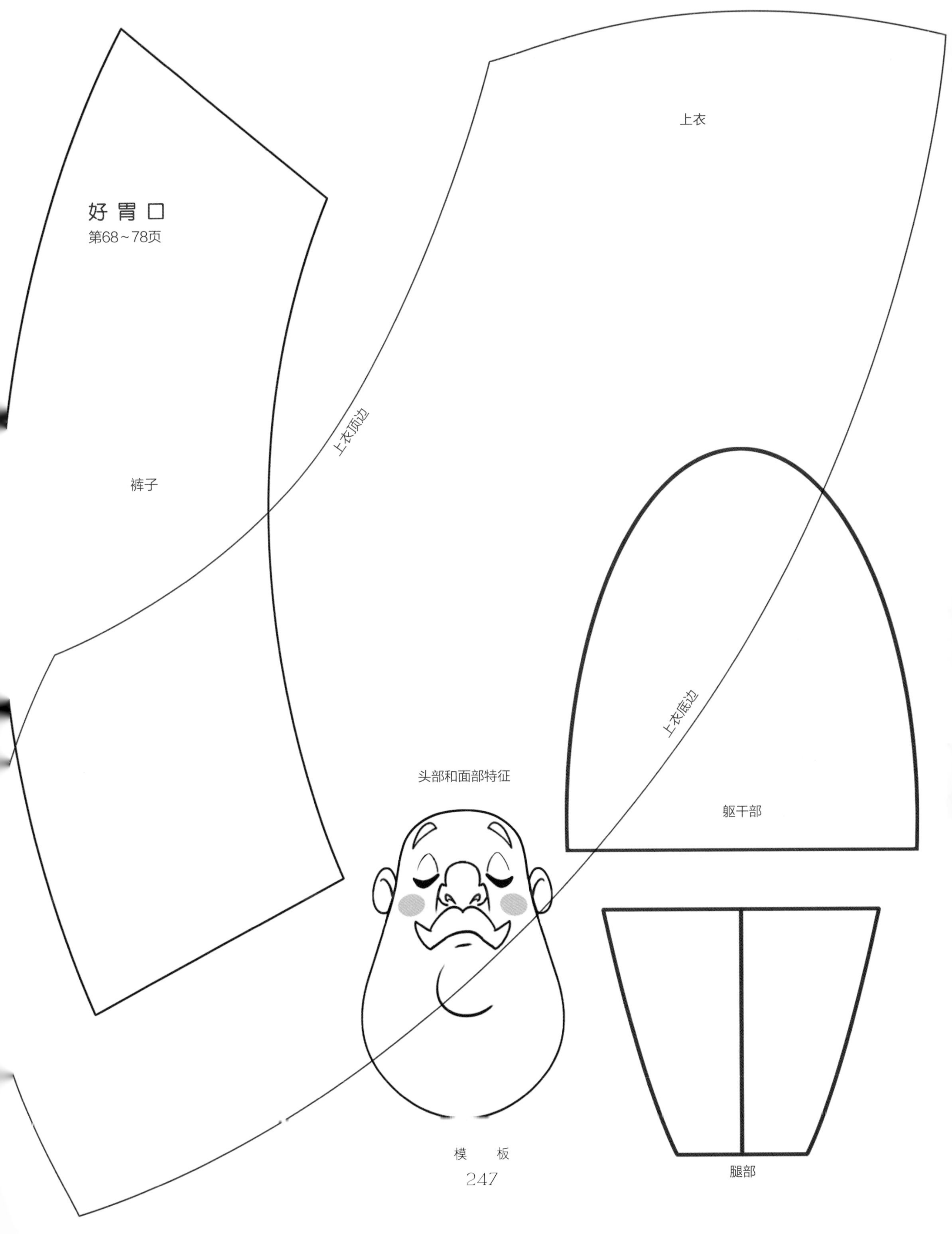
好胃口
第68~78页
上衣
上衣底边
裤子
上衣底边
头部和面部特征
躯干部
腿部

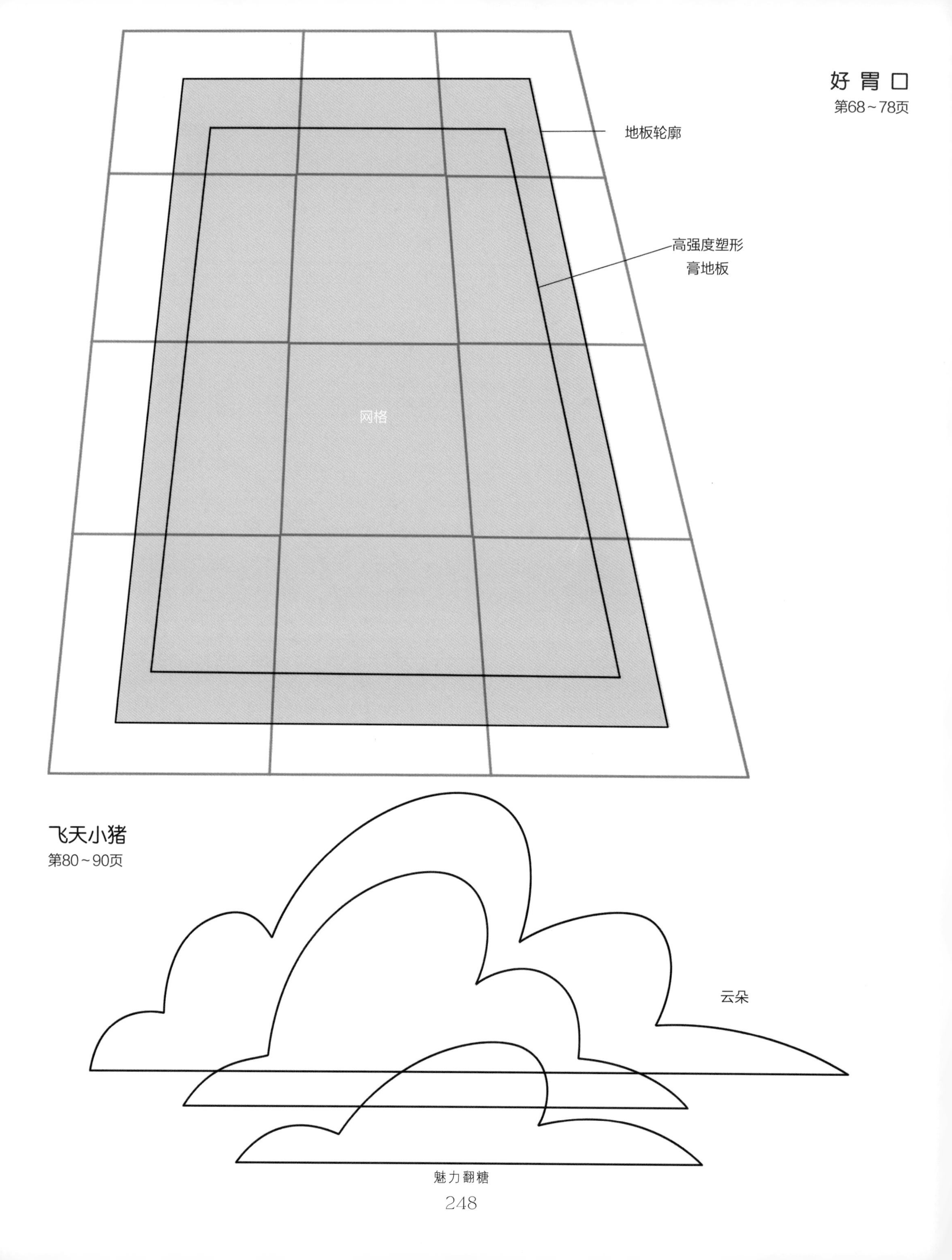

好胃口
第68~78页
地板轮廓
高强度塑形
膏地板
网格
飞天小猪
第80~90页
云朵
魅力翻糖

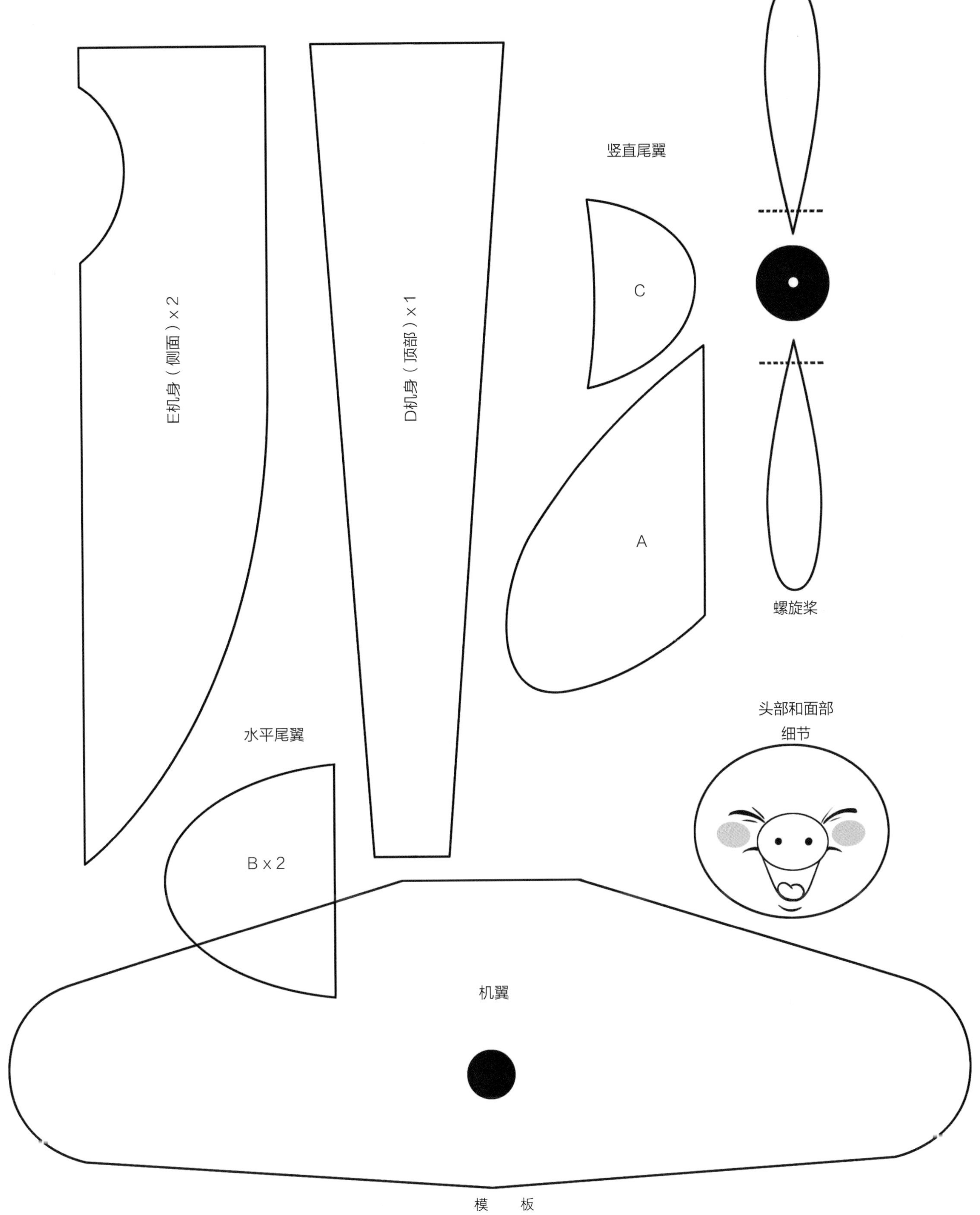

模　　板

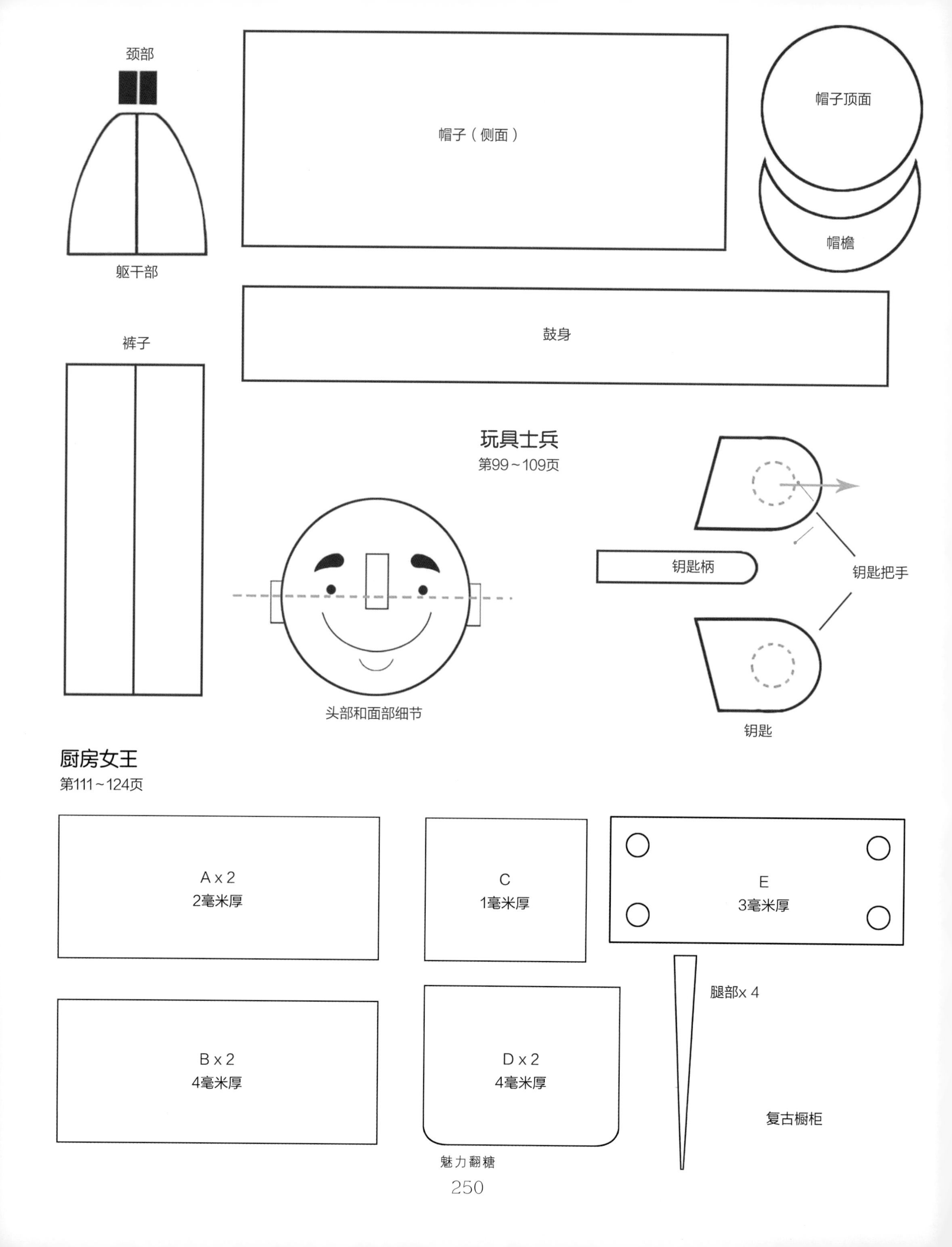
颈部
躯干部
帽子（侧面）
帽子顶面
帽檐
裤子
鼓身
玩具士兵
第99~109页
钥匙柄
钥匙把手
头部和面部细节
钥匙
厨房女王
第111~124页
A x 2
2毫米厚
C
1毫米厚
E
3毫米厚
腿部x 4
B x 2
4毫米厚
D x 2
4毫米厚
复古橱柜
魅力翻糖

厨房女王

第111～122页

厨房地板

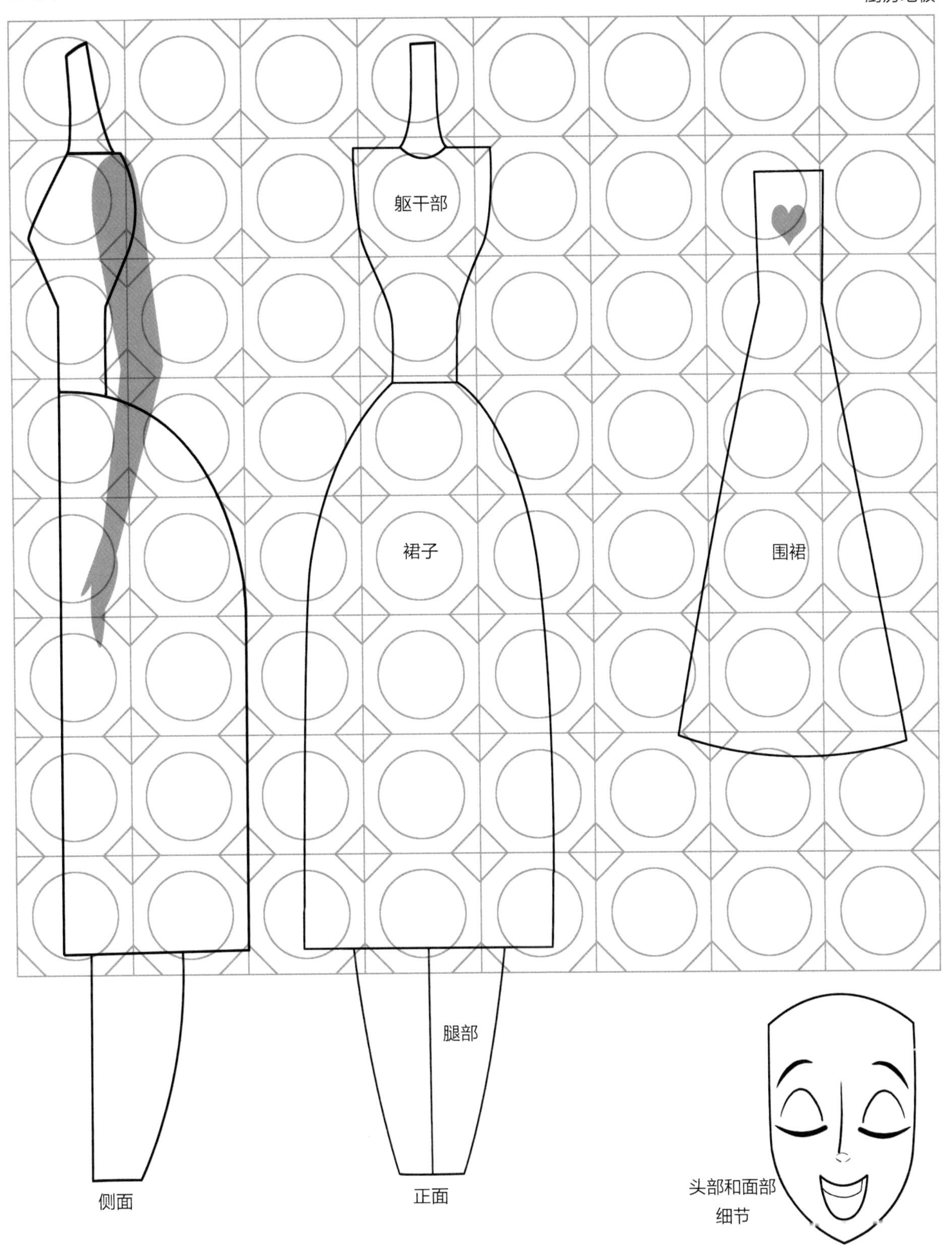

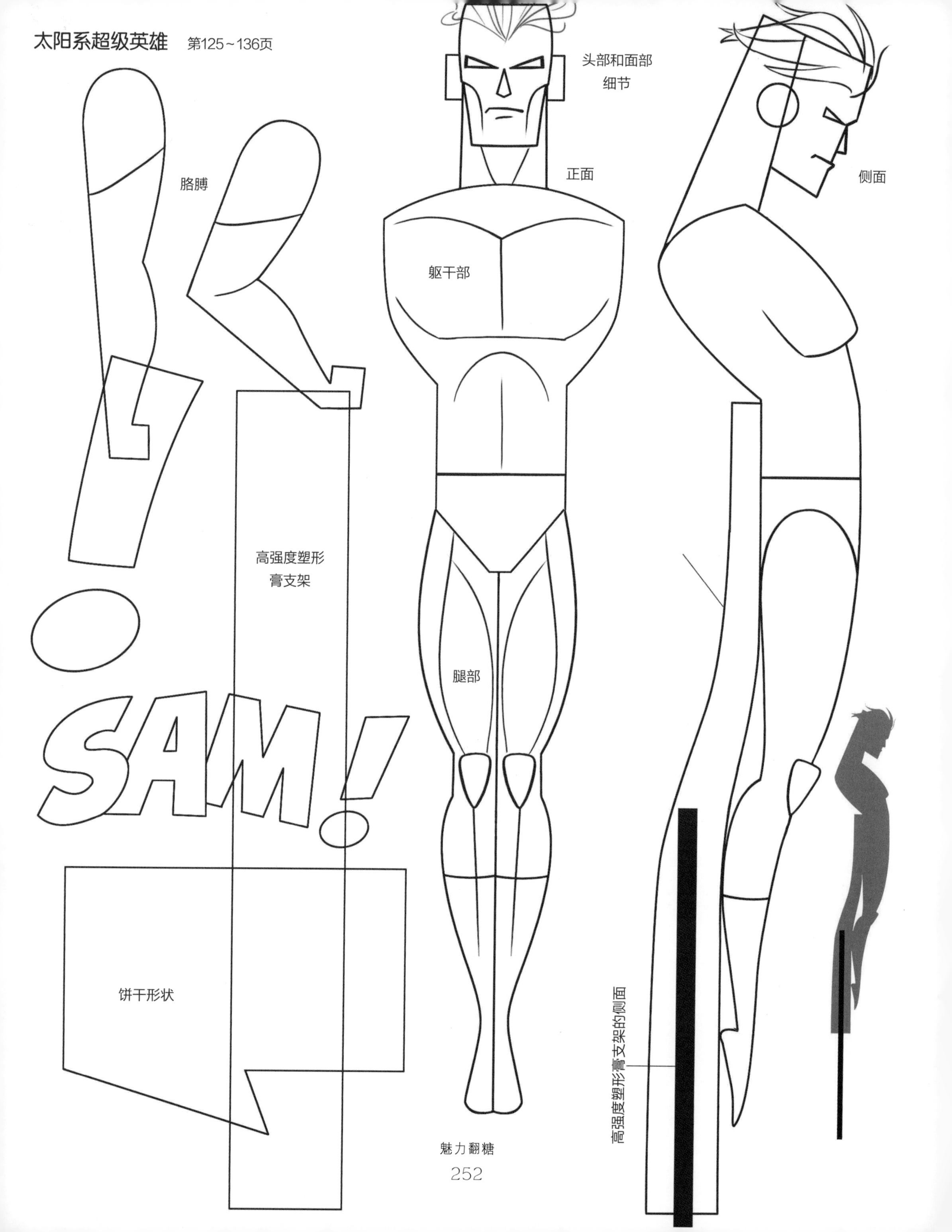
头部和面部
细节
正面
侧面
胳膊
躯干部
高强度塑形
膏支架
腿部
SAM!
饼干形状
高强度塑形膏支架的侧面
魅力翻糖

超级巨星

第137~148页

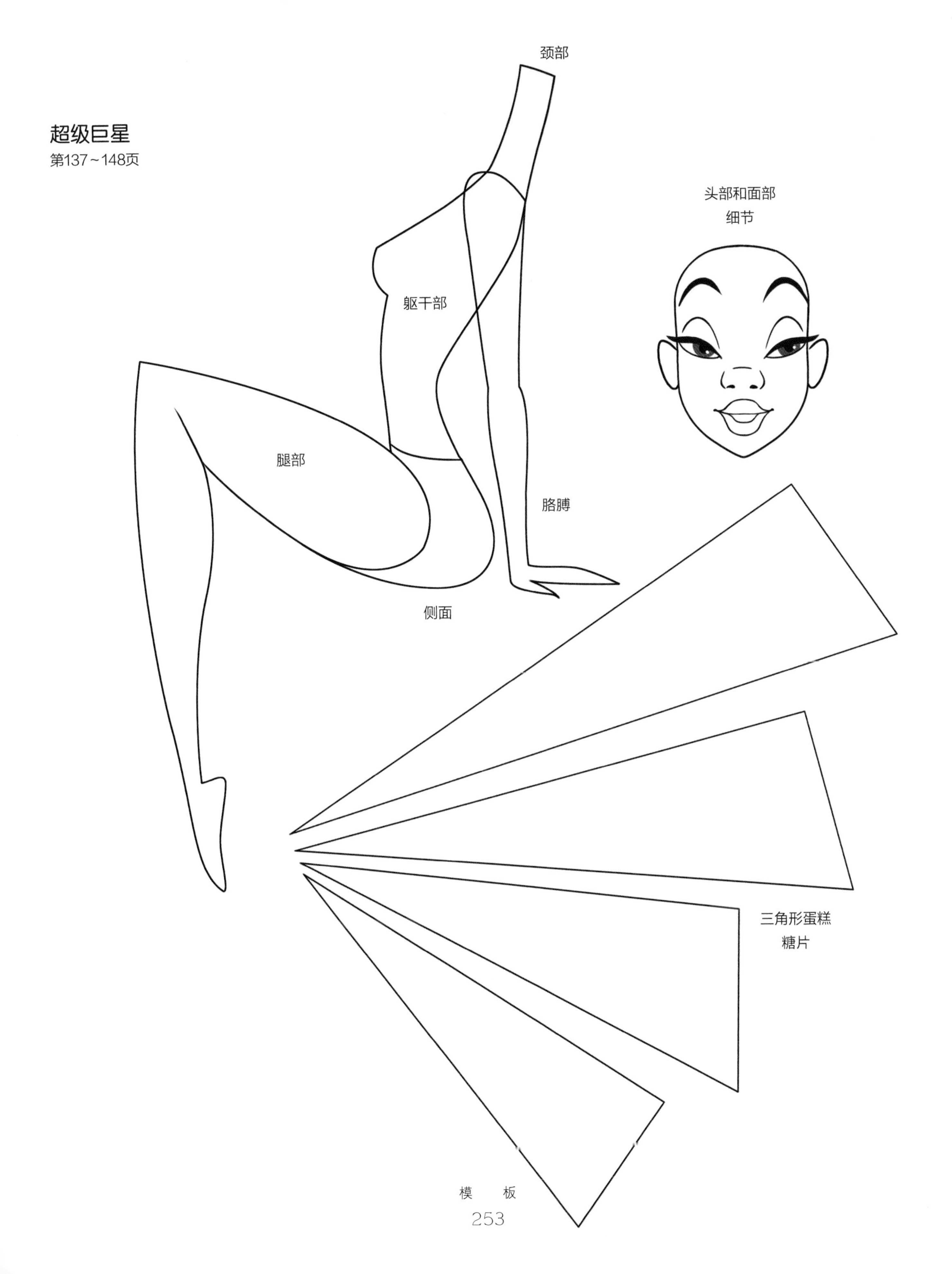

执子之手

第149～160页

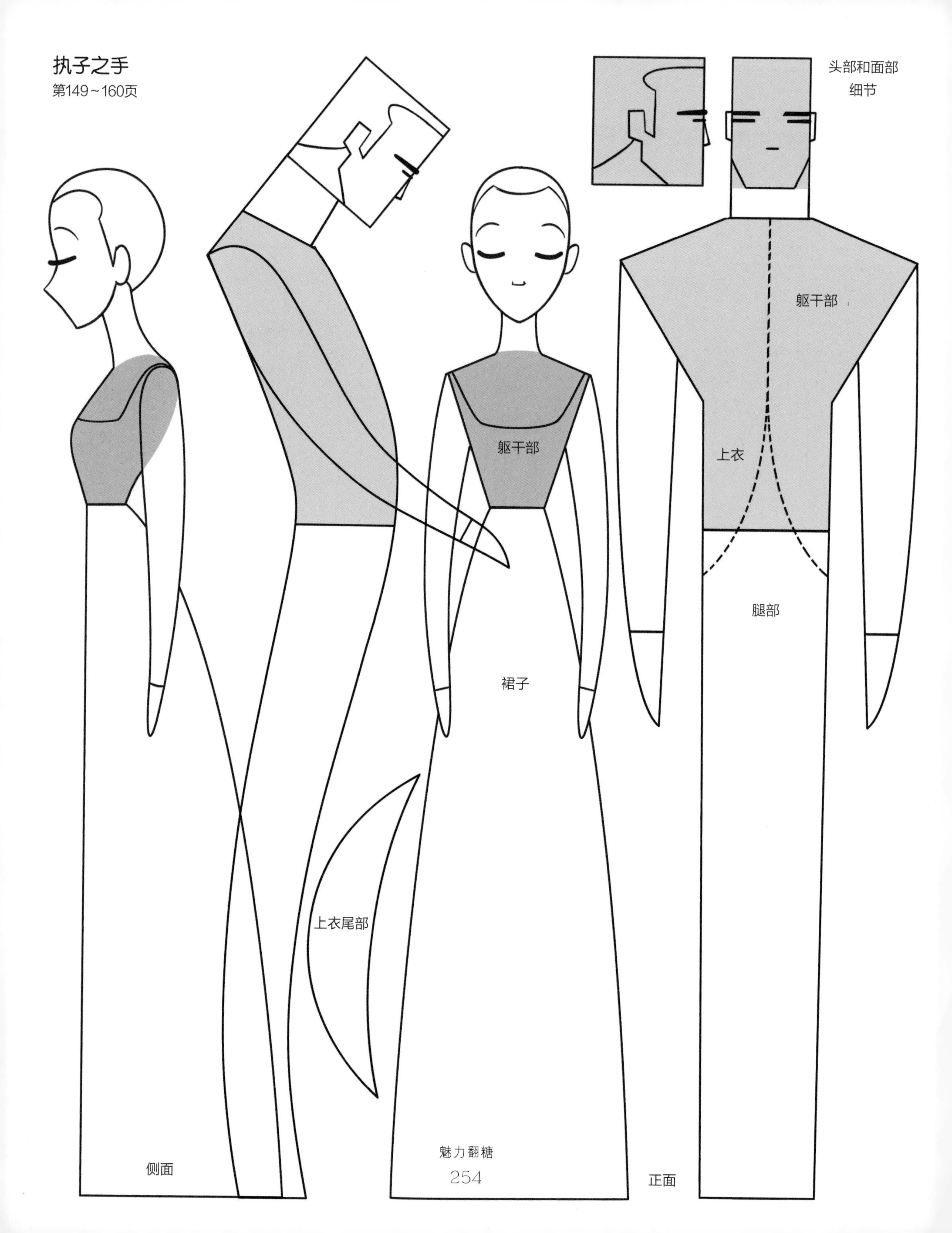

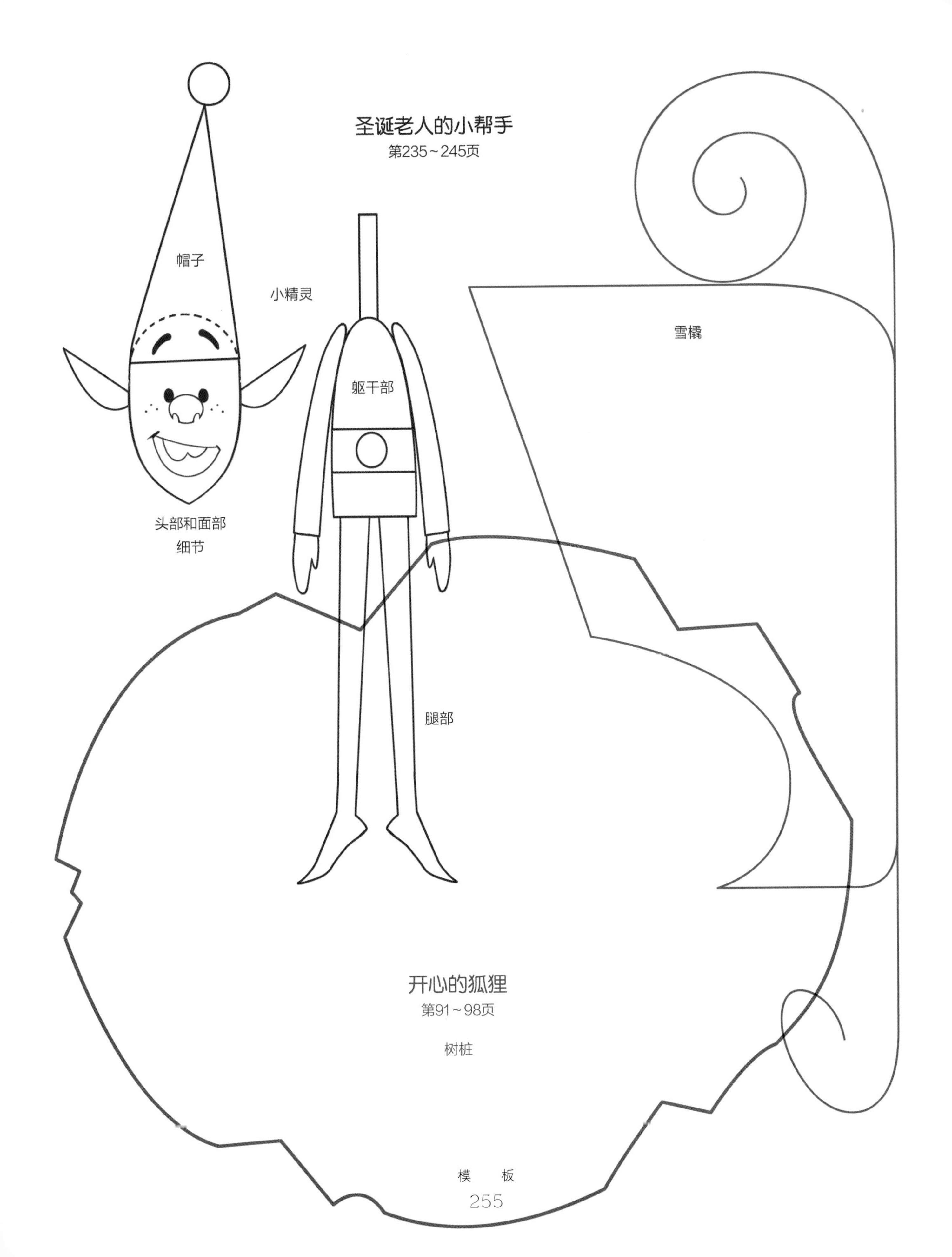
圣诞老人的小帮手
第235～245页
帽子
小精灵
雪橇
躯干部
头部和面部
细节
腿部
开心的狐狸
第91～98页
树桩

温柔的巨人

第161~170页

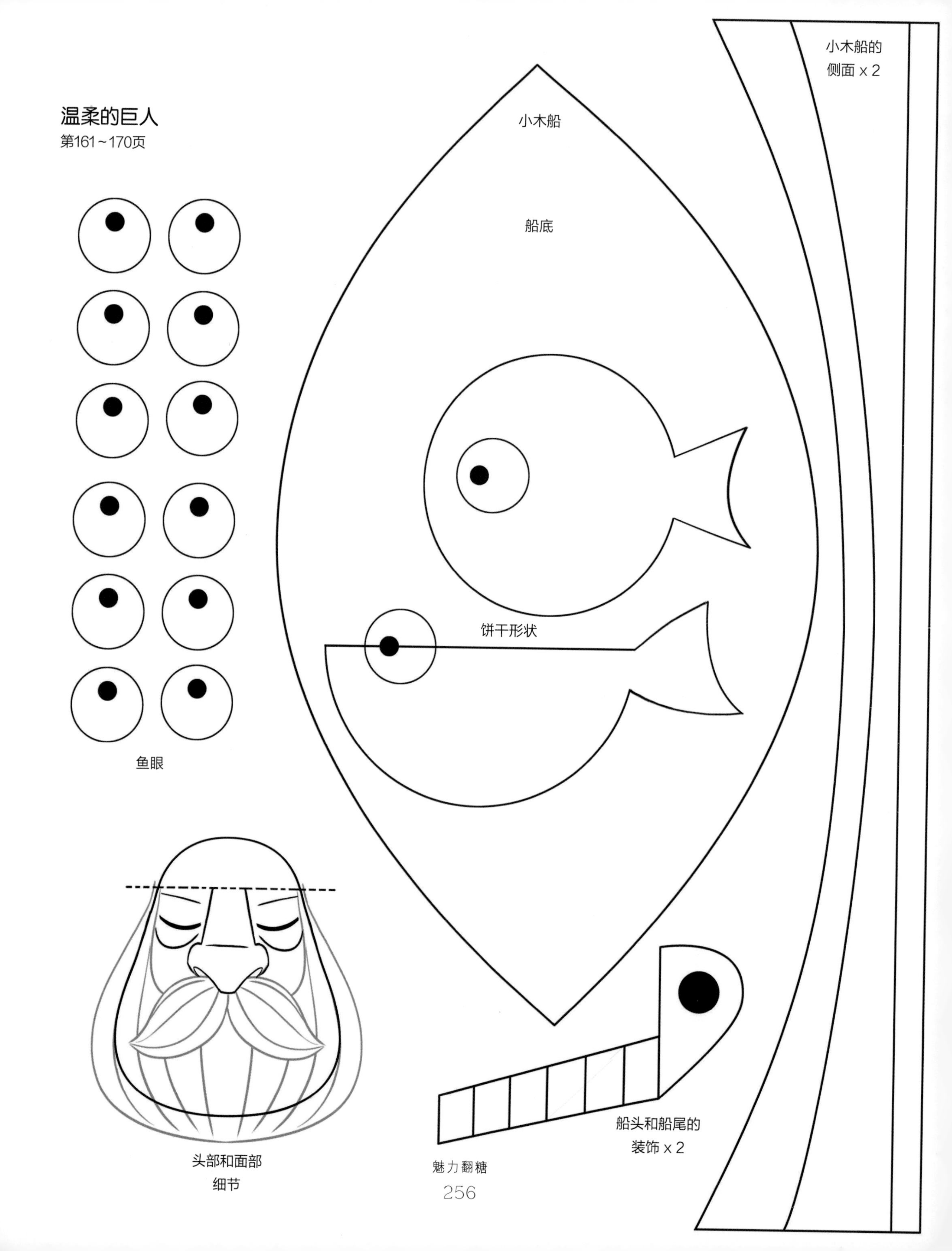

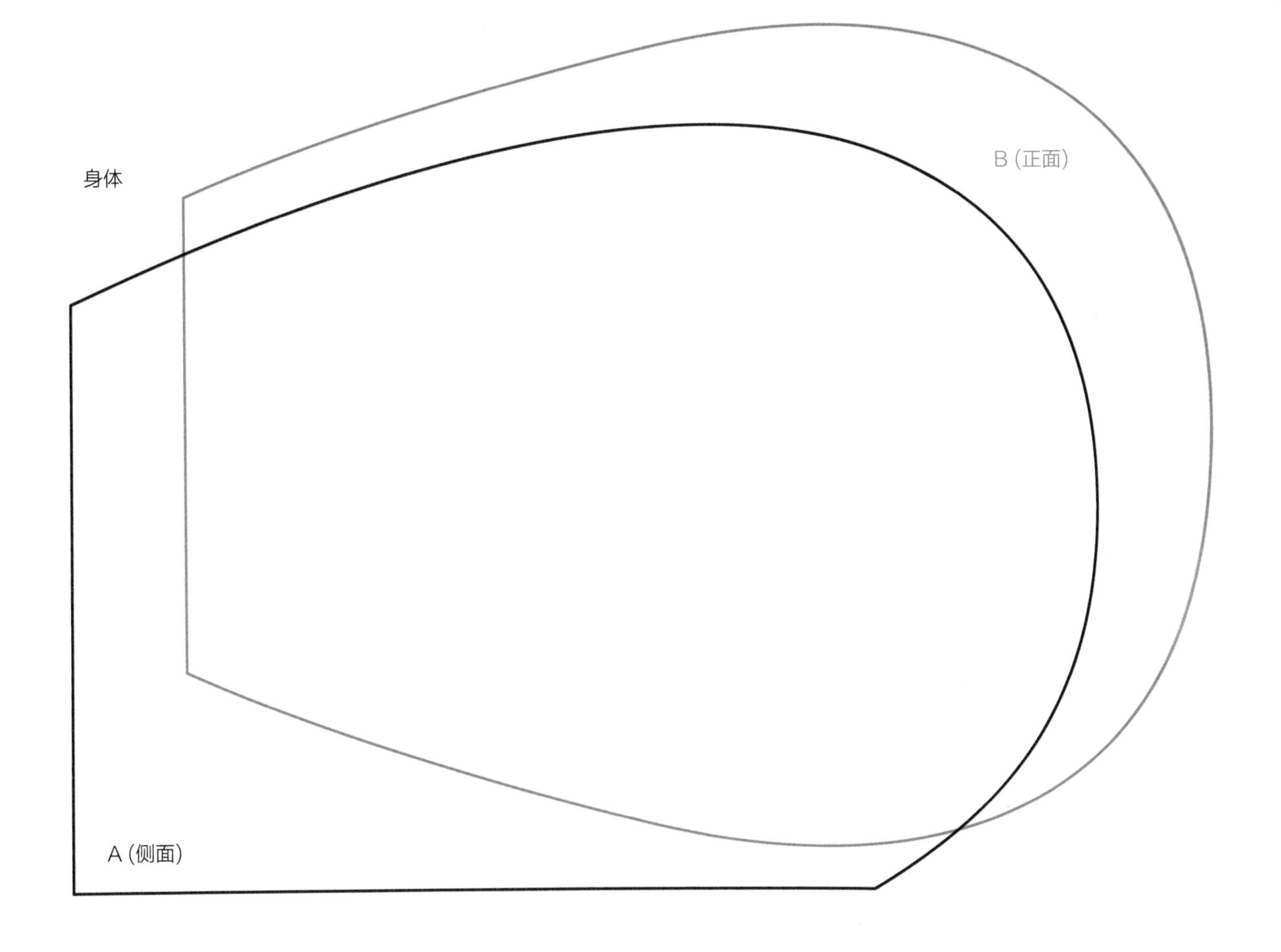

亡灵之夜

第171~183页

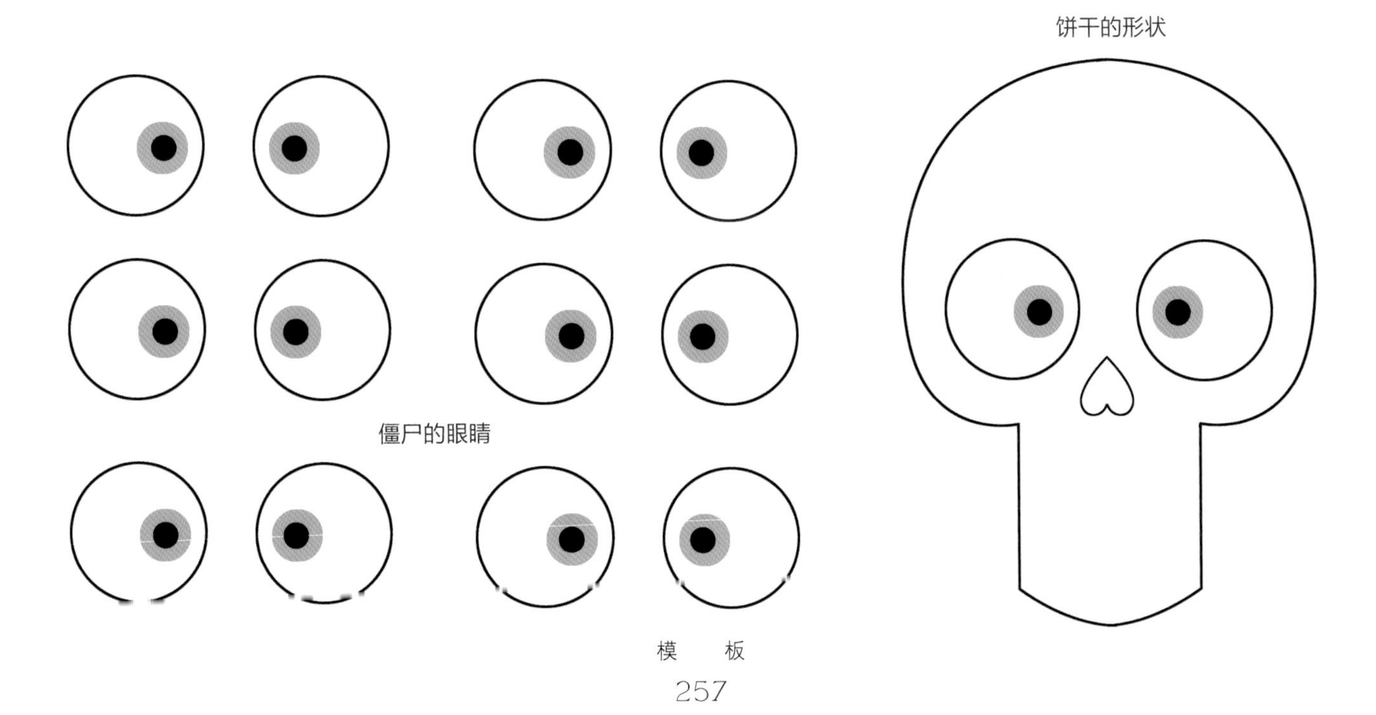

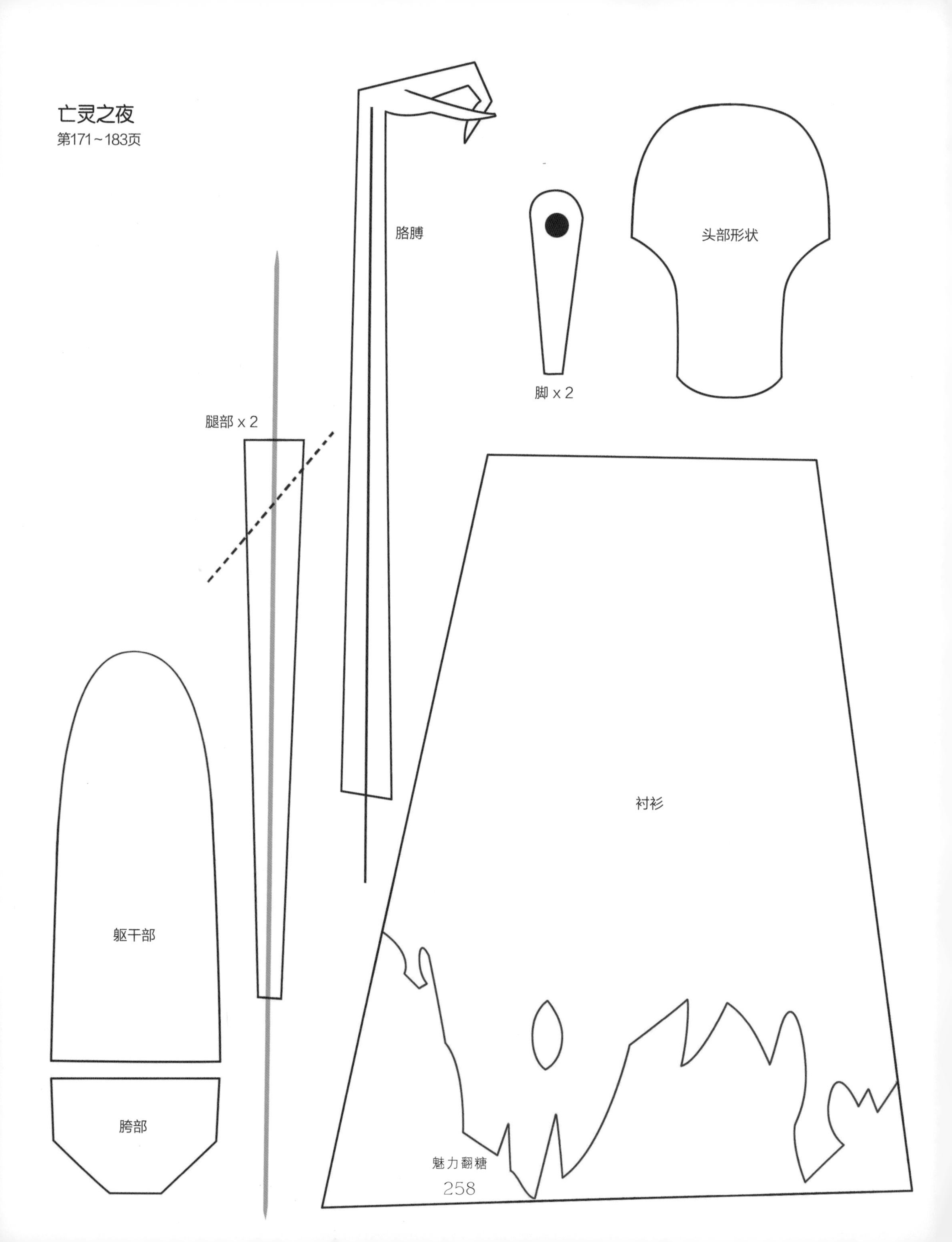
亡灵之夜
第171~183页
胳膊
脚 x 2
头部形状
腿部 x 2
衬衫
躯干部
胯部

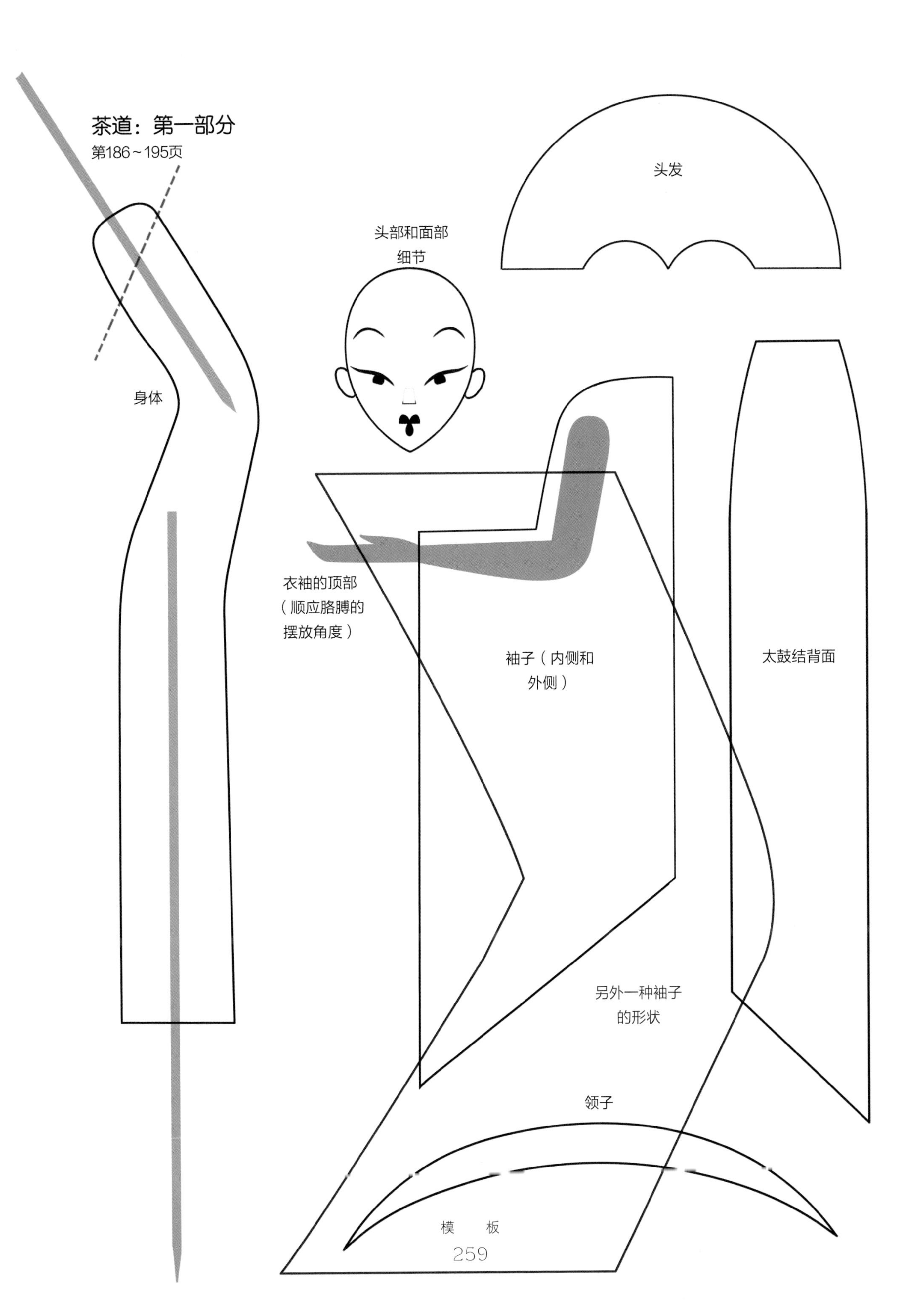
茶道：第一部分
第186～195页
头发
头部和面部
细节
身体
衣袖的顶部
（顺应胳膊的
摆放角度）
袖子（内侧和
外侧）
太鼓结背面
另外一种袖子
的形状
领子

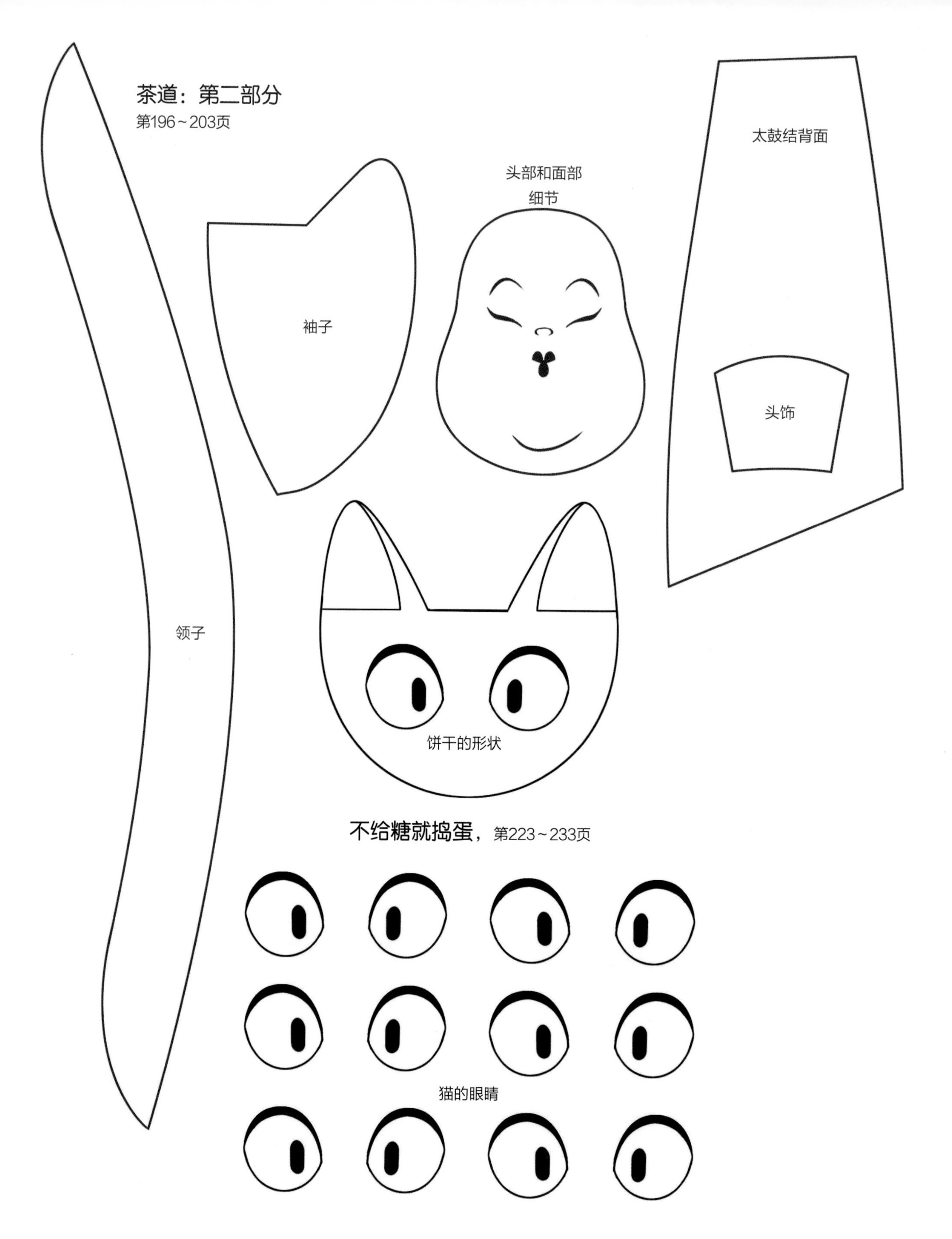
茶道：第二部分
第196~203页
太鼓结背面
头部和面部
细节
袖子
头饰
领子
饼干的形状
不给糖就捣蛋，第223~233页
猫的眼睛

不给糖就捣蛋

第223～233页

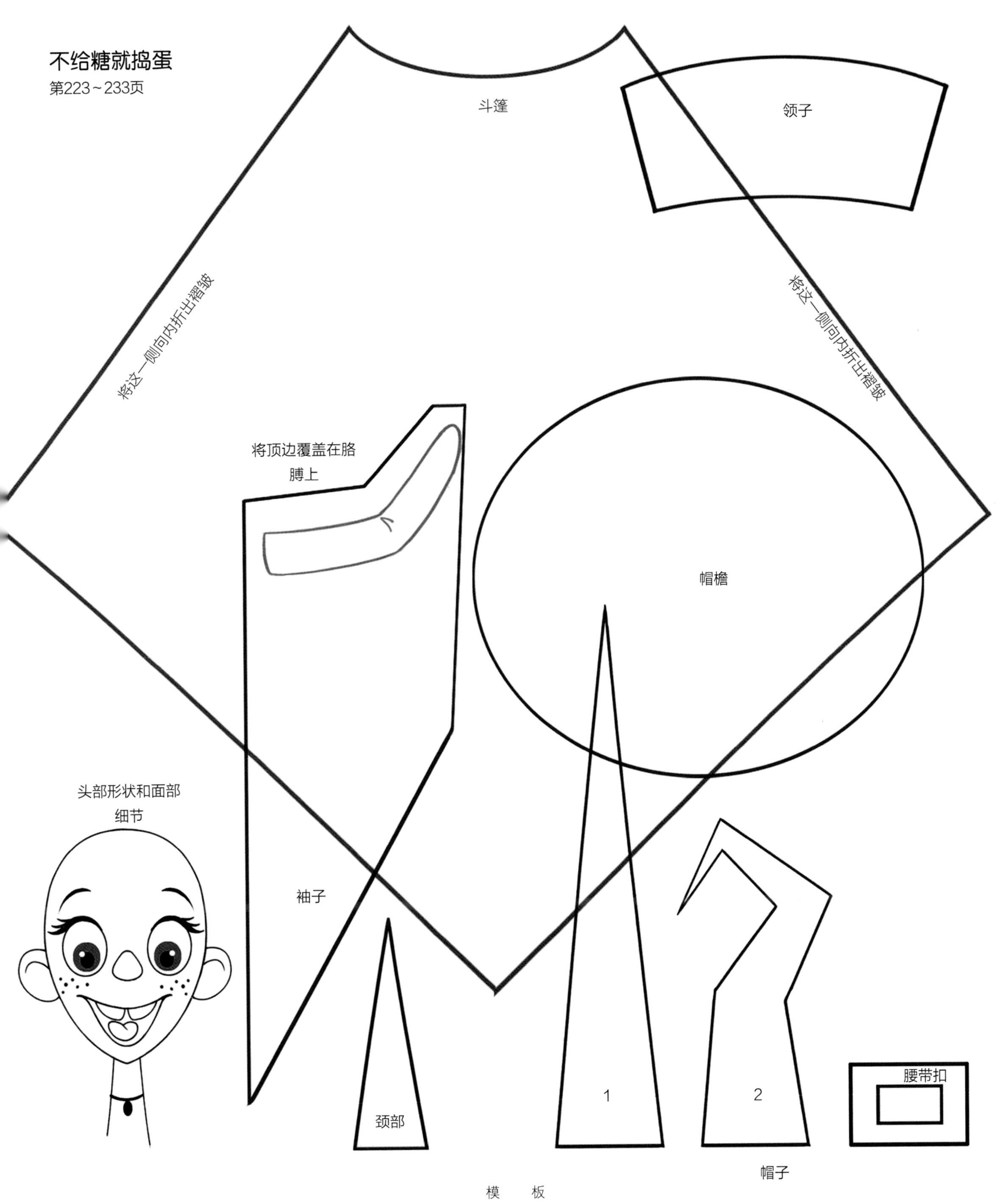

模　　板

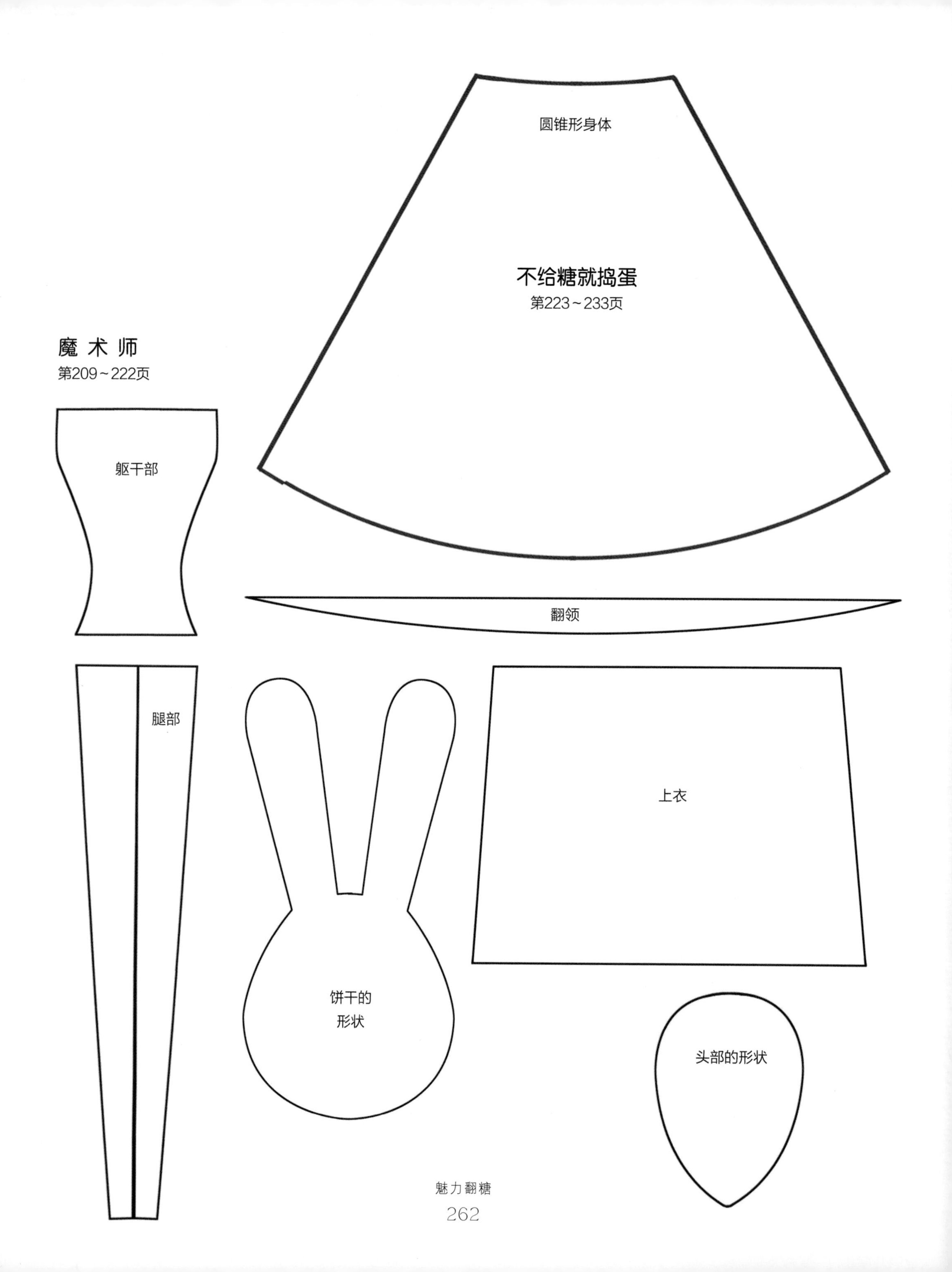
圆锥形身体
不给糖就捣蛋
第223～233页
魔 术 师
第209～222页
躯干部
翻领
腿部
上衣
饼干的
形状
头部的形状

ANIMATION IN SUGAR

卡洛斯·利斯凯奇的另一本著作《动漫糖艺》已被译为英文、荷兰文、西班牙文、意大利文，在多个国家和地区销售，深受世界各地读者的好评。有兴趣的读者可登录www.squires-shop购买。

图书在版编目（CIP）数据

魅力翻糖 /（阿根廷）卡洛斯·利斯凯奇（Carlos Lischetti）著；裴迎辉，傅娜译 . — 北京：中国轻工业出版社，2020.7

ISBN 978-7-5184-2865-6

Ⅰ . ①魅… Ⅱ . ①卡… ②裴… ③傅… Ⅲ . ①蛋糕 – 糕点加工 Ⅳ . ① TS213.23

中国版本图书馆 CIP 数据核字（2019）第 289790 号

责任编辑：张　靓　　责任终审：劳国强　　封面设计：奇文云海

版式设计：锋尚设计　　责任校对：吴大鹏　　责任监印：张　可

出版发行：中国轻工业出版社（北京东长安街6号，邮编：100740）

印　　刷：北京富诚彩色印刷有限公司

经　　销：各地新华书店

版　　次：2020年7月第1版第1次印刷

开　　本：889 × 1194　1/16　印张：16.5

字　　数：300千字

书　　号：ISBN 978-7-5184-2865-6　定价：148.00元

邮购电话：010-65241695

发行电话：010-85119835　传真：85113293

网　　址：http://www.chlip.com.cn

Email：club@chlip.com.cn

如发现图书残缺请与我社邮购联系调换

191105S1X101ZYW